计算机系列教材

Auto CAD 2006中文版教程

主 编　王代萍　郑军红　万世明

参 编　刘艳辉　张艳红

WUHAN UNIVERSITY PRESS

武汉大学出版社

图书在版编目(CIP)数据

Auto CAD 2006 中文版教程/王代萍,郑军红,万世明主编. —武汉:武汉
大学出版社,2007.2(2019.1 重印)
计算机系列教材
ISBN 978-7-307-05418-9

Ⅰ.A… Ⅱ.①王… ②郑… ③万… Ⅲ.计算机辅助设计—应用软
件,Auto CAD 2006—高等学校—教材 Ⅳ.TP391.72

中国版本图书馆 CIP 数据核字(2006)第 163704 号

责任编辑:林 莉 责任校对:刘 欣 版式设计:支 笛

出版发行:**武汉大学出版社** (430072 武昌 珞珈山)
(电子邮件:cbs22@ whu.edu.cn 网址:www.wdp.com.cn)
印刷:北京虎彩文化传播有限公司
开本:787×1092 1/16 印张:24.5 字数:580 千字
版次:2007 年 2 月第 1 版 2019 年 1 月第 10 次印刷
ISBN 978-7-307-05418-9/TP·234 定价:39.00 元

计算机系列教材

编 委 会

内 容 提 要

本书系统介绍了 AutoCAD2006 中文版的基本功能,及二维、三维图形的绘制方法,包括基本绘图命令、基本编辑命令、图案填充、添加文字、块、外部引用及设计中心、尺寸标注、显示控制、三维建模、输出等。在内容的编排上充分考虑到初学者的特点,充分反映 AutoCAD 2006 软件的风格,采取由浅入深、循序渐进的方式,使读者在较短时间内,掌握 AutoCAD 绘图命令和软件特点。在每章后都配有练习题,读者可据此检验学习效果。

本书重点内容均附有完整的绘图的例题,既可巩固以前的知识,又能帮助理解新的要点。

本书可供各类 AutoCAD 课程作为教材使用,也可作为工程技术人员自学教程。

序

近五年来,我国的教育事业快速发展,特别是民办高校、二级分校和高职高专发展之快、规模之大是前所未有的。在这种形势下,针对这类学校的专业培养目标和特点,探索新的教学方法,编写合适的教材成了当前刻不容缓的任务。

民办高校、二级分校和高职高专的目标是面向企业和社会培养多层次的应用型、实用型和技能型的人才,对于计算机专业来说,就要使培养的学生掌握实用技能,具有很强的动手能力以及从事开发和应用的能力。

为了满足这种需要,我们组织多所高校有丰富教学经验的教师联合编写了面向民办高校、二级分校和高职高专学生的计算机系列教材,分本科和专科两个层次。本系列教材的特点是:

1. 兼顾了系统性和先进性。教材既注重了知识的系统性,以便学生能够较系统地掌握一门课程,同时对于专业课,瞄准当前技术发展的动向,力求介绍当前最新的技术,以提高学生所学知识的可用性,在毕业后能够适应最新的开发环境。

2. 理论与实践结合。在阐明基本理论的基础上,注重了训练和实践,使学生学而能用。大部分教材编写了配套的上机和实训教程,阐述了实训方法、步骤,给出了大量的实例和习题,以保证实训和教学的效果,提高学生综合利用所学知识解决实际问题的能力和开发应用的能力。

3. 大部分教材制作了配套的多媒体课件,为教师教学提供了方便。

4. 教材结构合理,内容翔实,力求通俗易懂,重点突出,便于讲解和学习。

诚恳希望读者对本系列教材缺点和不足提出宝贵的意见。

编委会

2005 年 8 月 8 日

前　言

　　AutoCAD 是美国 Autodesk 公司开发研制的一个交互式计算机辅助设计与绘图软件。它以强大的二维和三维绘图功能、直观的使用方法、稳定的性能和开放的结构体系赢得了广大用户的喜爱,是当今科技工作者使用得最为广泛的 CAD 产品。自 1982 年推出 AutoCAD 1.0 版以来,发展到今天,已经集平面作图、三维造型、数据库管理、渲染着色、互联网功能于一体,因而广泛地应用于建筑、机械、电子、纺织、地理、航空、灯光、服装设计、广告设计等各个领域。

　　为了帮助广大读者迅速有效地学习掌握 AutoCAD,早日应用到自己的实际工作中,我们特意组织编写了本教材。本教材的编者都是多年从事 AutoCAD 教育教学工作的教师和从事工程设计的工程技术人员,书中的内容是他们多年的教学经验与工程设计经验的结晶。与国内外已出版的同类教材相比,老师好教、学生易学、入门迅速、实用性强是本书的最大特点。

　　传统 AutoCAD 图书的写作方式或者是纯粹的知识点讲解,或者是单一的实例操作。前者的讲解让读者只是知道软件的各项功能的使用方法,但是在具体的运用过程中却无法综合应用;后者对于初学者来说犹如教一个还没学会走路的孩子学跑步一样。本书很好地把知识点、技巧讲解和综合绘图实例融合在一起,以帮助读者达到学以致用的目的。

　　学习软件的最终目的在于运用。本书在内容的编排方式上,从好教、易学和实用的原则出发,首先分类说明 AutoCAD 2006 各个方面的知识点,让读者轻轻松松学会本软件的基本使用方法和技巧。同时,配有详细制作步骤的综合实例和集合各章知识点的课后练习,让读者在精彩的综合实例制作中,切身体验到 AutoCAD 2006 的强大功能,巩固和提高所学的知识。读者在阅读和学习中可以发现,教材的知识点阐述明确,重点突出,综合实例代表性强,能够很快地理解和掌握实际应用技能。

　　学习软件还有一个需要解决的核心问题:怎样正确地将自己的专业设计需要与软件的功能整合在一起,以便借助软件更好地完成专业设计。建议读者在按教材的步骤进行实例学习和自我练习时,也可以结合本专业的具体情况设置常见问题,从实际操作中寻求解决办法,从而掌握操作技巧。

　　为便于写作和阅读,本书特作如下约定:

　　(1)AutoCAD 2006 的命令输入使用大、小写字母均可,为便于统一,本书在讲述中一律采用大写字母,在举例中根据命令行提示不同采用小写。

　　(2)本书采用"→"符号打开下一级级联菜单。

　　(3)本书命令行的输入均省略回车符号。

　　(4)在命令讲解和综合实例演示的过程中,用"//"符号作为命令输入和编者注解的分隔。

　　本书参加编写的有王代萍、郑军红、万世明、刘艳辉、张艳红,全书由王代萍统稿。可作为高等院校、工程技术人员、相关领域培训班和 AutoCAD 初、中级学习者的教材和参考书。

由于时间仓促,作者水平有限,书中难免有错误与疏漏之处,恳请读者不吝指正。

作 者
2006 年 12 月

目　录

第1章 AutoCAD 2006 基础

1.1 概述

CAD 是计算机辅助设计(Computer Aided Design)的简称,起步于 20 世纪 50 年代后期,目前 CAD 技术已被全球广泛使用。20 世纪 80 年代,美国 Autodesk 公司推出用于微机的 CAD 软件——AutoCAD 1.0 版。经过 20 余年的不断升级,从一个简单的绘图程序成长为当今世界上最流行的计算机 CAD 系统,是当今 PC 机上运行的最强有力的 CAD 软件产品,能够完成几乎所有的绘图工作。占据全球 CAD 市场的主导地位,AutoCAD 已成为 CAD 领域的工业标准。

为满足中国用户的要求,Autodesk 公司于 1998 年 4 月 10 日正式推出第一个使用简体中文的产品——AutoCAD R14 中文版。1999 年,以 AutoCAD 2000 来命名新的升级版,同时推出相应的简体中文版,直到现在的 AutoCAD 2006 中文版。以后本书所指均为 AutoCAD 2006 中文版。

1.2 AutoCAD 2006 启动和退出

1.2.1 AutoCAD 2006 的启动

在 Windows 操作系统下,启动 AutoCAD 2006 的方法有以下几种:

(1)从"开始"菜单启动 AutoCAD 2006。

安装程序会将 AutoCAD 2006 应用程序的快捷方式放在"开始"→"所有程序"→"Autodesk"→"AutoCAD 2006-Simplified Chinese"菜单下,单击即可启动。

(2)在"开始"菜单中的"运行"命令下启动 AutoCAD 2006。

在"运行"对话框中,输入完整的 AutoCAD 2006 启动文件 acad. exe 的路径,即可启动 AutoCAD 2006。

(3)利用桌面快捷方式启动 AutoCAD 2006。

AutoCAD 2006 默认安装时会在 Windows 桌面上创建一个快捷方式图标,双击此图标即可启动 AutoCAD 2006,这是启动 AutoCAD 2006 最简单的方法。

(4)直接打开 AutoCAD 2006 启动文件。

在 AutoCAD 2006 的安装文件夹中,打开 AutoCAD 2006 启动文件:acad. exe 文件。

1.2.2 AutoCAD 2006 的退出

退出 AutoCAD 2006 的方法有下列四种:

(1)使用关闭图标退出 AutoCAD 2006。

单击标题栏(最上面一栏)右侧的关闭图标,如果当前图形没有存盘,屏幕上会弹出一个询问是否存盘的对话框。

(2)使用快捷键 Ctrl + Q 退出 AutoCAD 2006。

(3)使用"文件"下拉菜单中的"退出"命令,退出 AutoCAD 2006。

(4)在用户界面中,使用退出命令。

在"命令"提示符下,使用"Quit"命令即可退出 AutoCAD 2006。

1.3 AutoCAD 2006 用户界面

由于 Autodesk 公司采用 Windows 98 以上版本操作系统作为系统平台,因此 AutoCAD 2006 的用户界面与 Windows 的标准界面相似,并与以前的版本保持一致,其用户界面如图 1.1 所示。主要包括四个重要区域:绘图区、菜单和工具栏、命令提示窗口、状态栏。

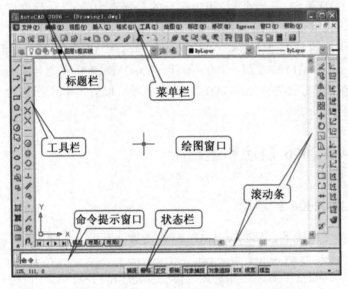

图 1.1 AutoCAD 2006 中文版用户界面

1.3.1 绘图区

界面中间的主要空白区域,称做绘图窗口,是用户绘图的地方。可以将这个区域当做一张绘图纸,用户的所有工作结果都反映在此区域中。这个区域的大小可以任意设定,我们可根据需要设定显示在屏幕上的绘图区域大小,即长和高各为多少图形单位。

1. 坐标系图标

在绘图窗口左下方有一个表示坐标系的图标:两个带箭头的符号。该符号称为坐标系图标,是用于坐标输入、平面操作和查看的一种可移动坐标系。大多数编辑命令取决于坐标系的位置和方向,对象将绘制在当前坐标系的 XY 平面上。图标中的 X、Y 字母分别指示 X、Y 轴的正方向。缺省情况下,AutoCAD 使用世界坐标系,用户也可以建立自己的坐标系。

2. 十字线光标

当移动鼠标时,绘图窗口中有两条在其交叉点处带有一个小方框的交叉线。小方框称为拾取框,可以用于拾取对象;交叉线称为十字线,它用来判断在绘图中当前光标所在的位置。

3. 滚动条

AutoCAD 2006 是一个多文档设计环境,用户可同时打开多个绘图窗口,每个窗口的右边和底边都有滚动条。拖动滚动条上的滑块或单击两端的三角形箭头,就可以使绘图窗口中的图形呈水平或垂直方向滚动显示。

绘图窗口包含了两种作图环境,一种为模型空间,另一种为图纸空间。在绘图区窗口底部有三个选项卡,分别是模型、布局1、布局2。缺省情况下,"模型"选项卡按钮是按下的,表明当前的工作环境是模型空间。当单击"布局1"或"布局2"时,就切换至图纸空间,在图纸空间中,可以将在模型空间的图样按不同比例布置在图纸上。

1.3.2　下拉菜单及光标菜单

菜单是 Windows 程序上的标准用户界面元素之一,它用于启动命令或设定程序的选项。AutoCAD 提供三种形式的菜单:下拉菜单、光标菜单、屏幕菜单。

1. 下拉菜单

AutoCAD 2006 的标准菜单栏有"文件"、"编辑"、"视图"、"插入"、"格式"、"工具"、"绘图"、"标注"、"修改"、"窗口"、"帮助"11 个菜单,如图 1.2 所示。它包括了 AutoCAD 的核心命令和功能,通过鼠标选择菜单中的某个选项,AutoCAD 就执行相应的命令。

图 1.2　下拉菜单

有三种方式使用下拉菜单:光标、热键和快热键。

(1)用鼠标将光标移到菜单上,单击鼠标左键打开下拉菜单,并选择某一菜单项,再单击,即可打开相应选项。

(2)菜单栏中的菜单和下拉菜单中的选项都有相应的热键,用括号和下画线标出;如"文件(F)"和"文件"下拉菜单中的"保存(S)",这里"F"、"S"即为热键。对于菜单栏,用户先按住 Alt 键,然后按下对应热键,如"F"(在以后的叙述中,控制键加框"□"表示,其他字符键不加框),则打开"文件"下拉菜单。当下拉菜单打开后,用户可直接键入选项中对应的热键即可执行相应的命令。

(3)有些下拉菜单中经常使用的选项,AutoCAD 提供了快捷键,用户无需打开下拉菜单,就可以直接使用,这些快捷键标在菜单的右侧。如" Ctrl + O"对应于"文件"下拉菜单中的"打开(O)..."菜单选项;" Ctrl +2"对应于"工具"下拉菜单中的"设计中心(G)"菜单项。

AutoCAD 菜单选项有三种形式:

(1)菜单项后有实心三角形标记"▲"表明该菜单项包含有子菜单,选择这种菜单项后,将弹出新菜单,用户可作进一步的选择。

(2)菜单项后有省略号标记"..."表明该菜单项对应有对话框,选择这种菜单项后,将弹出一个对话框,让用户作进一步的选择。

(3)有些菜单选项呈灰色,表明在当前的条件下此菜单不能用。

2. 光标菜单

当单击鼠标右键时,在光标的当前位置上将出现光标菜单。光标菜单提供的菜单项与光标的位置及当前的状态有关。图 1.3 中显示了在绘图区域单击鼠标右键时弹出的光标菜单。

3. 屏幕菜单

屏幕菜单是为了方便以前使用 DOS 操作系统用户的习惯而保留的一种菜单形式,它的功能与菜单栏的功能类似。用户可以用"工具"下拉菜单中的"选项"对话框随时打开或关闭屏幕菜单,如图 1.4 所示。

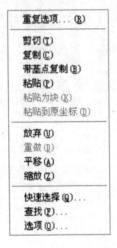

图 1.3　光标菜单

图 1.4　屏幕菜单

由于屏幕菜单区有限,在根菜单下分有若干子菜单,每个屏幕子菜单,都有"AutoCAD"、"＊＊＊＊＊"、"助手"、"上一个"四项:

单击"AutoCAD"项,全返回到根菜单。

单击"＊＊＊＊＊",显示一个包括目标捕捉选项的子菜单。

单击"助手"项,显示常用的辅助绘图命令。

单击"上一个"项,返回到上一次显示的菜单,且可以按使用的顺序逐项返回。

1.3.3 工具栏

工具栏是一种代替命令或下拉菜单的简便工具,它包含了许多命令按钮,只需单击某个按钮,AutoCAD 就执行相应的命令。AutoCAD 工具栏有三种:固定工具栏、浮动工具栏和随位工具栏。图1.5 为部分工具栏。

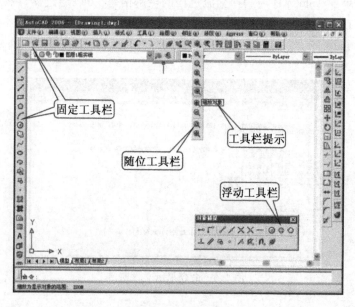

图1.5 部分工具栏

1. 固定工具栏

固定工具栏是指位于工具栏区域内的工具栏,AutoCAD 2006 中共有四个工具栏区域,即绘图区域的上边、下边、左边与右边。如果将固定工具栏拖动到绘图区中间,则变成了浮动工具栏。拖动工具栏时要注意,光标要置于工具栏的边线上,或者工具栏前端的两条线上,按下鼠标左键拖动,或者双击左键,由固定工具栏变成浮动工具栏。

2. 浮动工具栏

浮动工具栏是相对固定工具栏而言位于绘图区域内的工具栏,浮动工具栏有标题栏,在标题栏的右端有关闭按钮。拖动标题栏或四周边框,可移动至绘图区域的任何位置,当光标变为上下或左右箭头时,可以改变工具栏的图标排列方式。单击右边的关闭按钮,则可关闭该工具栏。拖动工具栏到绘图区域某边,则可变浮动工具栏为固定工具栏。

3. 随位工具栏

工具栏中的一些按钮右下角有一小三角标记,鼠标单击该按钮,并按下不放,此时便会展开另一个工具栏,即随位工具栏。移动光标即可选择所需的工具按钮,并且该按钮作为随位工具栏的缺省按钮显示在其所属的工具栏中。

工具栏按钮有提示的功能。当光标指向某一个按钮时,该按钮下方将显示该按钮的名称,并且在状态栏中也出现该按钮的命令以及对该命令的简单描述。

1.3.4 命令提示窗口

命令提示窗口位于绘图窗口的底部,用户从键盘上输入的命令、AutoCAD 的提示及相关信息都反映在此窗口中,缺省情况下,命令提示窗口仅显示三行,但用户可根据需要进行调整。将光标放在命令提示窗口的上边缘使其变成双向箭头,按住鼠标左键上下拖动光标,即可增加和减少命令窗口显示的行数。

命令窗口记录了 AutoCAD 与用户交流过程的全部信息,可以通过窗口右边的滚动条来阅读,或是按 F2 键打开命令提示的文本窗口,如图 1.6 所示,在窗口中将显示本次操作的全部信息。

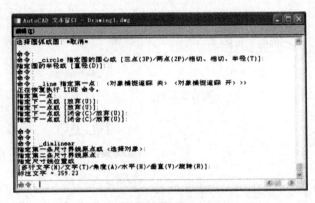

图 1.6　命令提示文本窗口

1.3.5 状态栏

状态栏位于 AutoCAD 界面的底部,它反映了用户的工作状态。当用户十字光标置于绘图区域时,状态栏左边"坐标显示区域"显示的是当前光标所在位置的坐标值;当光标处于工具栏区域时,显示的是光标所指工具图标的命令提示文字和命令字符。状态栏右边是指示并控制用户状态的九个按钮,如图 1.7 所示。用户单击任一按钮均可切换当前的工作状态。

| 176, 4 , 0 | 捕捉 | 栅格 | 正交 | 极轴 | 对象捕捉 | 对象追踪 | DYN | 线宽 | 模型 |

图 1.7　状态栏

各按钮的功能如下:

(1)"坐标值":缺省情况下,左端显示绘图区域中光标定位点的 X、Y、Z 坐标值。

(2)"栅格":是点的矩阵,遍布指定图形界限的整个区域。使用栅格类似于在图形下放置一张坐标纸。利用栅格可以对齐对象并直观显示对象之间的距离。如果放大或缩小图形,可能需要调整栅格间距,使其更适合新的放大比例。

(3)"捕捉":该模式用于限制十字光标,使其按照用户定义的间距移动。当"捕捉"模式打开时,光标似乎附着或捕捉到不可见的栅格。"捕捉"模式有助于使用箭头键或定点设备来精确地定位点。也叫"栅格捕捉"。

(4)"正交":AutoCAD 提供了与绘图人员的丁字尺类似的绘图和编辑工具。创建或移动对象时,使用"正交"模式将光标限制在水平或垂直轴上。"正交"对齐取决于当前的捕捉角度、UCS或等轴测栅格和捕捉设置。在绘图和编辑过程中,可以随时打开或关闭"正交"。使用"正交"不仅可以建立垂直和水平对齐,还可以增强平行性或创建自现有对象的常规偏移。也叫"正交捕捉"。

(5)"极轴":用以显示由指定的极轴角度所定义的临时对齐路径。"正交"模式将光标限制在水平或垂直(正交)轴上。因为不能同时打开"正交"模式和"极轴"模式,因此"正交"模式打开时,AutoCAD会关闭"极轴"模式。如果再次打开"极轴"模式,AutoCAD将关闭"正交"模式。

(6)"对象捕捉":"对象捕捉"将指定点限制在现有对象的确切位置上,例如中点或交点。使用"对象捕捉"可以迅速定位对象上的精确位置,而不必知道坐标。

(7)"对象追踪":使用"对象追踪",可以沿着基于对象捕捉点的对齐路径进行追踪。已获取的点将显示一个小加号(+),一次最多可以获取七个追踪点。获取点之后,当在绘图路径上移动光标时,将显示相对于获取点的水平、垂直或极轴对齐路径。"对象追踪"必须与"对象捕捉"一起使用。先设置"对象捕捉",才能从对象的捕捉点进行追踪。

(8)"动态输入":控制使用动态输入功能,"动态输入"可以在工具栏提示中输入坐标值,而不必在命令行中进行输入。光标旁边显示的工具栏提示信息将随着光标的移动而动态更新。当某个命令处于活动状态时,可以在工具栏提示中输入值。

(9)"线宽":控制是否在图形中显示带宽度的线条。

(10)"模型":控制"模型空间"与"图纸空间"的转换。

(11)"通信中心"图标:通信中心是用户与最新的软件更新、产品支持通告和其他服务的直接连接。该图标可关闭。

(12)"状态栏菜单":单击状态栏右边的"▼"图标,可打开"状态栏菜单",如图1.8所示,图中显示了各控制按钮所对应的快捷键和功能键。

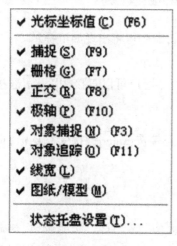

图1.8 状态栏菜单

图1.9 图形单位对话框

1.4 设置绘图环境

在绘制图形之前,需要设置它的绘图环境即图形单位和
绘图区域等。根据绘图要求设置好相应的绘图环境,可以大大地提高绘图效率。

1.4.1 设置图形单位

单击"格式"→"单位"命令,打开"图形单位"对话框,如图 1.9 所示,通过该对话框可以设置绘图单位。"图形单位"对话框各选项含义如下:

(1)长度:可设置长度的类型及精度。

(2)角度:可设置角度的类型及精度。

(3)插入比例:设置设计中心向图形中插入图块时,如何对块及内容进行缩放。

(4)方向(D)...:单击该按钮,弹出如图 1.10 所示的对话框,该对话框用来确定角度的0°方向。注意:方向控制的设置将会影响角度、显示格式、极坐标、柱坐标和球坐标等选项。

图 1.10 "方向控制"对话框

1.4.2 设置绘图区域

AutoCAD 的绘图区域是无限大的,但用户可以设置绘图窗口中显示出的绘图区域大小。默认情况下,图形文件的大小为 420 mm×297 mm。这个尺寸适合于绘制小的图形对象,如果需要绘制大的图形,就需要设置绘图区域。设置绘图区域的目的是为了避免用户所绘制的图形超出某个范围。

启动图形界限命令有如下两种方法:

菜单:"格式"→"图形界限"。

命令行:limits。

执行图形界限命令后,命令行将出现如下提示:

命令:limits 。

指定左下角点或[开(ON)/关(OFF)] < 0.0000,0.0000 >:(用户可以直接按 Enter 键接受默认值,也可以输入新坐标值并按 Enter 键)。

指定右上角点 < 420.0000,297.0000 >:(同样,用户可以直接按 Enter 键接受默认值,也可以输入新坐标值以确定绘图界限的右上角位置)。

1.4.3 设置栅格和捕捉

用鼠标右键单击 AutoCAD 2006 窗口下部的状态栏中的"栅格"或"捕捉"功能按钮,在弹出的快捷菜单中选择"设置"选项,打开"草图设置"对话框,如图 1.11 所示。在"捕捉 X 轴间距"和"捕捉 Y 轴间距"中输入适当距离,并且选中"启用捕捉"和"启用栅格"复选框,设置捕捉和栅格。单击"确定"按钮,打开捕捉和栅格功能。

图 1.11 "草图设置"对话框

1.4.4 设置图层

单击"格式"→"图层"命令,打开"图层特性管理器"对话框,可以新建图层和编辑图层,如图 1.12 所示。

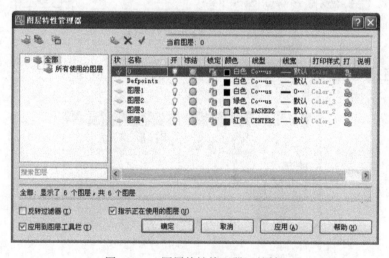

图 1.12 "图层特性管理器"对话框

1.5 AutoCAD 2006 图形文件管理

图形文件的管理一般包括新建图形文件,打开已有图形文件,保存当前图形文件以及浏览、搜索图形文件等。

1.5.1 新建图形文件

在绘制一幅新图形之前,先要建立一个新的图形文件。在 AutoCAD 2006 中,可以通过如

下几种方式建立新的图形文件：

（1）单击"文件"→"新建"命令。

（2）单击标准工具栏中的"新建"按钮。

（3）在命令行中输入 new 并按 Enter 键。

（4）使用快捷键 Ctrl + N。

启动新建图形命令后，AutoCAD 打开"选择样板"对话框，如图 1.13 所示。

图 1.13 "选择样板"对话框

也可以通过改变设置，打开"创建新图形"对话框，如图 1.14 所示。

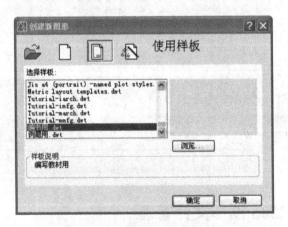

图 1.14 "创建新图形"对话框

在设计工作中，为使图样统一，许多项目都需要有一个相同的标准，如字体、线型、标注样式、标题栏等。一般使用样板文件就能建立标准统一的绘图环境。在样板文件库中，已经有按各种标准设置的样板文件，它们都保存在 AutoCAD 的安装目录中的"Template"文件夹中，扩展名为".dwt"。我们也可以创建自己的样板文件。

1.5.2 打开已有图形文件

在原有的图形文件基础上进行有关的操作时,需要打开原有的图形文件。在 AutoCAD 2006 中,可以通过如下几种方法打开原有的图形文件:

(1)单击"文件"→"打开"命令。

(2)单击标准工具栏中的"打开"按钮。

(3)在命令行输入 open 并按 $\boxed{\text{Enter}}$ 键。

(4)使用快捷键 $\boxed{\text{Ctrl}}$ + O。

(5)在"资源管理器"或"我的电脑"中找到要打开的文件,双击文件图标。

1.5.3 保存当前图形文件

在 AutoCAD 2006 中,可以通过如下几种方法保存当前的图形文件:

(1)单击"文件"→"保存"命令。

(2)单击标准工具栏中的"保存"按钮。

(3)在命令行中输入 save 并按 $\boxed{\text{Enter}}$ 键。

(4)使用快捷键 $\boxed{\text{Ctrl}}$ + S。

也可以使用"另存为"进行换名保存文件,图形文件的扩展名为". dwg"。

1.6 AutoCAD 2006 的快捷键

AutoCAD 2006 提供了一些快捷键,用户可以利用其配合使用键盘和鼠标来提高工作效率。AutoCAD 2006 的快捷键有功能键与控制键两种,其功能分别如表 1.1 和表 1.2 所示。

表 1.1   **AutoCAD 2006 的功能键**

功能键	功 能
$\boxed{\text{F1}}$	获取 AutoCAD 2006 帮助
$\boxed{\text{F2}}$	实现绘图窗口与文本窗口的切换
$\boxed{\text{F3}}$	控制是否实现自动对象捕捉
$\boxed{\text{F4}}$	数字化仪控制
$\boxed{\text{F5}}$	等轴测平面切换
$\boxed{\text{F6}}$	控制状态行上的坐标显示方式
$\boxed{\text{F7}}$	栅格显示与模式控制
$\boxed{\text{F8}}$	正交模式控制
$\boxed{\text{F9}}$	栅格捕捉模式控制
$\boxed{\text{F10}}$	极轴模式控制
$\boxed{\text{F11}}$	对象追踪模式控制

表 1.2   **AutoCAD 2006 的功能键**

控制键	功 能
Ctrl + A	对象编辑开、关切换
Ctrl + B	栅格捕捉模式开、关切换
Ctrl + C	将选择的对象复制到剪贴板上
Ctrl + D	控制状态行上的坐标显示方式
Ctrl + E	等轴测平面切换
Ctrl + F	对象自动捕捉模式开、关切换
Ctrl + G	栅格显示模式开、关切换
Ctrl + H	与退格键功能相同
Ctrl + J	重复执行前一个命令
Ctrl + K	超级链接
Ctrl + L	正交模式开、关切换
Ctrl + M	打开 Options（选项）对话框
Ctrl + N	创建新的图形文件
Ctrl + O	打开已经存在的图形文件
Ctrl + P	打印图形文件
Ctrl + S	保存图形文件
Ctrl + T	数字化仪控制
Ctrl + U	极轴模式开、关切换
Ctrl + V	粘贴剪贴板上的内容
Ctrl + W	对象追踪模式的开、关控制
Ctrl + X	剪切选定对象到剪贴板
Ctrl + Z	取消前一次操作

1.7 绘图的一般原则

为了提高工作效率和图形质量，绘图时一般应遵循下述原则：

（1）首先设定图形界限、单位和图层。

（2）采用 1：1 的比例绘制图形，最后在布局中控制输出比例。

（3）注意命令行的提示信息，避免误操作。

（4）采用捕捉、对象捕捉、极轴、对象追踪等精确绘图工具和手段辅助绘图。

（5）图框不要和图形绘制在一个图层。

（6）常用的设置如图层、文字样式、标注样式、多线样式等应保存为样板文件。新建图形文件时，直接利用样板生成初始绘图环境。

（7）绘制的图样要符合 CAD 工程制图规则（GB/T18229-2000）。

1.8　练习题

1. 创建名为"练习图纸.dwt"的样板文件。

要求：在 acad.dwt 的基础上，设置四个图层，分别为轮廓线图层、尺寸线图层、中心线图层、文本图层。图形界限为 210×297。

2. 在界面上打开"捕捉工具条"、"标注工具条"。

3. 启动 AutoCAD 2006，将用户界面布置成如图 1.15 所示的界面。

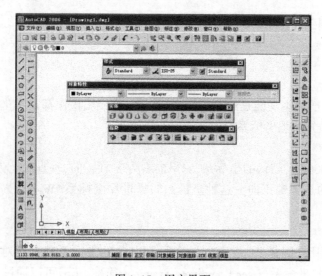

图 1.15　用户界面

第2章 绘制二维简单图形对象

平面图形一般都是由线段、圆、圆弧等简单图形元素组成的。在 AutoCAD 中,这些是最基本的图形元素,本章将主要讨论线段、圆、圆弧及多边形等二维简单图形对象的绘制方法。

2.1 坐标系和坐标输入

2.1.1 坐标系

AutoCAD 2006 的基本功能是绘制图形,它默认一切绘图操作都是在坐标系中进行的。要正确绘制图形,必须先熟悉坐标系操作。

1. 世界坐标系

在 AutoCAD 2006 中,默认的坐标系,水平向右为 X 轴正向,垂直向上为 Y 轴正向,垂直于 XY 平面指向用户的是 Z 轴正向。这种坐标系叫做世界坐标系(World Coordinate System),简称为 WCS。

2. 用户坐标系

WCS 总是存在用户图样上,是基准坐标系,而其他的坐标系都是相对于它来确定的。这些坐标系被称为用户坐标系(User Coordinate System),简称 UCS,可以通过 UCS 命令创建。

尽管坐标系是固定的,但用户仍然可以在不改变坐标系的情况下,从各个方向、各个角度观察实体。当视角改变后,坐标系图标也会随之改变。AutoCAD 2006 系统提供了相关工具栏,实现视角不变、坐标系改变。我们将在三维造型中大量使用坐标系命令。

2.1.2 坐标输入

在 AutoCAD 2006 二维绘图中,一般使用直角坐标系或极坐标系输入坐标值。对于两种坐标系,都可以用绝对坐标或相对坐标输入。

1. 直角坐标系

直角坐标系也称笛卡儿坐标系,它有 X、Y 和 Z 三个坐标轴,且两两垂直相交。输入坐标值时,需要给出 X、Y 和 Z 轴相对于坐标系原点的距离及其方向(正或负)。如"5,3,2"指三维空间点距 XY 平面 2 个图形单位,距 XZ 平面 3 个图形单位,距 YZ 平面 5 个图形单位。

绝对直角坐标是指相对于坐标原点的坐标。要使用绝对直角坐标值指定点,应输入用逗号隔开的 X、Y 和 Z 值,即"X,Y,Z"表示。当绘制二维平面图形时,因在 XY 平面上绘图,其 Z 值为 0,可省略而不必输入 0,仅输入 XY 值,即"x,y"。

相对直角坐标是基于上一个输入点而言的,表示方法有二:

相对距离输入法:在坐标前面添加一个前缀"@"符号。例如,坐标"@3,4"是指在 X 轴正方向上距离上一指定点 3 个单位,在 Y 轴正方向距离上一指定点 4 个单位的一个点。

直接距离输入法:通过移动光标指定方向,然后直接输入距离。

2. 极坐标系

极坐标系使用距离和角度定位点,也分绝对极坐标和相对极坐标。

绝对极坐标是指相对于坐标原点的极坐标。例如,坐标"5<45"是指从 X 轴正方向逆时针旋转 45°,距离原点 5 个图形单位的点。

相对极坐标是基于上一个输入点的。例如,坐标"@10<45"是指相对于前一点距离为 10 个图形单位,角度为 45°的一个点。

2.1.3　坐标的动态输入

动态输入是 AutoCAD 2006 新增加的内容,在光标旁边显示的工具栏提示信息将随着光标的移动而动态更新。当某个命令处于活动状态时,可以在工具栏提示中输入值,如图 2.1 所示。

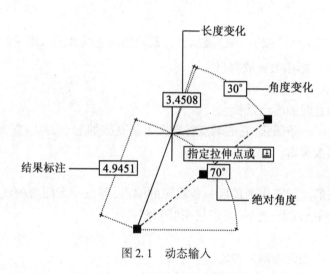

图 2.1　动态输入

用户可以在工具栏提示而不是命令行中输入命令以及对提示作出响应。如果提示包含多个选项,请按下箭头键查看这些选项,然后单击选择一个选项。

动态提示可以有两种输入,即指针输入和标注输入,两者可一起使用。

指针输入,用于输入坐标值。

标注输入,用于输入距离和角度。

要输入坐标,先输入第一个值并按 TAB 切换到下一个工具栏提示,然后输入下一个坐标值。在指定点时,第一个坐标是绝对坐标,第二个或下一个点的格式是相对极坐标。如果需要输入绝对值,在值前加上前缀井号 (#)。

可以通过单击状态栏上的"DYN"来打开或关闭动态输入。

2.2　绘制直线段

绘制直线段命令 LINE,可以创建一系列连续的直线段。命令发出后,用户通过鼠标指定线段的端点或利用键盘输入端点坐标,一次可以画一条直线段或连续画多条线段。直线段是由起点和终点确定的。AutoCAD 2006 就能将这些点连接成连续折线。这些连续折线中,每条线段都是独立对象。

2.2.1 功能

绘制直线段。

2.2.2 调用

菜单:"绘图"→"直线"。

命令行:LINE。

工具栏:"绘图"→ ◢ 。

2.2.3 格式

命令行:line。

指定第一点:指定点或按 Enter 键从上一条绘制的直线或圆弧继续绘制。

指定下一点或 [关闭(C)/放弃(U)]。

1. 继续

从最近绘制的直线的端点延长它。

如果最近绘制了一条圆弧,它的端点将定义为新直线的起点,并且新直线与该圆弧相切,不论该圆弧是否已被编辑。

2. 关闭

以第一条线段的起始点作为最后一条线段的端点,形成一个闭合的线段环。在绘制了一系列线段(两条或两条以上)之后,可以使用"闭合"选项。

3. 放弃

删除直线序列中最近绘制的线段。

多次输入 u,按绘制次序的逆序逐个删除线段。

如已知三点的坐标为(100,100)、(150,200)、(200,100),用直线段连接这三点,绘制一个三角形。

命令:_line 指定第一点:100,100　　　　//输入 100,100,指定直线第一点坐标。

指定下一点或 [放弃(U)]:200,100　　　　//指定第二点坐标,绘出第一条直线。

指定下一点或 [放弃(U)]:150,200　　　　//指定第三点坐标,绘出第二条直线。

指定下一点或 [闭合(C)/放弃(U)]:c　　　//输入"c",以第一条线段的起始点作为最后一
　　　　　　　　　　　　　　　　　　　　　条线段的端点,形成一个闭合的线段环。

效果如图 2.2 所示(图中坐标为编者另加)。

2.3 综合举例一

按给定的尺寸,绘制图 2.3。

绘图步骤如下:

(1)创建新文件。

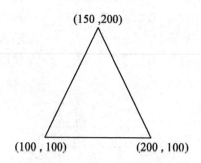

图 2.2 通过输入坐标画直线

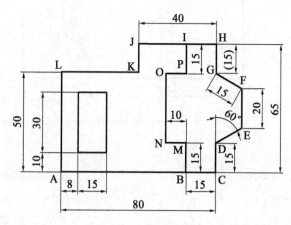

图 2.3 综合举例一

(2)命名存盘。

(3)设置"图纸幅面"、"单位"。

命令：´_limits

(或单击"格式"→"图形界限")   //使用"图形界限"命令。

重新设置模型空间界限：

指定左下角点或［开(ON)/关(OFF)］<0,0>：   //指定左下角点。

指定右上角点 <210,150>：210,150   //指定右上角点。

单击"格式"→"单位"，打开"图形单位"对话框，"长度精度"选择没有小数位。

其余取默认（以后举例中，上述步骤不再赘述）。

(4)作外线框。

命令：_line 指定第一点：0,0   //输入 A 点坐标,指定直线段起点。

指定下一点或［放弃(U)］：80,0   //输入 C 点坐标,作直线段 AC。

指定下一点或［放弃(U)］：80,15   //输入 D 点坐标,作直线段 CD。

指定下一点或［闭合(C)/放弃(U)］：@15<30   //输入 E 点坐标,作直线段 DE。

指定下一点或［闭合(C)/放弃(U)］：@0,20   //输入 F 点坐标,作直线段 EF。

指定下一点或［闭合(C)/放弃(U)］：@15<150   //输入 G 点坐标,作直线段 FG。

指定下一点或［闭合(C)/放弃(U)］：@0,15   //输入 H 点坐标,作直线段 GH。

指定下一点或［闭合(C)/放弃(U)］: @ -40,0   //输入 J 点坐标,作直线段 HJ。

指定下一点或［闭合(C)/放弃(U)］: @0, -15   //输入 K 点坐标,作直线段 JK。

指定下一点或［闭合(C)/放弃(U)］: 0,50   //输入 L 点坐标,作直线段 KL。

指定下一点或［闭合(C)/放弃(U)］: C   //使用闭合(C),完成线框作图。

如图 2.4 所示。

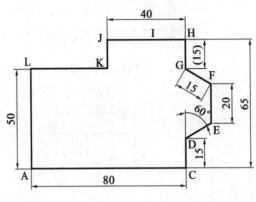

图 2.4   画外线框

(5)作中间折线。

LINE 指定第一点: 65,0   //输入 B 点坐标,指定直线段起点。

指定下一点或［放弃(U)］: 65,15   //输入 M 点坐标,作直线段 BM。

指定下一点或［放弃(U)］: 55,15   //输入 N 点坐标,作直线段 MN。

指定下一点或［闭合(C)/放弃(U)］: 55,50   //输入 O 点坐标,作直线段 NO。

指定下一点或［闭合(C)/放弃(U)］: 65,50   //输入 P 点坐标,作直线段 OP。

指定下一点或［闭合(C)/放弃(U)］: 65,65   //输入 I 点坐标,作直线段 PI。

指定下一点或［闭合(C)/放弃(U)］:   //按 Enter 键,完成中间线段。

如图 2.5 所示。

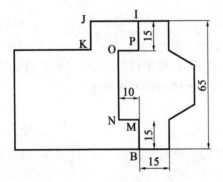

图 2.5   画中间折线

(6)作矩形线框。

命令: _line   //使用直线命令。

_line 指定第一点：8,10 　　　//指定直线起点,即矩形左下角坐标。
指定下一点或［放弃(U)］:30 　　//指定下一点(采用直接距离输入法)。
指定下一点或［放弃(U)］:15 　　//指定下一点。
指定下一点或［闭合(C)/放弃(U)］:30 //指定下一点。
指定下一点或［闭合(C)/放弃(U)］:c //选择"闭合(C)"选项,完成作图。
如图 2.6 所示。

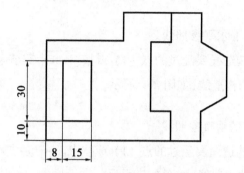

图 2.6　画矩形线框

2.4　绘制构造线

构造线的两端都是可以无限延伸的。

2.4.1　功能

绘制直线。

2.4.2　调用

菜单:"绘图"→"构造线"。

命令行:xline 或 xl。

工具栏:"绘图"→ 。

2.4.3　格式

命令行提示如下:

命令:_xline 指定点或［水平(H)/垂直(V)/角度(A)/二等分(B)/偏移(O)］:

　　　　　　　　　　　　//指定构造线上一点。如:100,100

指定通过点: 　　　　　　　//指定构造线上另一点。如:200,200

指定通过点: 　　　　　　　按 Enter 键,完成构造线。

效果如图 2.7 所示。

命令行选项响应如下:

1. 水平(H)

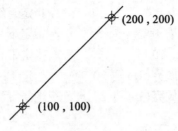

图2.7 构造线命令的应用

创建一条通过选定点的水平参照线。

指定通过点:∥指定构造线要经过的点（1）或按 Enter 键结束命令。

将创建平行于 X 轴的构造线,如图2.8所示。

2. 垂直(V)

创建一条通过选定点的垂直参照线。

指定通过点:∥指定构造线要经过的点（1）或按 Enter 键结束命令。

将创建平行于 Y 轴的构造线,如图2.9所示。

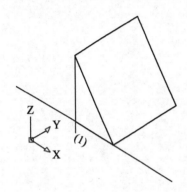

图2.8 水平构造线

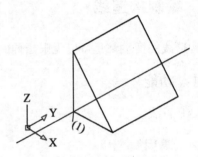

图2.9 垂直构造线

3. 角度(A)

以指定的角度创建一条构造线。

输入构造线的角度 (0) 或 ［参照(R)］:∥指定角度或输入 r。

(1)构造线角度(0)

指定构造线与 X 轴的角度。

指定通过点:∥指定构造线要通过的点。

将使用指定角度创建通过指定点的构造线,如图2.10所示。

(2)参照(R)

指定与选定参照线之间的夹角。此角度从参照线开始按逆时针方向测量。

选择直线对象:∥选择参照的直线、多段线、射线或构造线。

输入构造线的角度 <0>:∥输入构造线与参照线的角度。

指定通过点:∥指定构造线要经过的点(1)或按 Enter 键结束命令。如图2.11所示。

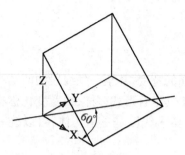

图2.10 指定角度创建构造线

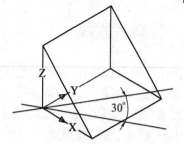

图2.11 指定与参照线的角创建构造线

4. 二等分(B)

创建一条参照线,它经过选定的角顶点,并且将选定的两条线之间的夹角平分。

指定角的顶点://指定点 (1)。

指定角的起点://指定点 (2)。

指定角的端点://指定点 (3) 或按 $\boxed{\text{Enter}}$ 键结束命令。

此构造线位于由三个点确定的平面中,如图2.12 所示。

5. 偏移(O)

创建平行于另一个对象的参照线。

指定偏移距离或［通过(T)］＜当前值＞://指定一段偏移距离,输入 t 或按 $\boxed{\text{Enter}}$ 键。

(1)偏移距离

指定构造线偏离选定对象的距离。

选择直线对象://选择直线、多段线、射线或构造线,或按 $\boxed{\text{Enter}}$ 键结束命令。

指定向哪侧偏移://指定点然后按 $\boxed{\text{Enter}}$ 键退出命令

(2)通过(T)

创建从一条直线偏移并通过指定点的构造线。

选择直线对象://选择直线、多段线、射线或构造线,或按 $\boxed{\text{Enter}}$ 键结束命令。

指定通过点://指定构造线要经过的点并按 $\boxed{\text{Enter}}$ 键退出命令。如图2.13 所示。

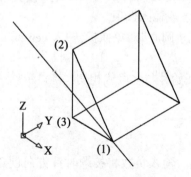

图2.12 创建二等分角构造线

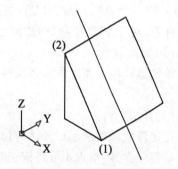

图2.13 创建平行于对象的构造线

2.5　绘制多段线

多段线由直线和弧线段组成,不同的线段可以有不同的宽度,甚至一条线段的两端的宽度也可以不同。例如,可以调整多段线的宽度和曲率。由于其组合形式多样,线宽变化弥补了直线或圆弧功能的不足,适合绘制各种复杂图形。另外,整条多线段是一个实体,可以统一对其进行编辑,因此,多段线得到广泛应用。

2.5.1　功能

绘制多段线,提供单个直线所不具备的编辑功能。

2.5.2　调用

菜单:"绘图"→"多段线"。

命令行:PLINE。

工具栏: 。

2.5.3　格式

命令: _pline。

指定起点:(指定多段线的起点)。

当前线宽为0。

指定下一个点或 [圆弧(A)/半宽(H)/长度(L)/放弃(U)/宽度(W)]:指定下一点或输入选项。

指定下一点或 [圆弧(A)/闭合(C)/半宽(H)/长度(L)/放弃(U)/宽度(W)]:指定下一点或输入选项。

1. 下一点

绘制一条直线段。将显示前一个提示。

2. 圆弧(A)

将弧线段添加到多段线中。

指定圆弧的端点或 [角度(A)/圆心(CE)/闭合(CL)/方向(D)/半宽(H)/直线(L)/半径(R)/第二个点(S)/放弃(U)/宽度(W)]:指定下一点或输入选项。

注意:对于 PLINE 命令的"圆心"选项,输入 ce;对于"圆心"对象捕捉,输入 cen 或 center。

(1)圆弧端点

绘制弧线段。弧线段从多段线上一段的最后一点开始并与多段线相切。将显示前一个提示。

(2)角度(A)

指定弧线段的从起点开始的包含角。

指定包含角:输入正数将按逆时针方向创建弧线段。输入负数将按顺时针方向创建弧线段。如图2.14所示。

指定圆弧的端点或 [圆心(C)/半径(R)]:指定点或输入选项。

①圆弧端点

角度=180° 角度=-180°

2.14 包含角正负控制圆弧段方向

指定端点并绘制弧线段。

②圆心(C)

指定弧线段的圆心。

指定圆弧的圆心：输入指定点。

③半径(R)

指定弧线段的半径。

指定圆弧的半径：指定距离。

指定圆弧的弦方向 <当前值>：指定点或按 Enter 键。

按 Enter 键，圆弧的弦方向角度取当前值。

如图2.15所示。

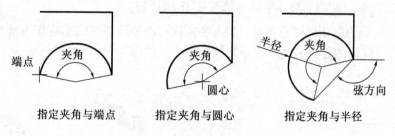

指定夹角与端点　　　指定夹角与圆心　　　指定夹角与半径

图2.15 指定夹角创建圆弧段

(3)圆心(CE)

指定弧线段的圆心。

指定圆弧的圆心：指定圆心。

指定圆弧的端点或［角度(A)/长度(L)］：指定端点或输入选项。

①圆弧端点

指定端点并绘制弧线段。

②角度(A)

指定弧线段的从起点开始的包含角。

指定包含角：输入包含角。

③长度(L)

指定弧线段的弦长。如果前一线段是圆弧,程序将绘制与前一弧线段相切的新弧线段。

指定弦长：输入弧线段的弦长。如图2.16所示。

(4)闭合(CL)

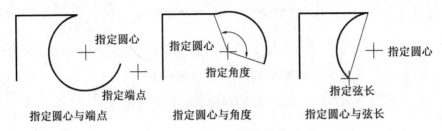

图 2.16　指定圆心创建圆弧段

用弧线段将多段线闭合。该弧线与当前线段相切,并连接多段线的起点。

(5)方向(D)

指定弧线段的起始方向。

指定圆弧的起点切向:指定点 (1)。

指定圆弧的端点:指定点 (2)。

如图 2.17 所示。

(6)半宽(H)

指定从宽多段线线段的中心到其一边的宽度。

指定起点半宽 <当前值>:输入值或按 Enter 键。

指定端点半宽 <起点宽度>:输入值或按 Enter 键。

起点半宽将成为默认的端点半宽。端点半宽在再次修改半宽之前将作为所有后续线段的统一半宽。宽线线段的起点和端点位于宽线的中心。如图 2.18 所示。

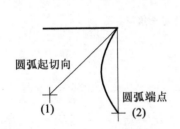

图 2.17　指定方向创建圆弧段

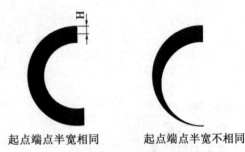

图 2.18　创建多段线半宽

典型情况下,相邻多段线线段的交点将倒角。但在弧线段互不相切、有非常尖锐的角或者使用点划线线型的情况下将不倒角。

(7)直线(L)

退出"圆弧"选项并返回 PLINE 命令的初始提示。

(8)半径(R)

指定弧线段的半径。

指定圆弧的半径:指定距离。

指定圆弧的端点或 [角度(A)]:指定点或输入 a。

①圆弧端点

指定端点并绘制弧线段。

②角度(A)

指定弧线段的包含角。

指定包含角。

指定圆弧的弦方向 <当前值>：指定角度或按 Enter 键。

如图2.19所示。

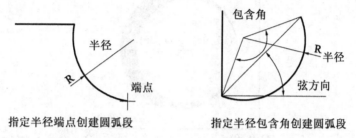

指定半径端点创建圆弧段　　　　　指定半径包含角创建圆弧段

图2.19　指定半径创建圆弧段

(9)第二个点(S)

指定三点圆弧的第二点和端点。

指定圆弧上的第二点：输入圆弧上的一个点。

指定圆弧的端点：输入圆弧上的端点。

(10)放弃(U)

删除最近一次添加到多段线上的弧线段。

(11)宽度(W)

指定下一弧线段的宽度。

指定起点宽度 <当前值>：输入值或按 Enter 键。

指定端点宽度 <起点宽度>：输入值或按 Enter 键。

起点宽度将成为默认的端点宽度。端点宽度在再次修改宽度之前将作为所有后续线段的统一宽度。宽线线段的起点和端点位于宽线的中心。

3. 闭合(C)

绘制一条直线段(从当前位置到多段线起点)以闭合多段线。

4. 半宽(H)

与前选项同。

5. 长度(L)

在与前一线段相同的角度方向上绘制指定长度的直线段。如果前一线段是圆弧,程序将绘制与该弧线段相切的新直线段。

指定直线的长度：指定距离。

6. 放弃(U)

与前选项同。

7. 宽度(W)

与前选项同。

2.6 综合举例二

按给定的坐标值,用多段线绘制宽度渐变的圆环,如图2.20所示。

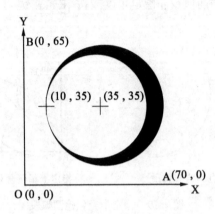

图2.20 综合举例二

1. 画坐标轴

命令：_line 指定第一点:0,0 　　　　//指定 X 轴的端点 O。

指定下一点或［放弃(U)］:70,0 　　//指定 X 轴的端点 A。

指定下一点或［放弃(U)］: 　　　　//按 Enter 键,退出 line 命令。

命令:

LINE 指定第一点:0,0 　　　　　　//指定 Y 轴的端点 O。

指定下一点或［放弃(U)］:0,65 　　//指定 Y 轴的端点 B。

指定下一点或［放弃(U)］: 　　　　//按 Enter 键,退出 line 命令。

如图2.21所示。

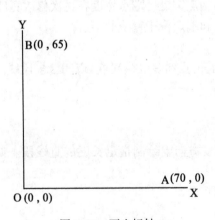

图2.21 画坐标轴

2. 用多段线命令画箭头

命令：_pline　　　　　　　　　　　　//用多段线命令,作 X 轴端箭头。

指定起点：　　　　　　　　　　　　//拾取 A 点。

当前线宽为 1　　　　　　　　　　　//显示当前线宽为 1。

指定下一个点或［圆弧(A)/半宽(H)/长度(L)/放弃(U)/宽度(W)］：w

　　　　　　　　　　　　　　　　//选择"宽度(W)"选项,重新设置线宽。

指定起点宽度 ＜1＞：　　　　　　　//按 Enter 键,起点宽度默认值为 1。

指定端点宽度 ＜1＞：0　　　　　　　//设置端点宽度为 0。

指定下一个点或［圆弧(A)/半宽(H)/长度(L)/放弃(U)/宽度(W)］：

　　　　　　　　　　　　　　　　//指定箭头终点。

指定下一点或［圆弧(A)/闭合(C)/半宽(H)/长度(L)/放弃(U)/宽度(W)］：

　　　　　　　　　　　　　　　　//按 Enter 键,退出 Pline 命令。

命令：_pline　　　　　　　　　　　　//用多段线命令,作 Y 轴端箭头。

指定起点：　　　　　　　　　　　　//拾取 B 点。

当前线宽为 0　　　　　　　　　　　//显示当前线宽为 0。

指定下一个点或［圆弧(A)/半宽(H)/长度(L)/放弃(U)/宽度(W)］：w

　　　　　　　　　　　　　　　　//选择"宽度(W)"选项,重新设置线宽。

指定起点宽度 ＜0＞：1　　　　　　　//设置起点宽度为 1。

指定端点宽度 ＜1＞：0　　　　　　　//设置端点宽度为 0。

指定下一个点或［圆弧(A)/半宽(H)/长度(L)/放弃(U)/宽度(W)］：

　　　　　　　　　　　　　　　　//指定箭头终点。

指定下一点或［圆弧(A)/闭合(C)/半宽(H)/长度(L)/放弃(U)/宽度(W)］：

　　　　　　　　　　　　　　　　//按 Enter 键,退出 Pline 命令。

如图 2.22 所示。

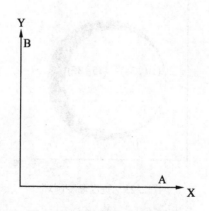

图 2.22　用多段线命令画箭头

3. 用多段线命令作宽度渐变圆

命令：_pline　　　　　　　　　　　　//使用"多段线"命令。

指定起点：10,35　　　　　　　　　　//输入起点。

当前线宽为 0 　　　　　　　　　　　　//显示当前默认宽度。

指定下一个点或［圆弧(A)/半宽(H)/长度(L)/放弃(U)/宽度(W)］: w

　　　　　　　　　　　　　　　　　//输入"宽度(W)"选项。

指定起点宽度 <0>: 　　　　　　　　//按 Enter 键,确认宽度为0。

指定端点宽度 <0>: 8 　　　　　　　//设置终点宽度为8。

指定下一个点或［圆弧(A)/半宽(H)/长度(L)/放弃(U)/宽度(W)］: a

　　　　　　　　　　　　　　　　　//选择"圆弧(A)"选项。

指定圆弧的端点或［角度(A)/圆心(CE)/方向(D)/半宽(H)/直线(L)/半径(R)/第二
个点(S)/ 放弃(U)/宽度(W)］: ce

　　　　　　　　　　　　　　　　　//使用"圆心(CE)"选项。

指定圆弧的圆心:35,35 　　　　　　//输入圆心。

指定圆弧的端点或［角度(A)/长度(L)］: a

　　　　　　　　　　　　　　　　　//使用"角度(A)"选项。

指定包含角: -180 　　　　　　　　//输入包含角-180。

指定圆弧的端点或［角度(A)/圆心(CE)/闭合(CL)/方向(D)/半宽(H)/直线(L)/半径
(R)/ 第二个点(S)/放弃(U)/宽度(W)］: w

　　　　　　　　　　　　　　　　　//使用"宽度(W)"选项。

指定起点宽度 <8>: 　　　　　　　　//按 Enter 键,确认宽度为8。

指定端点宽度 <8>: 0 　　　　　　　//设置终点宽度为0。

指定圆弧的端点或［角度(A)/圆心(CE)/闭合(CL)/方向(D)/半宽(H)/直线(L)/半径
(R)/ 第二个点(S)/放弃(U)/宽度(W)］: cl

　　　　　　　　　　　　　　　　　//使用"闭合(CL)"选项。

完成作图,如图2.23所示。

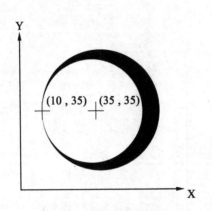

图2.23　宽度渐变圆环

2.7　绘制圆

圆是另一种最常用的基本实体,可以用来表达圆柱、轴、轮、贺孔等视图。AutoCAD 2006

提供了五种画图方式,这些方式是利用圆心、半径、直径和圆上的点等基参数来控制的。

2.7.1　功能

按指定方式画图。

2.7.2　调用

菜单"绘图"→"圆"。

命令行:CIRCLE。

工具栏:"绘图"→。

2.7.3　格式

启动画图命令以后,AutoCAD2006 命令区给出下列提示:

命令:_circle 指定圆的圆心或［三点(3P)/两点(2P)/相切、相切、半径(T)］://指定点或输入选项。

1. 中心点

基于圆心和直径(或半径)绘制圆。

指定圆的半径或［直径(D)］://指定点、输入值、输入 d 或按 Enter 键。

(1)半径

定义圆的半径。输入值,或指定点 (2)。此点与圆心的距离决定圆的半径。效果如图 2.24所示。

(2)直径

使用中心点和指定的直径长度绘制圆。

指定圆的直径 <当前> ://指定点 (2)、输入值或按 Enter 键。效果如图 2.25 所示。

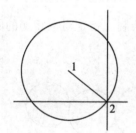

图 2.24　基于圆心和半径

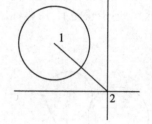

图 2.25　基于圆心和直径绘制图

2. 三点(3P)

基于圆周上的三点绘制圆。

指定圆上的第一个点://指定点 (1)。

指定圆上的第二个点://指定点 (2)。

指定圆上的第三个点://指定点 (3)。效果如图 2.26 所示。

3. 两点(2P)

基于圆直径上的两个端点绘制圆。

指定圆的直径的第一个端点://指定点 (1)。

指定圆的直径的第二个端点：//指定点（2）。效果如图 2.27 所示。

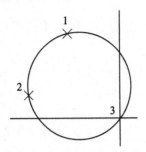

图 2.26　过圆周上三点绘制图

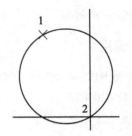

图 2.27　过直径上两点绘

4. 相切、相切、半径(TTR)

基于指定半径和两个相切对象绘制圆。

指定对象与圆的第一个切点：//选择圆、圆弧或直线。

指定对象与圆的第二个切点：//选择圆、圆弧或直线。

指定圆的半径 ＜当前＞：

有时会有多个圆符合指定的条件。程序将绘制具有指定半径的圆，其切点与选定点的距离最近。

操作结果如图 2.28 所示。

5. 用相切-相切-相切方式画圆

该方式要求确定三个相切绘制一个公切圆。操作步骤如下：

指定圆的圆心或「三点(3P)/两点(2P)/相切、相切、半径(T)」:3P。

指定圆上的第一个点：//输入 tan 到↙（设置"切点"对象捕捉方式）。

指定圆上的第二个点：//提示下输入 tan 到↙。

指定圆上的第三个点：//提示下输入 tan 到↙。

按照上述步骤提示，用鼠标依次拾取三个相切对象，即可绘制出指定对象相切的圆，如图 2.29 所示。

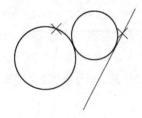

2.28　指定半径和两个相切对象绘制圆

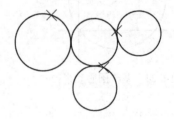

图 2.29　指定三个相切对象绘制圆

2.8　综合举例三

绘制如图 2.30 所示的连杆。

1. 画圆的中心线

命令：_line 指定第一点:拾取第一点　　　　　　　　　　　　//拾取 A 中心线上一个端点。

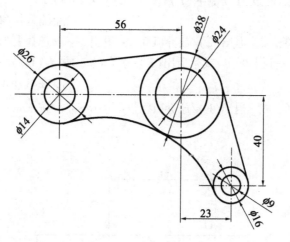

图 2.30　综合举例三

指定下一点或 [放弃(U)]：拾取第二点 　　　　　//拾取 A 中心线上另一个端点。

指定下一点或 [放弃(U)]： 　　　　　　　　　//按 Enter 键，完成中心线 A。

命令：_line 指定第一点:拾取第一点 　　　　　//拾取 B 中心线上一个端点。

指定下一点或 [放弃(U)]： 　　　　　　　　　//拾取 B 中心线上另一个端点。

指定下一点或 [放弃(U)]： 　　　　　　　　　//按 Enter 键，完成中心线 B。

命令：_offset 　　　　　　　　　　　　　　　//使用偏移命令(见第 3 章)。

当前设置：删除源 = 否 图层 = 源 OFFSETGAPTYPE = 0

指定偏移距离或 [通过(T)/删除(E)/图层(L)] <通过>：56

　　　　　　　　　　　　　　　　　　　　　//输入偏移距离。

选择要偏移的对象,或 [退出(E)/放弃(U)] <退出>：

　　　　　　　　　　　　　　　　　　　　　//选择要偏移的对象 B。

指定要偏移的那一侧上的点,或 [退出(E)/多个(M)/放弃(U)] <退出>：

　　　　　　　　　　　　　　　　　　　　　//在 B 中心线左边拾取一点。

选择要偏移的对象,或 [退出(E)/放弃(U)] <退出>：

　　　　　　　　　　　　　　　　　　　　　//按 Enter 键,完成中心线 C。

命令：_offset 　　　　　　　　　　　　　　　//使用偏移命令。

当前设置：删除源 = 否 图层 = 源 OFFSETGAPTYPE = 0

指定偏移距离或 [通过(T)/删除(E)/图层(L)] <56>：40

　　　　　　　　　　　　　　　　　　　　　//输入偏移距离。

选择要偏移的对象,或 [退出(E)/放弃(U)] <退出>：//选择要偏移的对象 A。

指定要偏移的那一侧上的点,或 [退出(E)/多个(M)/放弃(U)] <退出>：

　　　　　　　　　　　　　　　　　　　　　//在 A 中心线下边拾取一点。

选择要偏移的对象,或 [退出(E)/放弃(U)] <退出>：//按 Enter 键,完成中心线 E。

命令：_offset 　　　　　　　　　　　　　　　//使用偏移命令。

当前设置：删除源 = 否 图层 = 源 OFFSETGAPTYPE = 0

指定偏移距离或〔通过(T)/删除(E)/图层(L)〕<40>: 23

　　　　　　　　　　　　　　　　　　　　　　//输入偏移距离。

选择要偏移的对象,或〔退出(E)/放弃(U)〕<退出>: //选择要偏移的对象B。

指定要偏移的那一侧上的点,或〔退出(E)/多个(M)/放弃(U)〕<退出>:

　　　　　　　　　　　　　　　　　　　　//在B中心线右边拾取一点。

选择要偏移的对象,或〔退出(E)/放弃(U)〕<退出>: //按 Enter 键,完成中心线D。

如图2.31所示。

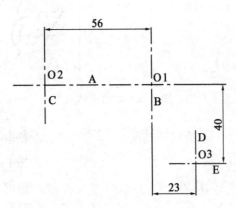

图2.31　作圆的中心线

2. 作中间直径为38、24的同心圆

CIRCLE 指定圆的圆心或〔三点(3P)/两点(2P)/相切、相切、半径(T)〕:

　　　　　　　　　　　　　　　　　　　　　//拾取圆心O1。

指定圆的半径或〔直径(D)〕<13>: 12　　　　//输入半径。

命令:　　　　　　　　　　　　　　　　　//按 Enter 键,继续作圆。

CIRCLE 指定圆的圆心或〔三点(3P)/两点(2P)/相切、相切、半径(T)〕:

　　　　　　　　　　　　　　　　　　　　　//拾取圆心O1。

指定圆的半径或〔直径(D)〕<12>: 19　　　　//输入半径,完成作图。

如图2.32所示。

3. 作直径为26、14、16、9的圆

命令:_circle 指定圆的圆心或〔三点(3P)/两点(2P)/相切、相切、半径(T)〕:

　　　　　　　　　　　　　　　　　　　　　//拾取圆心O2。

指定圆的半径或〔直径(D)〕: 7　　　　　　//输入半径。

命令:　　　　　　　　　　　　　　　　　按 Enter 键,继续作圆。

CIRCLE 指定圆的圆心或〔三点(3P)/两点(2P)/相切、相切、半径(T)〕:

　　　　　　　　　　　　　　　　　　　　　//拾取圆心O2。

指定圆的半径或〔直径(D)〕<7>: 13　　　　输入半径。

命令:　　　　　　　　　　　　　　　　　按 Enter 键,继续作圆。

CIRCLE 指定圆的圆心或〔三点(3P)/两点(2P)/相切、相切、半径(T)〕:

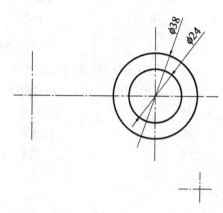

图 2.32　作中间两个同心圆

指定圆的半径或［直径(D)］＜19＞：4.5　　//拾取圆心 O3。　输入半径。

命令：　　//按 Enter 键，继续作圆。

CIRCLE 指定圆的圆心或［三点(3P)/两点(2P)/相切、相切、半径(T)］：

　　//拾取圆心 O3。

指定圆的半径或［直径(D)］＜5＞：8　　输入半径。

如图 2.33 所示。

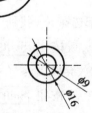

图 2.33　作两端同心圆

4. 作切线和连接圆弧

命令：_line 指定第一点：_tan 到　　//使用直线命令,启用切点捕捉方式,
　　　　　　　　　　　　　　　　　　在第一个圆切点附近拾取一点。

指定下一点或［放弃(U)］：_tan 到　　//在第二个圆切点附近拾取第二点。

指定下一点或［放弃(U)］：　　//按 Enter 键,退出直线命令。

命令：_line 指定第一点：_tan 到　　//使用直线命令,启用切点捕捉方式,

指定下一点或［放弃(U)］：_tan 到

指定下一点或［放弃(U)］：

命令：_circle 指定圆的圆心或［三点(3P)/两点(2P)/相切、相切、半径(T)］：_3p

指定圆上的第一个点：_tan 到

指定圆上的第二个点：_tan 到

指定圆上的第三个点：_tan 到

如图 2.34 所示。

在第一个圆切点附近拾取一点。

//在第二个圆切点附近拾取第二点。

//按 Enter 键，退出直线命令。

//使用相切、相切、相切方式画圆。

//在第一个圆切点附近拾取第一点。

//在第二个圆切点附近拾取第二点。

//在第三个圆切点附近拾取第三点。

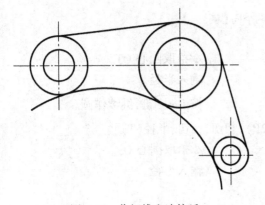

图 2.34　作切线和连接弧

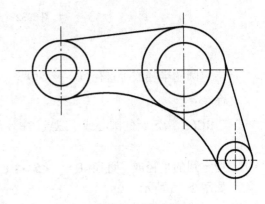

图 2.35　完成作图

5. 对象修剪

命令：_trim

当前设置:投影＝视图,边＝延伸

选择剪切边...

选择对象或 <全部选择>：找到 1 个

//使用修剪命令。

//显示默认设置。

//选择剪切边,按 Enter 键结束。

//选择被剪切边。

选择要修剪的对象,或按住 Shift 键选择要延伸的对象,或［栏选(F)/窗交(C)/投影(P)/边(E)/删除(R)/放弃(U)］：

//选择被剪切边。

选择要修剪的对象,或按住 Shift 键选择要延伸的对象,或［栏选(F)/窗交(C)/投影(P)/边(E)/删除(R)/放弃(U)］：

//按 Enter 键结束。

如图 2.35 所示。

2.9　绘制矩形

矩形也是工程图中很常用的一种基本图形。AutoCAD2006 提供的绘制矩形的命令是"RECTANG"。

2.9.1 功能

画矩形。

2.9.2 调用

菜单:"绘图"→"矩形"。

命令行:RECTANG。

工具栏:"绘图"→。

2.9.3 格式

启动画图命令以后,AutoCAD2006 命令区给出下列提示:

命令:_rectang。

指定第一个角点或[倒角(C)/标高(E)/圆角(F)/厚度(T)/宽度(W)]。

1. 第一角点

指定矩形的一个角点。

指定另一个角点或[面积(A)/标注(D)/旋转(R)]:指定点或输入选项。

(1)另一个角点

使用指定的点作为对角点创建矩形。

(2)面积(A)

使用面积与长度或宽度创建矩形。如果"倒角"或"圆角"选项被激活,则区域将包括倒角或圆角在矩形角点上产生的效果。

输入以当前单位计算的矩形面积 <100>:输入一个正值。

计算矩形标注时依据[长度(L)/宽度(W)] <长度>:输入 l 或 w。

输入矩形长度 <10>:输入一个非零值。

或输入矩形宽度 <10>:输入非零值。

指定另一个角点或[面积(A)/标注(D)/旋转(R)]:移动光标以显示矩形可能位于的四个位置之一并在期望的位置单击。

(3)标注(D)

使用长和宽创建矩形。

指定矩形的长度 <0.0000> 输入非零值。

指定矩形的宽度 <0.0000> 输入非零值。

指定另一个角点或[面积(A)/标注(D)/旋转(R)]:移动光标以显示矩形可能位于的四个位置之一并在期望的位置单击。

(4)旋转(R)

按指定的旋转角度创建矩形。

指定旋转角度或[点(P)] <0> 通过输入值、指定点或输入 p 并指定两个点来指定角度。

指定另一个角点或[面积(A)/标注(D)/旋转(R)]:移动光标以显示矩形可能位于的四个位置之一并在期望的位置单击。

2. 倒角(C)

设置矩形的倒角距离。

指定矩形的第一个倒角距离 <当前距离>：指定距离或按 [Enter] 键。

指定矩形的第二个倒角距离 <当前距离>：指定距离或按 [Enter] 键。

以后执行 RECTANG 命令时此值将成为当前倒角距离。

3. 标高(E)

指定矩形的标高。

指定矩形的标高 <当前标高>：指定距离或按 [Enter] 键。

以后执行 RECTANG 命令时此值将成为当前标高。

4. 圆角(F)

指定矩形的圆角半径。

指定矩形的圆角半径 <当前半径>：指定距离或按 [Enter] 键。

以后执行 RECTANG 命令时此值将成为当前圆角半径。

5. 厚度(T)

指定矩形的厚度。

指定矩形的厚度 <当前厚度>：指定距离或按 [Enter] 键。

以后执行 RECTANG 命令时此值将成为当前厚度。

6. 宽度(W)

为要绘制的矩形指定多段线的宽度。

指定矩形的线宽 <当前线宽>：指定距离或按 [Enter] 键。

以后执行 RECTANG 命令时此值将成为当前多段线宽度。如图 2.36 用矩形命令绘制的各种矩形。

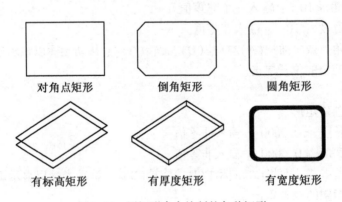

图 2.36　用矩形命令绘制的各种矩形

2.9.4　说明

倒角的距离不得大于矩形的边长,圆角的半径不得大于矩形边长的一半,若半径等于边长的一半,则绘制的图形为椭圆。

2.10 绘制正多边形

正多边形是具有 3~1 024 条等长边的封闭多段线。用户可以通过与假想的圆内接或外切的方法,以及通过指定正多边形,某一边的端点的方法绘制正多边形。三种绘制方法均要求首先输入正多边形的边数(即指定正多边形为几边形),然后可选择按边或中心来绘制。如果指定按边绘制,则选取边的起点和终点即可,若选择按中心绘制正多边形,则又有两种选择,一种是内接于圆方式,一种是外切于圆方式。如选择前者,则正多边形的所有顶点均落在圆上,如选择后者,则圆的半径等于从正多边形的中心到边中点的距离。

2.10.1 功能

绘制正多边形。

2.10.2 调用

菜单:"绘图"→"正多边形"。

命令行:POLYGON。

工具栏:"绘图"→⬠。

2.10.3 格式

命令:_polygon 输入边的数目 <4>。

输入边的数目(指定正多边形的边数)。

指定正多边形的中心点或[边(E)]。

指定正多边形的中心点(1)或输入 e。

1. 正多边形中心点

定义正多边形中心点(1)。

输入选项[内接于圆(I)/外切于圆(C)]<当前选项>:输入 i 或 c 或按 Enter 键。

(1)内接于圆(I)

指定外接圆的半径,正多边形的所有顶点都在此圆周上。

指定圆的半径:指定点(2)或输入半径值。

用定点设备指定半径,决定正多边形的旋转角度和尺寸。指定半径值将以当前捕捉旋转角度绘制正多边形的底边。

如图 2.37(a)所示。

(2)外切于圆(C)

指定从正多边形中心点到各边中点的距离。

指定圆的半径:指定距离用定点设备指定半径,决定正多边形的旋转角度和尺寸。

指定半径值将以当前捕捉旋转角度绘制正多边形的底边。

如图 2.37(b)所示。

2. 边(E)

通过指定第一条边的端点来定义正多边形。

指定边的第一个端点：指定点（1）。

指定边的第二个端点：指定点（2）或输入边的长度。

如图 2.37(c)所示。

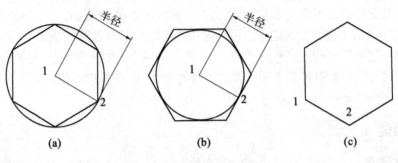

图 2.37　绘制正多边形

2.11　绘制圆弧

绘制圆弧有多种方法，默认的方法是指定三点：起点、圆弧上的一点、端点。其他方法都是从起点到端点逆时针绘制圆弧。"绘图"菜单中提供了 11 种圆弧构造方法，它对应了 ARC 命令的各种选项。从菜单中选择某一选项，随着命令的进行，系统将自动发出相应的提示。

2.11.1　功能

绘制圆弧。

2.11.2　调用

菜单："绘图"→"圆弧"。

命令行：ARC。

工具栏："绘图"→ ⌒ 。

2.11.3　格式

命令：_arc 指定圆弧的起点或［圆心（C）］。

指定圆弧的起点或圆心。

注意：如果未指定点就按 Enter 键，最后绘制的直线或圆弧的端点将会作为起点，并立即提示指定新圆弧的端点。这将创建一条与最后绘制的直线、圆弧或多段线相切的圆弧。

2.11.4　命令行选项说明

用命令行方式绘制圆弧时，根据系统提示选择不同选项。用"绘图"菜单"圆弧"子菜单绘制圆弧时，也有多种选项，两种方法相似，各选项的含义介绍如下：

（1）三点弧：使用圆弧周线上的三个指定点绘制圆弧。通过三个指定点可以顺时针或逆时针指定圆弧。

（2）起点、圆心（C）、端点：从起点,使用圆心向端点逆时针绘制圆弧。端点将落在从第三点到圆心的一条假想射线上。

（3）起点、圆心（C）、角度（A）：从起点,使用圆心按指定包含角逆时针绘制圆弧。如果角度为负,将顺时针绘制圆弧。

（4）起点、圆心（C）、弦长（L）：基于起点和端点之间的直线距离绘制劣弧或优弧(大于半圆为优弧,小于半圆为劣弧)。如果弦长为正值,将从起点逆时针绘制劣弧。如果弦长为负值,将逆时针绘制优弧。

（5）起点、端点（E）、圆心：使用圆心,从起点向端点逆时针绘制圆弧。端点将落在从第三点到圆心的一条假想射线上。

（6）起点、端点（E）、角度（A）：使用圆心,从起点按指定包含角逆时针绘制圆弧。如果角度为负,将顺时针绘制圆弧。

（7）起点、端点（E）、方向（D）：绘制圆弧在起点处与指定方向相切。这将绘制从起点开始到端点结束的任何圆弧,且从起点确定该方向。

（8）起点、端点（E）、半径（R）：从起点向端点逆时针绘制一条劣弧。如果半径为负,将绘制一条优弧。

（9）圆心（C）、起点、端点：从起点向端点逆时针绘制圆弧。端点将落在从圆心到指定点的一条假想射线上。

（10）圆心（C）、起点、角度（A）：使用圆心,从起点按指定包含角逆时针绘制圆弧。如果角度为负,将顺时针绘制圆弧。

（11）圆心（C）、起点、弦长（L）：基于起点和端点之间的直线距离绘制劣弧或优弧。如果弦长为正值,将从起点逆时针绘制劣弧。如果弦长为负值,将逆时针绘制优弧。

（12）继续（O）：继续绘制一个新的圆弧,且该圆弧与最后绘制的直线段或圆弧相切,只提供端点即可。

2.12　绘制椭圆

椭圆由定义其长度和宽度的两条轴决定。较长的轴称为长轴,较短的轴称为短轴。

2.12.1　功能

绘制椭圆或椭圆弧。

2.12.2　调用

菜单:"绘图"→"椭圆"。
命令行:ELLIPSE。
工具栏:"绘图"→ 。

2.12.3　格式

命令:_ellipse。
指定椭圆的轴端点或［圆弧（A）/中心点（C）］。
1. 轴端点

根据两个端点定义椭圆的第一条轴。第一条轴的角度确定了整个椭圆的角度。第一条轴既可定义椭圆的长轴也可定义短轴。

指定轴的另一个端点：指定另一点。

指定另一条半轴长度或［旋转(R)］：通过输入值或定位点来指定距离,或者输入 r。

(1)另一条半轴长度

使用从第一条轴的中点到第二条轴的端点的距离定义第二条轴。第三点仅指定距离,不必指明轴端点。

如图2.38所示。

(2)旋转(R)

通过绕第一条轴旋转圆来创建椭圆。

指定绕长轴旋转的角度：指定点(3)或输入一个介于0°~89.4°的角度值。

绕椭圆中心移动十字光标并单击。输入值越大,椭圆的离心率就越大。输入0将定义圆。

如图2.39所示。

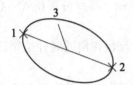

图2.38　通过轴端点定义椭圆

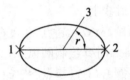

图2.39　通过旋转定义椭圆

2. 圆弧(A)

创建一段椭圆弧。第一条轴的角度确定了椭圆弧的角度。第一条轴既可定义椭圆弧长轴也可定义椭圆弧短轴。

指定椭圆弧的轴端点或［中心点(C)］：指定点或输入 c。

(1)轴端点

定义第一条轴的起点。

指定轴的另一个端点。

指定另一条半轴长度或［旋转(R)］：指定距离或输入 r。

"另一条半轴长度"和"旋转"选项说明与"中心点"下相应的选项说明相匹配。

(2)中心点(C)

用指定的中心点创建椭圆弧。

指定椭圆弧的中心点。

指定轴的端点。

指定另一条半轴长度或［旋转(R)］：指定距离或输入 r。

①另一条半轴长度

定义第二条轴为从椭圆弧的中心点(即第一条轴的中点)到指定点的距离。

指定起始角度或［参数(P)］：指定起始角度值或输入 p。

"起始角度"和"参数"选项的说明与"旋转"下相应选项的说明一致。

②旋转(R)

通过绕第一条轴旋转定义椭圆的长轴短轴比例。该值(从 0°～89.4°)越大,短轴对长轴的比例就越大。输入 0 则定义一个圆。

指定绕长轴旋转的角度:指定旋转角度。

指定起始角度或[参数(P)]:指定角度或输入 p。

起始角度

定义椭圆弧的第一端点。"起始角度"选项用于从"参数"模式切换到"角度"模式。模式用于控制计算椭圆的方法。

指定终止角度或[参数(P)/包含角度(I)]:指定终止角度值或输入选项。

参数(P)

需要同样的输入作为"起始角度",但通过以下矢量参数方程式创建椭圆弧:

$$p(u) = c + a * \cos(u) + b * \sin(u)$$

其中 c 是椭圆的中心点,a 和 b 分别是椭圆的长轴和短轴。

指定起始参数或[角度(A)]:指定点、输入值或输入 a。

指定终止参数或[角度(A)/包含角度(I)]:指定点、输入值或输入选项。

终止参数:用参数化矢量方程式定义椭圆弧的终止角度。使用"起始参数"选项可以从"角度"模式切换到"参数"模式。模式用于控制计算椭圆的方法。

角度:定义椭圆弧的终止角度。使用"角度"选项可以从"参数"模式切换到"角度"模式。模式用于控制计算椭圆的方法。

夹角:定义从起始角度开始的夹角。

3. 中心点(C)

通过指定的中心点来创建椭圆。

指定椭圆的中心点:指定点作椭圆中心。

指定轴端点:指定椭圆轴上的端点。

指定另一条半轴长度或[旋转(R)]:通过输入值或定位点来指定距离,或者输入 r。

(1)另一条半轴长度

定义第二条轴为从椭圆弧中心点(即第一条轴的中点)到指定点的距离。

(2)旋转

通过绕第一条轴旋转圆来创建椭圆。

指定绕长轴旋转的角度:指定点或输入一个有效范围为 0°～89.4°的角度值。

指定起始角度或[参数(P)]:指定角度或输入 p。

绕椭圆中心移动十字光标并单击。输入值越大,椭圆的离心率就越大。输入 0 则定义一个圆。

2.13　绘制射线

射线是三维空间中起始于指定点并且无限延伸的直线。与在两个方向上延伸的构造线不同,射线仅在一个方向上延伸。使用射线代替构造线有助于降低视觉混乱。

2.13.1 功能

绘制仅在一个方向上延伸的构造线。

2.13.2 调用

菜单:"绘图"→" 射线"。

命令行:RAY。

2.13.3 格式

命令: _ray 指定起点: 指定起点。

指定通过点: 指定射线要通过的点。

起点和通过点定义了射线延伸的方向,射线在此方向上延伸到显示区域的边界。重复显示输入通过点的提示以便创建多条射线。按 Enter 键结束命令。

2.14 综合举例四

绘制如图 2.40 所示的平面图形。

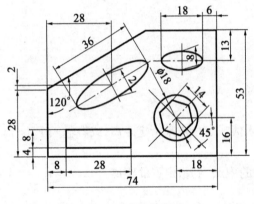

图 2.40　综合举例四

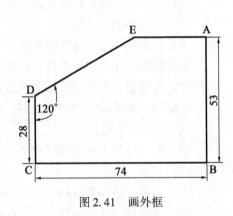

图 2.41　画外框

1. 画外框

命令: _line 指定第一点:	//使用画"直线"命令,拾取一点 A。
指定下一点或［放弃(U)］: @53 < 270	//指定下一点 B,作直线 AB。
指定下一点或［放弃(U)］: @74 < 180	//指定下一点 C,作直线 BC。
指定下一点或［闭合(C)/放弃(U)］: @28 < 90	//指定下一点 D,作直线 CD。
指定下一点或［闭合(C)/放弃(U)］: < 30	//使用角度覆盖方式(120° – 90° = 30°)。
指定下一点或［闭合(C)/放弃(U)］: <对象捕捉 开> <对象捕捉追踪 开>	
	//使用"对象捕捉追踪"模式。捕捉 A

点,拾取 E 点。作直线 DE。

指定下一点或 [闭合(C)/放弃(U)]：c //选择"[闭合(C)]"选项。

完成外框,如图 2.41 所示。

2. 作矩形

命令：_rectang　　　　　　　　　　//使用画"矩形"命令。

指定第一个角点或 [倒角(C)/标高(E)/圆角(F)/厚度(T)/宽度(W)]：_from 基点：

＜偏移＞：@8,4

//使用"捕捉至"模式,捕捉 C 点,输入偏移。

指定另一个角点或 [面积(A)/尺寸(D)/旋转(R)]：@28,8

//指定另一个角点坐标。

完成矩形,如图 2.42 所示。

3. 作椭圆 A

命令：_ellipse　　　　　　　　　　//使用画"椭圆"命令。

指定椭圆的轴端点或 [圆弧(A)/中心点(C)]：c

//选择"中心点(C)"选项。

指定椭圆的中心点：_from 基点：＜偏移＞：@28,2

//使用"捕捉至"模式,捕捉 D 点,输入偏移。

指定轴的端点：＜30　　　　　　　//使用"角度覆盖"。

角度替代：30　　　　　　　　　　//显示角度替代为30°。

指定轴的端点：18　　　　　　　　//输入长半轴长度。

指定另一条半轴长度或 [旋转(R)]：6 //输入短半轴长度。

完成矩形,如图 2.43 所示。

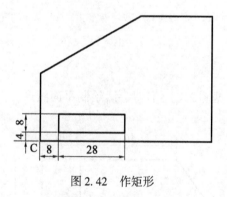

图 2.42　作矩形

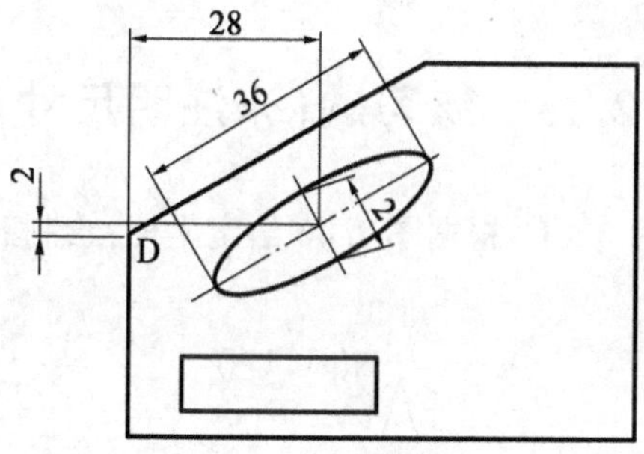

图 2.43　作椭圆 A

4. 作椭圆 B

命令：_ellipse　　　　　　　　　　//使用画"椭圆"命令。

指定椭圆的轴端点或 [圆弧(A)/中心点(C)]：_from 基点：＜偏移＞：@ -6, -13

//使用"捕捉至"模式,捕捉 A 点,输入偏移。

指定轴的另一个端点：18　　　　　//输入长轴的长度。

指定另一条半轴长度或 [旋转(R)]：4 //输入短轴的长度。

完成矩形,如图 2.44 所示。

计算机系列教材

5. 作圆和作正六边形

命令：_circle   //使用画"圆"命令。

指定圆的圆心或［三点(3P)/两点(2P)/相切、相切、半径(T)］：_from

                                  //使用"捕捉至"模式，捕捉圆心。

基点：＜偏移＞：@ －18,16   //捕捉 B 点，输入偏移。

指定圆的半径或［直径(D)］：9   //输入半径。

命令：_polygon   //使用画"正多边形"命令。

输入边的数目 ＜6＞：   //输入正多边形的数目。

指定正多边形的中心点或［边(E)］： //捕捉圆心(中心与圆心重合)。

输入选项［内接于圆(I)/外切于圆(C)］＜C＞：

                                    //选择"外切于圆(C)"选项。

指定圆的半径：@7 ＜ －45   //输入切点坐标。

完成矩形，如图 2.45 所示。

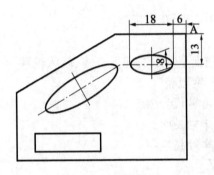

图 2.44 作椭圆 B

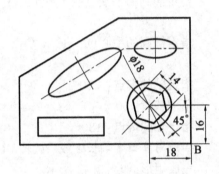

图 2.45 完成作图

2.15 练习题（未注明尺寸自定）

1. 根据图 2.46 给定坐标，绘制五角星。

2. 根据图 2.47 给定尺寸，绘制平面图形。

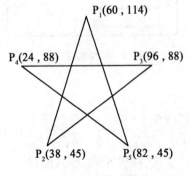

图 2.46 练习题 2-1

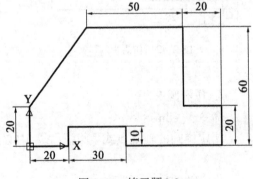

图 2.47 练习题 2-2

3. 根据图 2.48 给定尺寸,绘制平面图形。

4. 根据图 2.49 给定尺寸,绘制交通标志。

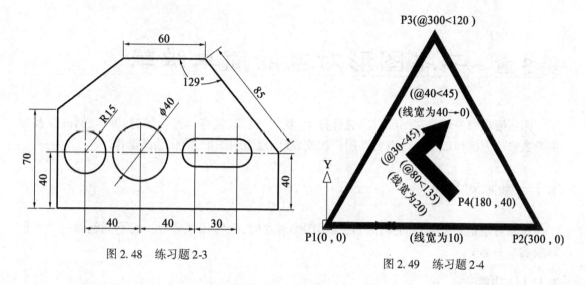

图 2.48 练习题 2-3

图 2.49 练习题 2-4

5. 根据图 2.50 给定尺寸,绘制电视机平面图形。

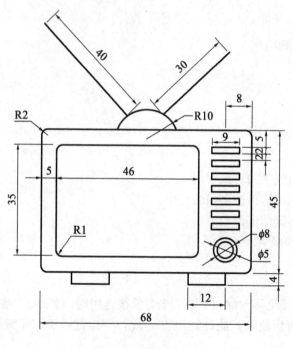

图 2.50 练习题 2-5

第3章　二维图形对象的简单编辑

图形编辑命令就是对图形对象进行移动、复制、镜像、偏移、旋转、修剪、倒角、倒圆以及相关参数修改等操作过程。可以帮助用户快速、准确地组织图形,简化绘图操作。

3.1　删除对象

删除对象是一个基本的操作。在编辑图形对象时,经常用该命令。它不能删除一个图形对象的某一部分。

3.1.1　功能

从图形中删除已选定的图形对象。

3.1.2　调用

菜单:"修改"→"删除"。

命令行:ERASE。

工具栏:✎。

3.1.3　格式

命令:_erase。

选择对象:选择被删除的对象。

选择对象:可以继续选择被删除的对象。

选择对象:按回车键结束命令。

即可删除被选择的对象。

3.1.4　说明

选择对象的方式详见第5章5.1节。当对象被选中时,对象变为虚线,当第二次提示"选择对象:"时,若不需要再删除其他对象,可以在此按空格键或按回车键删除被选择的对象,并且结束该命令的操作。

可以使用多种方法从图形中删除对象:

(1)使用 ERASE 命令删除对象。

(2)选择对象,然后使用 Ctrl + X 组合键将它们剪切到剪贴板。

(3)选择对象,然后按 DELETE 键。

可以使用 UNDO 命令恢复意外删除的对象。OOPS 命令可以恢复最近使用 ERASE、

BLOCK 或 WBLOCK 命令删除的所有对象。

3.2　清除显示

可以删除进行某些编辑操作时留在显示区域中的加号形状的标记(称为点标记)和杂散像素。

要删除点标记,使用"视图"→"重画"命令或命令行输入 REDRAW。

要删除杂散像素,使用"视图"→"重生成"命令或命令行输入 REGEN。

3.3　取消命令(U)

3.3.1　功能

取消上一个命令的操作。

3.3.2　调用

菜单:"编辑"→"放弃"。

命令行:U。

工具栏: 。

3.3.3　格式

命令: _u。

取消上一个命令所进行的操作。

3.3.4　说明

"取消"命令是一个非常实用的命令。在画图的过程中,经常会出现绘图错误的情况,"取消"命令可以在不退出绘图状态下,取消上一步已执行的命令。该命令可以连续使用,用键盘输入"U"非常实用。但是,该命令不能取消对硬件设备执行读写数据的命令,如"打印"、"保存"、"打开"、"新建"等,也不能取消"复制"到剪切板中内容。

3.4　清理命令

3.4.1　功能

删除用户创建的、从未使用的、多余的图层、文字样式、标注样式、多线样式、图块、线形及打印样式等。

3.4.2　调用

菜单:"文件"→"绘图实用程序"→"清理"。

命令行：PURGE。

3.4.3 格式

命令：_purge。

AutoCAD 弹出"清理"对话框,如图3.1所示。

1. 查看能清理的项目

显示当前图形中可以清理的符号表对象的树
状图。

2. 查看不能清理的项目

显示当前图形中所有不能清理的符号表对象
的树状图。

3. 确认要清理的每个项目

清理项目时是否显示"确认清理"对话框。

4. 清理嵌套项目

清理所有没有用的符号表对象,即便是这些对
象嵌套在其他未使用的符号表中。

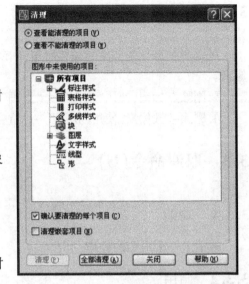

图3.1 "清理"对话框

3.4.4 说明

在"清理"对话框中选择要清理的对象,单击
"清理"或"全部清理"按钮后,将按选项的设置进行清理。

3.5 移动对象

3.5.1 功能

从原对象以指定的角度和方向移动对象。

3.5.2 调用

菜单："修改"→"移动"。

命令行：MOVE。

工具栏：✛。

3.5.3 格式

命令：_move。

选择对象：使用对象选择方法并在结束时按 Enter 键。

指定基点或［位移(D)］＜位移＞:指定基点或输入 d。

1. 指定基点

使用由基点及后跟的第二点指定的距离和方向移动对象。

指定包括基点的两个点定义了一个矢量,它指明了选定对象移动的距离和方向。

2. 位移(D)

指定位移 <上个值>：输入表示矢量的坐标。

输入的坐标值将指定相对距离和方向。

3.5.4 说明

在"指定第二点"提示下按 Enter 键,第一点将被认为是相对的 X、Y、Z 位移。例如,如果指定基点为 2,3 ,并在"指定第二点"提示下按 Enter 键,该对象从它当前的位置开始在 X 方向上移动 2 个单位,在 Y 方向上移动 3 个单位。

在输入相对坐标时,无需像通常情况下那样包含 @ 标记,因为相对坐标是假设的。例如,指定基点为 2,3 ,并在"指定第二点"提示下,指定点为 12,13(坐标前不包含 @ 标记),按 Enter 键,该对象从它当前的位置开始在 X 方向上移动 10 个单位,在 Y 方向上移动 10 个单位。

3.6 复制对象

3.6.1 功能

从原对象以指定的角度和方向创建对象的副本。

3.6.2 调用

菜单:"修改"→"复制"。

命令行:COPY。

工具栏:。

3.6.3 格式

命令：_copy。

选择对象：使用对象选择方法选择对象,完成后按 Enter 键。

指定基点或 [位移(D)] <位移>：指定基点或输入 d 。

1. 指定基点

指定的两点定义一个矢量,指示复制的对象移动的距离和方向。

指定包括基点的两个点定义了一个矢量,它指示了选定对象复制的距离和方向。

2. 位移(D)

指定位移 <上个值>：输入表示矢量的坐标。

输入的坐标值将指定相对距离和方向。

3.6.4 说明

在"指定第二点"提示下按 Enter 键,第一点将被认为是相对的 X、Y、Z 位移。例如,如果指定基点为 2,3 ,并在"指定第二点"提示下按 Enter 键,该对象从它当前的位置开始在 X 方向上移动 2 个单位,在 Y 方向上移动 3 个单位。

在输入相对坐标时,无需像通常情况下那样包含 @ 标记,因为相对坐标是假设的。例如,指定基点为 2,3 ,并在"指定第二点"提示下,指定点为 12,13(坐标前不包含 @ 标记),按 Enter 键,该对象从它当前的位置开始在 X 方向上移动 10 个单位,在 Y 方向上移动 10 个单位。

3.7　镜像对象

镜像对创建对称的对象非常有用,因为可以快速地绘制半个对象,然后将其镜像,而不必绘制整个对象。

3.7.1　功能

绕指定轴翻转对象创建对称的镜像图像。

绕轴(镜像线)翻转对象创建镜像图像,要指定临时镜像线,可输入临时镜像线上的两点,也可以选择是删除原对象还是保留原对象。

3.7.2　调用

菜单:"修改"→"镜像"。

命令行:MIRROR。

工具栏: ⚏ 。

3.7.3　格式

命令: _mirror。

选择对象: 使用对象选择方法选择对象,完成后按 Enter 键。

指定镜像线的第一点:指定镜像轴上的一个点。

指定镜像线的第二点:指定镜像轴上的另一个点。

要删除源对象吗? [是( )/否( )] <N> 。

输入 Y 将将镜像的图像放置到图形中并删除原始对象,输入 N 将镜像的图像放置到图形中并保留原始对象。

3.7.4　说明

处理文字对象的镜像特性,要使用 MIRRTEXT 系统变量。MIRRTEXT 设置是 1(开),这将导致文字对象同其他对象一样被镜像处理。MIRRTEXT 设置为 0(关)时,文字将不进行反转。默认 MIRRTEXT 系统变量为 0。如图 3.2 所示。

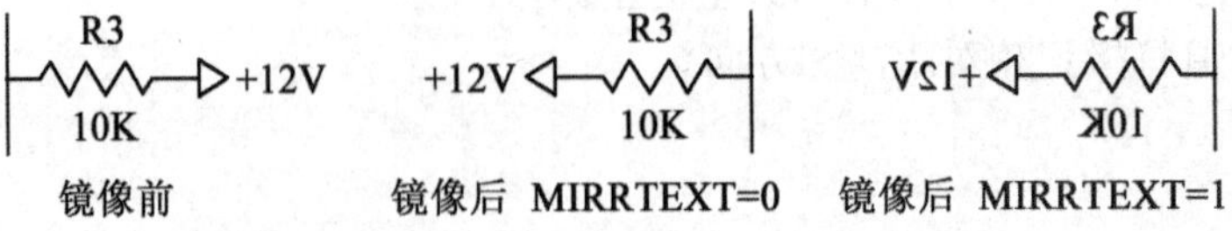

图 3.2　文字对象镜像的控制

3.8 偏移对象

偏移命令是一种高效的绘图技巧,可以偏移直线、圆弧、圆、椭圆和椭圆弧(形成椭圆形样条曲线)、二维多段线、构造线(参照线)、射线和样条曲线。

3.8.1 功能

用于创建造型与选定对象造型平行的新对象。

3.8.2 调用

菜单:"修改"→"偏移"。

命令行:OFFSET。

工具栏:。

3.8.3 格式

命令:_offset。

当前设置:删除源 = 否, 图层 = 源, OFFSETGAPTYPE = 0。

指定偏移距离或［通过(T)/删除(E)/图层(L)］＜通过＞。

1. 指定偏移距离

在距现有对象指定的距离处创建对象。

选择要偏移的对象,或［退出(E)/放弃(U)］＜退出＞:选择一个对象、输入选项或按 Enter 键结束命令。

指定要偏移的那一侧上的点,或［退出(E)/多个(M)/放弃(U)］＜退出或下一个对象＞:指定对象上要偏移的那一侧上的点或输入选项。如图 3.3 所示。

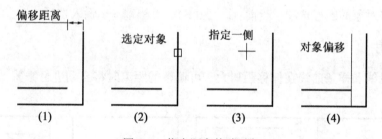

图 3.3 指定距离偏移对象

(1)退出(E)

退出 OFFSET 命令。

(2)多个(M)

输入"多个"偏移模式,这将使用当前偏移距离重复进行偏移操作。

(3)放弃(U)

恢复前一个偏移。

2. 通过(T)

创建通过指定点的对象。

选择要偏移的对象或 <退出>：选择对象或按 Enter 键结束命令。

指定通过点或 [退出(E)/多个(M)/放弃(U)] <退出或下一个对象>。

(1)指定偏移对象要通过的点或输入距离

如图 3.4 所示。

图 3.4　指定通过点偏移对象

(2)退出(E)

退出 OFFSET 命令。

(3)多个(M)

输入"多个"偏移模式，这将使用当前偏移距离重复进行偏移操作，并接受附加的通过点。

(4)放弃(U)

恢复前一个偏移。

3. 删除(E)

偏移源对象后将其删除。

要在偏移后删除源对象吗？[是(Y)/否(N)] <当前>：输入 y 或 n。

4. 图层(L)

确定将偏移对象创建在当前图层上还是源对象所在的图层上。

输入偏移对象的图层选项 [当前(C)/源(S)] <当前>：输入选项。

3.8.4　说明

二维多段线和样条曲线在偏移距离大于可调整的距离时将自动进行修剪，如图 3.5 所示。

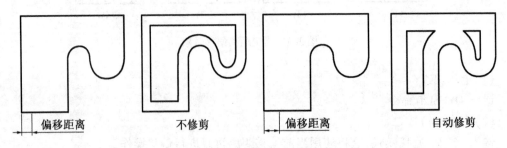

图 3.5　偏移对象中的自动修剪

系统变量 Offsetgaptype 可用于控制闭合二维多段线中的倒角或圆角，如图 3.6 所示。

| offsetgaptype=0 | offsetgaptype=1 | offsetgaptype=2 |

图 3.6　系统变量 Offsetgaptype 对偏移对象控制

3.9　旋转对象

旋转对象是使用光标进行拖动,或者指定参照角度,绕指定基点旋转图形中的对象。

3.9.1　功能

围绕基点旋转对象。

3.9.2　调用

菜单:"修改"→"旋转"。

命令行:ROTATE。

工具栏: 。

3.9.3　格式

命令: _rotate。

UCS 当前的正角方向: ANGDIR = 逆时针, ANGBASE = 0。

选择对象:使用对象选择方法并在完成选择后按 Enter 键。

指定基点:指定点。

指定旋转角度,或［复制(C)/参照(R)］<0>。

1. 指定旋转角度

决定对象绕基点旋转的角度。

旋转轴通过指定的基点,并且平行于当前 UCS 的 Z 轴。

2. 复制(C)

创建要旋转的选定对象的副本。

3. 参照(R)

将对象从指定的角度旋转到新的绝对角度。

指定参照角度 <上一个参照角度>:通过输入值或指定两点来指定角度。

指定新角度或［点(P)］<上一个新角度>:通过输入值或指定两点来指定新的绝对角度。

3.9.4 说明

1. 按指定角度旋转对象

输入旋转角度值(0°～360°),还可以按弧度、百分度或勘测方向输入值。输入正角度值逆时针或顺时针旋转对象,这取决于"图形单位"对话框中的"方向控制"设置。

2. 通过拖动旋转对象

绕基点拖动对象并指定第二点。为了更加精确,可使用"正交"模式、极轴追踪或对象捕捉。

3. 旋转对象到绝对角度

使用"参照"选项,可以旋转对象,使其与绝对角度对齐。

例如,要旋转图3.7中的螺栓,使轴线旋转到90°铅垂位置,可以选择要旋转的对象,指定基点 (2),然后输入"参照"选项。对于参照角度,可指定轴线的两个端点(1),(2)。输入新角度90,完成旋转。

操作如下:

命令:_rotate。

UCS 当前的正角方向:ANGDIR = 逆时针, ANGBASE = 0。

选择对象:指定对角点:找到 14 个(用窗选)。

选择对象:按 Enter 键,结束选择。

指定基点:指定轴端点(2)。

指定旋转角度,或 [复制(C)/参照(R)] <327>:r。

指定参照角 <0>:指定轴上两点(1)(2)。

指定新角度或 [点(P)] <0>:90。

如图3.7所示。

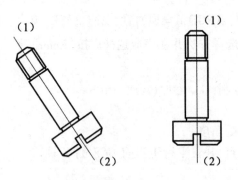

图 3.7 将对象从指定的角度旋转到新的绝对角度

旋转视口对象时,视口的边框仍然保持与绘图区域的边界平行。

3.10 修剪对象

修剪对象是使对象精确地终止于由其他对象定义的边界。修剪和延伸两个命令在操作中

按下 $\boxed{Shift}$ 键可以互相切换。

3.10.1 功能

通过缩短或拉长,使对象与其他对象的边相接。

3.10.2 调用

菜单:"修改"→"修剪"。

命令行:TRIM。

工具栏: 。

3.10.3 格式

命令:_trim。

当前设置投影=UCS,边=无。

选择剪切边:选择对象或 <全部选择>:选择一个或多个对象并按 $\boxed{Enter}$ 键结束选择,或者按 $\boxed{Enter}$ 键选择所有显示的对象。

选择要修剪的对象,或按住 $\boxed{Shift}$ 键选择要延伸的对象,或[栏选(F)/窗交(C)/投影(P)/边(E)/删除(R)/放弃(U)]:选择要修剪的对象,按住 $\boxed{Shift}$ 键选择要延伸的对象,或输入选项。

1. 要修剪的对象

指定修剪对象。选择修剪对象提示将会重复,因此可以选择多个修剪对象。按 $\boxed{Enter}$ 键退出命令。如图3.8所示。

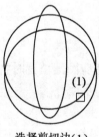
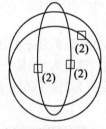
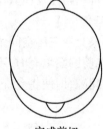

选择剪切边(1) 选择要修剪的对象(2) 完成剪切

图3.8 修剪对象

按住 $\boxed{Shift}$ 键选择要延伸的对象。

延伸选定对象而不是修剪它们。此选项提供了一种在修剪和延伸之间切换的简便方法。

2. 栏选(F)

选择与选择栏相交的所有对象。选择栏是一系列临时线段,它们是用两个或多个栏选点指定的。选择栏不构成闭合环。

指定第一个栏选点:指定选择栏的起点。

指定下一个栏选点或［放弃(U)］:指定选择栏的下一个点或输入 u。

指定下一个栏选点或［放弃(U)］:指定选择栏的下一个点、输入 u 或按 Enter 键。

3. 窗交(C)

选择矩形区域(由两点确定)内部或与之相交的对象。

指定第一个角点:指定点。

指定对角点:指定第一点对角线上的点。

注意:某些要修剪的对象的交叉选择不确定。TRIM 将沿着矩形交叉窗口从第一个点以顺时针方向选择遇到的第一个对象。

4. 投影(P)

指定修剪对象时使用的投影方法。

输入投影选项［无(N)/UCS(U)/视图(V)］<当前设置>:输入选项或按 Enter 键。

(1)无(N)

指定无投影。该命令只修剪与三维空间中的剪切边相交的对象。

(2)UCS(U)

指定在当前用户坐标系 XY 平面上的投影。该命令将修剪不与三维空间中的剪切边相交的对象。

(3)视图(V)

指定沿当前视图方向的投影。该命令将修剪与当前视图中的边界相交的对象。

5. 边(E)

确定对象是在另一对象的延长边处进行修剪,还是仅在三维空间中与该对象相交的对象处进行修剪。

输入隐含边延伸模式［延伸(E)/不延伸(N)］<当前模式>:输入选项或按 Enter 键。

(1)延伸(E)

沿自身自然路径延伸剪切边使它与三维空间中的对象相交。

(2)不延伸(N)

指定对象只在三维空间中与其相交的剪切边处修剪。

注意:修剪图案填充时,不要将"边"设置为"延伸"。否则,修剪图案填充时将不能填补修剪边界中的间隙,即使将允许的间隙设置为正确的值。如图 3.9 所示。

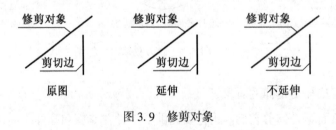

图 3.9 修剪对象

6. 删除(R)

删除选定的对象。此选项提供了一种用来删除不需要的对象的简便方法,而无需退出 TRIM 命令。

选择要删除的对象或 ＜退出＞：使用对象选择方法并按 Enter 键返回上一个提示。

7. 放弃(U)

撤销由 TRIM 命令所作的最近一次修改。

3.10.4　说明

如果未指定边界并在"选择对象"提示下按 Enter 键,则所有显示的对象都将成为潜在边界。

3.11　综合练习一

绘制如图 3.10 所示的图形。

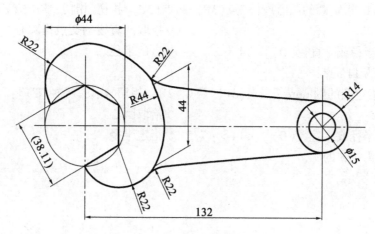

图 3.10　扳手平面图

1. 作中心线

命令：_line 指定第一点：	//拾取一点。
指定下一点或 ［放弃(U)］：＜正交 开＞	//拾取下一点。
指定下一点或 ［放弃(U)］：	//按 Enter 键,结束直线命令。

完成水平中心线。

LINE 指定第一点：	//拾取一点。
指定下一点或 ［放弃(U)］：	//拾取下一点。
指定下一点或 ［放弃(U)］：	//按 Enter 键,结束直线命令。

完成第一条垂直中心线。

命令：_line 指定第一点：＜对象捕捉追踪 开＞ 132	//打开"对象捕捉追踪"模式,捕捉第一条直线的端点,向右追踪 132,拾取一点。
指定下一点或 ［放弃(U)］：	//拾取下一点。
指定下一点或 ［放弃(U)］：	//按 Enter 键,结束直线命令。

完成另一条垂直中心线,距第一条为132。

如图3.11 所示。

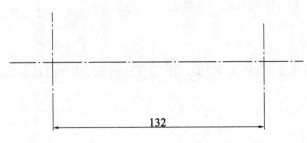

图3.11 作中心线

2. 作扳手尾部的两个同心圆

命令:_circle 指定圆的圆心或[三点(3P)/两点(2P)/相切、相切、半径(T)]:

　　　　　　　　　　　　　//拾取两直线的交点作圆心。

指定圆的半径或 [直径(D)]: 14　　　　//指定半径。

完成半径为 14 的圆。

CIRCLE 指定圆的圆心或 [三点(3P)/两点(2P)/相切、相切、半径(T)]:

　　　　　　　　　　　　　//拾取圆心。

指定圆的半径或 [直径(D)] <14>: 7.5　//指定半径。

完成半径为 7.5 的圆。

如图3.12 所示。

图3.12 作扳手尾部的同心圆

3. 作头部正六边形和圆

命令:_polygon 输入边的数目 <4>: 6　　　　　　//输入边的数目。

指定正多边形的中心点或 [边(E)]:　　　　　　//拾取中心点。

输入选项 [内接于圆(I)/外切于圆(C)] <I>://按 Enter 键,选择内接于圆。

指定圆的半径: 22　　　　　　　　　　　　　//指定半径。

完成正六边形。

命令:_circle 指定圆的圆心或 [三点(3P)/两点(2P)/相切、相切、半径(T)]:

　　　　　　　　　　　　　//拾取圆心。

指定圆的半径或 [直径(D)] <8>: 22　　　　//指定半径。

完成半径为 22 的圆。

如图 3.13 所示。

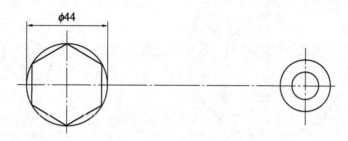

图 3.13　作头部正六边形

4. 作扳手头部的外轮廓

作两个半径为 22 的圆：

命令：_circle 指定圆的圆心或［三点(3P)/两点(2P)/相切、相切、半径(T)］：
　　　　　　　　　　　　　　　　　　　　　　//拾取圆心。

指定圆的半径或［直径(D)］<22>：22　　　//指定半径。

完成半径为 22 的圆。

命令：_circle 指定圆的圆心或［三点(3P)/两点(2P)/相切、相切、半径(T)］：
　　　　　　　　　　　　　　　　　　　　　　//拾取圆心。

指定圆的半径或［直径(D)］<22>：　　　　//指定半径。

完成半径为 22 的另一个圆。

作半径为 44 的圆：

命令：_circle 指定圆的圆心或［三点(3P)/两点(2P)/相切、相切、半径(T)］：t
　　　　　　　　　　　　　　　　　　　//选择"相切、相切、半径(T)"方式画圆。

指定对象与圆的第一个切点：　　　　　　//在第一个切点附近拾取一点。

指定对象与圆的第二个切点：　　　　　　//在第二个切点附近拾取一点。

指定圆的半径 <22>：44　　　　　　　//指定半径。

完成半径为 44 的圆。

如图 3.14 所示。

5. 用"偏移"命令作两条平行中心线且距中心线均为 22 的直线

命令：_offset　　　　　　　　　　　　//使用"偏移"命令。

当前设置：删除源 = 否　图层 = 源 OFFSETGAPTYPE = 0
　　　　　　　　　　　　　　　　　　　//显示默认值。

指定偏移距离或［通过(T)/删除(E)/图层(L)］<通过>：22
　　　　　　　　　　　　　　　　　　　//输入偏移距离。

选择要偏移的对象，或［退出(E)/放弃(U)］<退出>：
　　　　　　　　　　　　　　　　　　　//指定中心线。

指定要偏移的那一侧上的点，或［退出(E)/多个(M)/放弃(U)］<退出>：
　　　　　　　　　　　　　　　　　　　//在中心线上侧指定一点。

选择要偏移的对象，或［退出(E)/放弃(U)］<退出>：

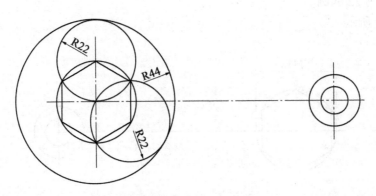

图 3.14　作头部外轮廓

//指定中心线。

指定要偏移的那一侧上的点,或［退出(E)/多个(M)/放弃(U)］＜退出＞:

//在中心线下侧指定一点。

选择要偏移的对象,或［退出(E)/放弃(U)］＜退出＞:

//按 Enter 键,退出命令。

过两条直线与半径为 44 的圆的交点分别向尾部半径为 14 的圆作切线。

命令: _line 指定第一点:　　　　　　　　//拾取圆与直线交点。

指定下一点或［放弃(U)］: _tan 到　　　//使用切点捕捉模式,拾取另一点。

指定下一点或［放弃(U)］:　　　　　　//按 Enter 键,结束直线命令。

完成一条直线。

LINE 指定第一点:　　　　　　　　　　//拾取圆与直线交点。

指定下一点或［放弃(U)］: _tan 到　　　//使用切点捕捉模式,拾取另一点。

指定下一点或［放弃(U)］:　　　　　　//按 Enter 键,结束直线命令。

完成另一条直线。

如图 3.15 所示。

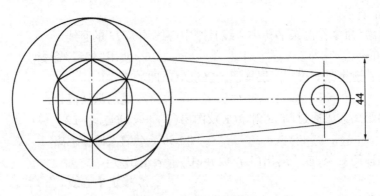

图 3.15　作中间二直线

6. 作半径为 22 的两个倒圆

命令：_fillet　　　　　　　　　　　　　　//使用"倒圆"命令。

当前设置：模式 = 修剪，半径 = 22　　　//显示默认值。

选择第一个对象或［放弃(U)/多段线(P)/半径(R)/修剪(T)/多个(M)］：t

　　　　　　　　　　　　　　　　　　　　//选择"修剪(T)"选项。

输入修剪模式选项［修剪(T)/不修剪(N)］＜修剪＞:t

　　　　　　　　　　　　　　　　　　　　//使用"修剪"模式。

选择第一个对象或［放弃(U)/多段线(P)/半径(R)/修剪(T)/多个(M)］：r

　　　　　　　　　　　　　　　　　　　　//选择"半径(R)"选项。

指定圆角半径 ＜22＞：　　　　　　　　//按 Enter 键，使用默认半径22。

选择第一个对象或［放弃(U)/多段线(P)/半径(R)/修剪(T)/多个(M)］：

　　　　　　　　　　　　　　　　　　　　//选择第一个对象。

选择第二个对象，或按住 Shift 键选择要应用角点的对象：

　　　　　　　　　　　　　　　　　　　　//选择第二个对象。

命令：　　　　　　　　　　　　　　　　//按 Enter 键，重复修剪命令。

FILLET

当前设置：模式 = 不修剪，半径 = 22　//显示默认值。

选择第一个对象或［放弃(U)/多段线(P)/半径(R)/修剪(T)/多个(M)］：

　　　　　　　　　　　　　　　　　　　　//选择第一个对象。

选择第二个对象，或按住 Shift 键选择要应用角点的对象：

　　　　　　　　　　　　　　　　　　　　//选择第二个对象。

完成半径为 22 的两个倒圆。

如图 3.16 所示。

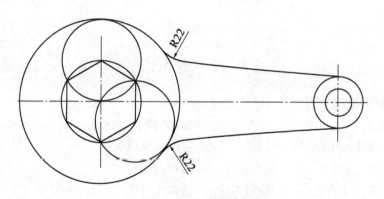

图 3.16　作连接圆弧

7. 最后进行修剪

命令：_trim　　　　　　　　　　　　　//使用"修剪"命令。

当前设置：投影 = UCS，边 = 延伸　　//显示默认设置。

选择剪切边…　　　　　　　　　　　　//选择剪切边。

选择对象或 <全部选择>：找到 1 个　　　　　//拾取 1 号边。

选择对象：找到 1 个,总计 2 个　　　　　//拾取 2 号边。

选择对象：找到 1 个,总计 3 个　　　　　//拾取 3 号边。

选择对象：　　　　　　　　　　　　　　//按 Enter 键,结束剪切边的选择。

如图 3.17 (a)所示。

选择要修剪的对象,或按住 Shift 键选择要延伸的对象,或［栏选(F)/窗交(C)/投影(P)/边(E)/删除(R)/

放弃(U)］：　　　　　//依次拾取选择要修剪的对象:4、5、6 号边。

如图 3.17 (b)所示。

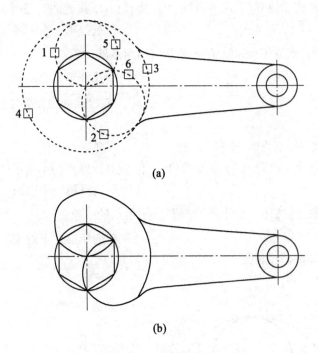

(a)

(b)

图 3.17　作修剪(一)

8. 继续修剪,完成作图

命令：_trim　　　　　　　　　　　//使用“修剪”命令。

当前设置:投影 = UCS,边 = 延伸　　　//显示默认设置。

选择剪切边...　　　　　　　　　　//选择剪切边。

选择对象或 <全部选择>：找到 1 个　//拾取 1 号边。

选择对象：　　　　　　　　　　　　//按 Enter 键,结束剪切边的选择。

如图 3.18(a)所示。

选择要修剪的对象,或按住 Shift 键选择要延伸的对象,或［栏选(F)/窗交(C)/投影(P)/边(E)/删除(R)/

放弃(U)］：　　　　　//依次拾取要修剪的对象:2、3、4 号边。

完成作图,如图 3.18(b)所示。

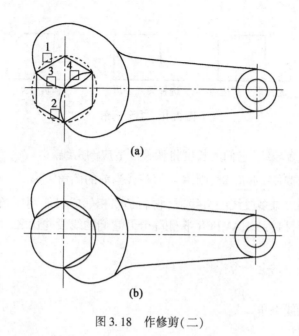

图 3.18　作修剪(二)

3.12　对象倒角

倒角使用成角度的直线连接两个对象,它通常用于表示角点上的倒角边。可以倒角的对象有直线、多段线、射线、构造线、三维实体等。倒角命令可以为多段线的所有角点加倒角。

3.12.1　功能

用设置成一定角度的直线连接两个对象。

3.12.2　调用

菜单:"修改"→"倒角"。
命令行:CHAMFER。
工具栏: 。

3.12.3　格式

命令:_chamfer。
("修剪"模式) 当前倒角距离 1 = 0.0000,距离 2 = 0.0000。
选择第一条直线或 [放弃(U)/多段线(P)/距离(D)/角度(A)/修剪(T)/方式(E)/多个(M)]:使用对象选择方式或输入选项。

1. 第一条直线
指定定义二维倒角所需的两条边中的第一条边或要倒角的三维实体的边。
选择第二条直线,或按住 Shift 键并进行选择以应用角点:使用对象选择方式,或者按住

Shift 键并选择对象,以创建一个锐角。如图3.19所示。

选择第一条边　　　选择第二条边　　　修剪结果

图3.19　对象倒角

如果选择直线或多段线,它们的长度将调整以适应倒角线。

选择对象时可以按住 Shift 键,则用0值替代当前的倒角距离。

如果选定对象是二维多段线的直线段,它们必须相邻或只能用一条线段分开。如果它们被另一条多段线分开,执行CHAMFER将删除分开它们的线段并代之以倒角。

2. 放弃(U)

恢复在命令中执行的上一个操作。

3. 多段线(P)

对整个二维多段线倒角。

选择二维多段线:

相交多段线线段在每个多段线顶点被倒角。倒角成为多段线的新线段。

如果多段线包含的线段过短以至于无法容纳倒角距离,则不对这些线段倒角。如图3.20所示。

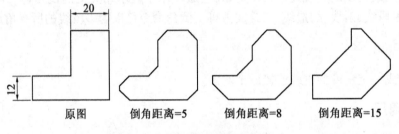

原图　　　倒角距离=5　　　倒角距离=8　　　倒角距离=15

图3.20　倒角距离对多段线的影响

4. 距离(D)

设置倒角至选定边端点的距离。

指定第一个倒角距离 <当前>:输入倒角距离D1。

指定第二个倒角距离 <当前>:输入倒角距离D2。

两个距离可相同,也可不同。如图3.21所示。

如果将两个距离都设置为零,CHAMFER将延伸或修剪两条直线,使它们终止于同一点。

5. 角度(A)

用第一条线的倒角距离和第二条线的角度设置倒角距离。

指定第一条直线的倒角长度 <当前>:输入倒角长度。

指定第一条直线的倒角角度 <当前>:输入倒角角度。如图3.22所示。

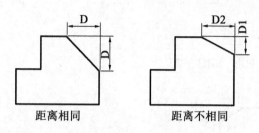

图 3.21　倒角中的距离设定

图 3.22　倒角中的角度设定

6. 修剪(T)

控制 CHAMFER 是否将选定的边修剪到倒角直线的端点。

输入修剪模式选项 ［修剪(T)／(N)］ ＜当前＞：输入 T(修剪)或 N(不修剪)。

注意："修剪"选项将 TRIMMODE 系统变量设置为 1,"不修剪"选项将 TRIMMODE 设置为 0。

如果 TRIMMODE 系统变量被设置为 1,CHAMFER 就会将相交的直线修剪到倒角直线的端点。如果选定的直线不相交,CHAMFER 将延伸或修剪直线,使它们相交。如果将 TRIM-MODE 设置为 0,将创建倒角而不修剪选定直线。

7. 方式(E)

控制 CHAMFER 使用两个距离还是一个距离一个角度来创建倒角。

输入修剪方法 ［距离(D)／角度(A)］ ＜当前＞：输入 D(用两个距离来创建倒角)或 A(用一个距离一个角度来创建倒角)。

8. 多个(M)

为多组对象的边倒角。CHAMFER 将重复显示主提示和"选择第二个对象"提示,直到用户按 Enter 键结束命令。

3.12.4　说明

给通过直线段定义的图案填充边界加倒角会删除图案填充的关联性。如果图案填充边界是通过多段线定义的,将保留关联性。

如果要被倒角的两个对象都在同一图层,则倒角线将位于该图层。否则,倒角线将位于当前图层上。此图层影响对象的特性(包括颜色和线型)。

使用"多个"选项可以为多组对象倒角而无需结束命令。

3.13 综合练习二

根据给定尺寸,绘制图形,如图3.23所示。

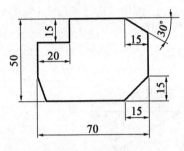

图3.23 综合练习二

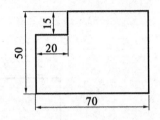

图3.24 作多边形

1. 作多边形

命令:_line 指定第一点:	//拾取一点。
指定下一点或 [放弃(U)]:70,0	//画水平线。
指定下一点或 [放弃(U)]:0,50	//画垂直线。
指定下一点或 [闭合(C)/放弃(U)]:50	//画水平线。
指定下一点或 [闭合(C)/放弃(U)]:15	//画垂直线。
指定下一点或 [闭合(C)/放弃(U)]:20	//画水平线。
指定下一点或 [闭合(C)/放弃(U)]:c	//连接起点。

如图3.24所示。

2. 作 15×15 的倒角

命令:_chamfer   //使用"倒角"命令。

("不修剪"模式)当前倒角距离 1 = 0,

距离 2 = 0   //显示默认设置。

选择第一条直线或 [放弃(U)/多段线(P)/距离(D)/角度(A)/修剪(T)/方式(E)/多个(M)]:d

          //选择"距离(D)"选项。

指定第一个倒角距离 <0>:15   //指定第一个倒角距离。

指定第二个倒角距离 <15>:15   //指定第二个倒角距离。

选择第一条直线或 [放弃(U)/多段线(P)/距离(D)/角度(A)/修剪(T)/方式(E)/多个(M)]:t

          //选择"修剪(T)"选项。

输入修剪模式选项 [修剪(T)/不修剪(N)] <不修剪>:t

          //指定"修剪"模式为"不修剪"。

选择第一条直线或 [放弃(U)/多段线(P)/距离(D)/角度(A)/修剪(T)/方式(E)/多个(M)]:

          //拾取第一条边。

选择第二条直线,或按住 $\boxed{\text{Shift}}$ 键选择要应用角点的直线:

//拾取第二条边。

效果如图 3.25 所示。

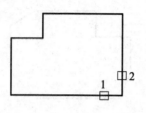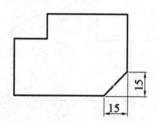

图 3.25 作倒角

3. 作 15 < 30°的两个倒角

命令:_chamfer //使用"倒角"命令。

("修剪"模式)当前倒角距离 1 = 15, //显示默认设置。

距离 2 = 15

选择第一条直线或〔放弃(U)/多段线(P)/距离(D)/角度(A)/修剪(T)/方式(E)/多个(M)〕:a

//选择"角度(A)"选项。

指定第一条直线的倒角长度 <0>:15 //指定第一条直线的倒角长度。

指定第一条直线的倒角角度 <0>:30 //指定第一条直线的倒角角度。

选择第一条直线或〔放弃(U)/多段线(P)/距离(D)/角度(A)/修剪(T)/方式(E)/多个(M)〕:

//选择第一条直线。

选择第二条直线,或按住 $\boxed{\text{Shift}}$ 键选择要应用角点的直线:

//选择第二条直线。

效果如图 3.26 所示。

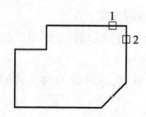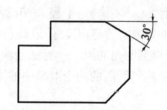

图 3.26 作倒角

选择第一个对象或〔放弃(U)/多段线(P)/半径(R)/修剪(T)/多个(M)〕:

//再选择第一个对象。

选择第二个对象,或按住 $\boxed{\text{Shift}}$ 键选择要应用角点的对象:

//选择第二个对象。

选择第一个对象或〔放弃(U)/多段线(P)/半径(R)/修剪(T)/多个(M)〕:

//按 Enter 键,完成作图。

效果如图 3.27 所示。

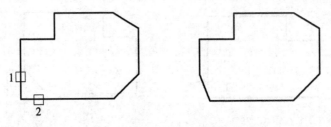

图 3.27　完成作图

3.14　对象倒圆角

该命令通过一个指定半径的圆弧来光滑地连接两个对象。被倒圆角的对象可以是圆弧、圆、椭圆弧、直线、射线、样条曲线和构造线等。

3.14.1　功能

使用与对象相切并且具有指定半径的圆弧连接两个对象。

3.14.2　调用

菜单:"修改"→"圆角"。

命令行:FILLET。

工具栏: 。

3.14.3　格式

命令: _fillet。

当前设置:模式 = 不修剪,半径 = 0(说明当前圆角模式)。

选择第一个对象或〔放弃(U)/多段线(P)/半径(R)/修剪(T)/多个(M)〕:(使用对象选择方式,选择需要倒圆角的第一个对象或输入选项)。

选择定义二维圆角所需的两个对象中的第一个对象,或选择三维实体的边以便给其加圆角。

选择第二个对象,或按住 Shift 键选择要应用角点的对象:(使用对象选择方式或按住 Shift 键并选择对象,以创建锐角)。

如果选择直线、圆弧或多段线,它们的长度将进行调整以适应圆角弧度。如图 3.28 所示。

选择对象时可以按住 Shift 键,以便用 0 值来替代当前的圆角半径,从而创建锐角。

如果选定对象是二维多段线的两个直线段,则它们可以相邻或者被另一条线段隔开。如果它们被另一条多段线线段分隔,则 FILLET 将删除此分隔线段并用圆角代替它。如图

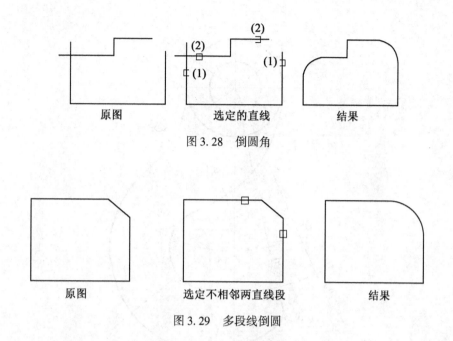

图 3.28 倒圆角

图 3.29 多段线倒圆

3.29 所示。

可以为平行直线、参照线和射线圆角。临时调整当前圆角半径以创建与两个对象相切且位于两个对象的共有平面上的圆弧。

第一个选定对象必须是直线或射线,但第二个对象可以是直线、构造线或射线。如图3.30所示。

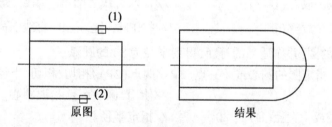

图 3.30 为两平行线线倒圆

在圆之间和圆弧之间可以有多个圆角存在。选择靠近期望的圆角端点的对象。

其他选项的操作与"倒角"类似,此处不再赘述。

3.15 综合练习三

根据给定尺寸,绘制图形,如图 3.31 所示。

1. 作中心线

命令: _line 指定第一点: //使用"直线"命令,拾取直线上的端点。

指定下一点或 [放弃(U)]:   //拾取直线上的另一端点,完成一条垂直线。

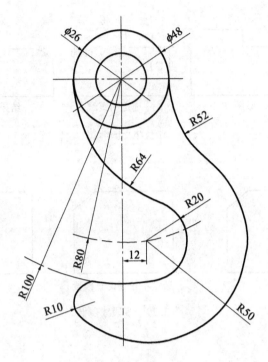

图 3.31　综合练习三

指定下一点或［放弃(U)］：　　　　　　//按 Enter 键,退出直线命令。

命令：_line 指定第一点：　　　　　　//使用"直线"命令,拾取直线上的端点。

指定下一点或［放弃(U)］：　　　　　　//拾取直线上的另一端点,完成一条水平线。

指定下一点或［放弃(U)］：　　　　　　//按 Enter 键,退出"直线"命令。

作半径为 80 的圆,并作适当的打断,得到半径为 80 的圆弧。

命令：_circle 指定圆的圆心或［三点(3P)/两点(2P)/相切、相切、半径(T)］：

　　　　　　　　　　　　　　　　　　//使用"圆"命令,拾取圆心。

指定圆的半径或［直径(D)］：80　　　//指定半径。

命令：_break 选择对象：　　　　　　//使用"打断",并拾取第一点。

指定第二个打断点 或［第一点(F)］：　//拾取第二点。

如图 3.32 所示。　　　　　　　　　　//按 Enter 键,退出"打断"命令。

2. 作直径为 26 与 48 的两个同心圆

命令：_circle 指定圆的圆心或［三点(3P)/两点(2P)/相切、相切、半径(T)］：

　　　　　　　　　　　　　　　　　　//使用"圆"命令,拾取圆心。

指定圆的半径或［直径(D)］＜80＞：13//指定圆的半径。

命令：_circle 指定圆的圆心或［三点(3P)/两点(2P)/相切、相切、半径(T)］：

　　　　　　　　　　　　　　　　　　//使用"圆"命令,拾取圆心。

指定圆的半径或［直径(D)］＜13＞：24//指定圆的半径。

如图 3.33 所示。

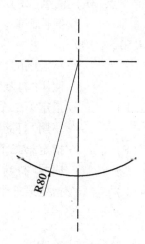

图 3.32　作中心线

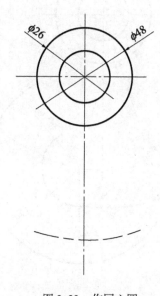

图 3.33　作同心圆

3. 作半径为 20 与 50 的两个圆弧，以及半径为 100 的圆弧

采取先作圆，再打断成圆弧。

命令：_circle 指定圆的圆心或［三点(3P)/两点(2P)/相切、相切、半径(T)］：＜对象捕捉追踪 开＞_tt

指定临时对象追踪点：12　　　　　　　　//输入"对象捕捉追踪"距离，使用"临时追踪点"捕捉圆心。

指定圆的半径或［直径(D)］＜24＞：20//指定圆的半径。

命令：_circle 指定圆的圆心或［三点(3P)/两点(2P)/相切、相切、半径(T)］：

　　　　　　　　　　　　　　　　　　　//捕捉圆心。

指定圆的半径或［直径(D)］＜20＞：50//指定圆的半径。

命令：_circle 指定圆的圆心或 [三点(3P)/两点(2P)/相切、相切、半径(T)]:

//捕捉圆心。

指定圆的半径或 [直径(D)] <50>:100

//指定圆的半径。

命令：_break 选择对象:　　　　　　　//使用"打断"命令，并指定第一点。

指定第二个打断点 或 [第一点(F)]:　　//指定第二个打断点，完成 R20 的圆弧。

BREAK 选择对象:　　　　　　　　　//使用"打断"命令，并指定第一点。

指定第二个打断点 或 [第一点(F)]:　　//指定第二个打断点，完成 R50 的圆弧。

BREAK 选择对象:　　　　　　　　　//使用"打断"命令，并指定第一点。

指定第二个打断点 或 [第一点(F)]:　　//指定第二个打断点，完成 R100 的圆弧。

如图 3.34 所示。

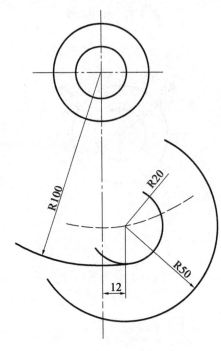

图 3.34　作圆弧

4. "倒圆"命令作半径为 10

命令：_fillet　　　　　　　　　　　//使用"倒圆"命令。

当前设置：模式 = 修剪,半径 = 0　　//显示默认值。

选择第一个对象或 [放弃(U)/多段线(P)/半径(R)/修剪(T)/多个(M)]: r

//选择"半径(R)"选项,设置倒圆半径。

指定圆角半径 <10>:10　　　　　　//指定圆角半径。

选择第一个对象或 [放弃(U)/多段线(P)/半径(R)/修剪(T)/多个(M)]:

//选择连接圆弧的第一条边。

选择第二个对象,或按住 Shift 键选择要应用角点的对象:

//选择连接圆弧的第二条边。

命令:FILLET //使用"倒圆"命令。

当前设置: 模式 = 修剪,半径 = 10 //显示默认值。

选择第一个对象或［放弃(U)/多段线(P)/半径(R)/修剪(T)/多个(M)］: r

//选择"半径(R)"选项,设置倒圆半径。

指定圆角半径 ＜10＞: 52 //指定圆角半径。

选择第一个对象或［放弃(U)/多段线(P)/半径(R)/修剪(T)/多个(M)］:

//选择连接圆弧的第一条边。

选择第二个对象,或按住 |Shift| 键选择要应用角点的对象:

//选择连接圆弧的第二条边。

如图 3.35 所示。

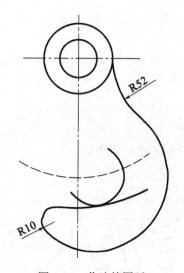

图 3.35 作连接圆弧

5. "相切、相切、半径(T)"的作圆模式,作半径为 64 的圆弧

命令: _circle 指定圆的圆心或［三点(3P)/两点(2P)/相切、相切、半径(T)］: _ttr

//使用"相切、相切、半径(T)"作圆模式。

指定对象与圆的第一个切点: //指定第一个切点。

指定对象与圆的第二个切点: //指定第二个切点。

指定圆的半径 ＜100＞: 64 //指定圆的半径。

命令: _break 选择对象: //使用"打断"命令,指定第一点。

指定第二个打断点 或［第一点(F)］: //指定第二个打断点。

如图 3.36 所示。

用"修剪"命令,作适当的修剪完成作图,如图 3.37 所示。

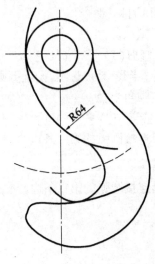

图 3.36 作连接圆弧

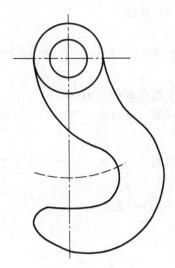

图 3.37 完成作图

3.16 练习题

1. 根据图 3.38 给定尺寸绘制零件平面图形。

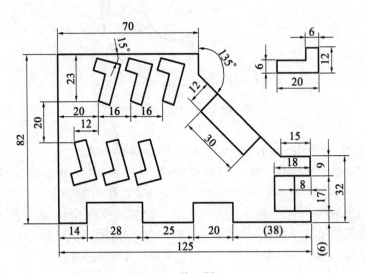

图 3.38 练习题 3-1

2. 根据图 3.39 给定尺寸绘制吊钩平面图形(注意确定 R25 的圆心)。

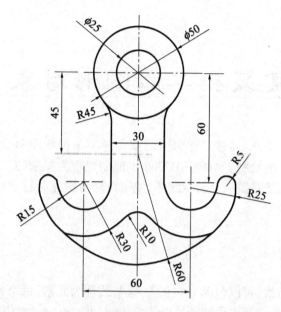

图 3.39　练习题 3-2

3. 根据图 3.40 给定尺寸绘制托板平面图形(未注明圆角半径均为 8)。

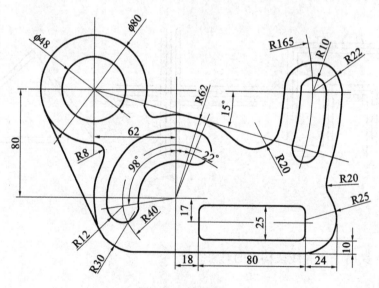

图 3.40　练习题 3-3

第4章 创建复杂二维图形对象

AutoCAD2006 提供了许多创建工程图中常见简单对象的绘图命令和绘图工具,用来帮助用户完成简单二维图形的绘制。AutoCAD2006 也能创建较为复杂的二维图形,如多线、圆环、样条曲线、图案填充、覆盖对象以及云状线等,使用户轻易构建工程图样中各种各样的图形对象。

4.1 绘制多线

多线是指多重平行线,可以包含 1～16 条,这些线称为元素,每个元素都有自身的偏移位置、线型和颜色。通过指定距多线初始位置的偏移量,可以确定元素位置。用户可以创建和保存多线样式,即定义多线元素的数量,设置每个元素的特性,显示和隐藏多线的连接以及多线背景填充和封口。默认情况下,多线使用具有两个元素的默认样式,常用于绘制墙体、道路或管道等,如图 4.1 所示。

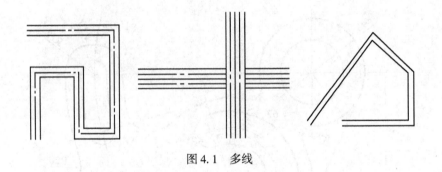

图 4.1 多线

4.1.1 功能

创建由最多 16 条平行线段构成的对象。

4.1.2 调用

菜单:"绘图"→"多线"。
命令行:MLIEN。

4.1.3 格式

命令:_mline。
当前设置:对正 = 上,比例 = 20.00,样式 = STANDARD。

指定起点或［对正(J)/比例(S)/样式(ST)］：指定多线起点或输入选项。

1. 起点

指定多线的起点。

指定下一点：输入多线的下一个点。

指定下一点或［放弃(U)］：指定点或输入 u。

如果用两条或两条以上的线段创建多线，则提示将包含"闭合"选项。

指定下一点或［闭合(C)/放弃(U)］：指定点或输入选项。

（1）下一点

用当前多线样式绘制到指定点的多线线段,然后继续提示输入点。

（2）放弃(U)

放弃多线上的上一个顶点,将显示上一个提示。

（3）闭合(C)

通过将最后一条线段与第一条线段相接合来闭合多线。

效果如图4.2所示。

不使用闭合选项　　　使用闭合选项

图4.2　多线命令中的闭合选项

2. 对正(J)

确定如何在指定的点之间绘制多线。

输入对正类型［上(T)/无(Z)/下(B)］<当前类型>：输入选项或按 Enter 键。

（1）上(T)

在光标下方绘制多线,因此在指定点处将会出现具有最大正偏移值的直线。

（2）无(Z)

将光标作为原点绘制多线,因此 MLSTYLE 命令中"元素特性"的偏移0.0将在指定点处。

（3）下(B)

在光标上方绘制多线,因此在指定点处将出现具有最大负偏移值的直线。如图4.3所示。

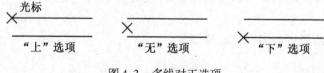

图4.3　多线对正选项

3. 比例(S)

控制多线的全局宽度。该比例不影响线型比例。

输入多线比例 <当前值> : 输入比例或按 Enter 键。

这个比例基于在多线样式定义中建立的宽度。如比例因子为 2 绘制多线时,其宽度是样式定义的宽度的两倍。负比例因子将翻转偏移线的次序,负比例因子的绝对值也会影响比例。比例因子为 0 将使多线变为单一的直线,如图 4.4 所示。

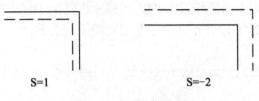

图 4.4　多线比例选项

4. 样式(ST)

指定多线的样式。

输入多线样式名或 [?] : 输入名称或输入?。

样式名:指定已加载的样式名或创建的多线库(MLN)文件中已定义的样式名。

?-- 列出样式:列出已加载的多线样式。

4.2　设置多线样式

4.2.1　功能

创建、保存多线样式,指定当前使用的样式。

4.2.2　调用

菜单:"格式"→"多线样式"。

命令行:MLSTYLE

4.2.3　格式

执行该命令后,打开"多线样式"对话框,如图 4.5 所示,用户可以对多线样式进行定义、保存、加载。

1. 当前多线样式

显示当前多线样式的名称,该样式将在后续创建的多线中用到。

2. 样式

显示已加载到图形中的多线样式列表。

3. 说明

显示选定多线样式的说明。

4. 预览

显示选定多线样式的名称和图像。

5. 置为当前

图4.5　多线样式对话框

设置用于后续创建的多线的当前多线样式。从"样式"列表中选择一个名称,然后选择"置为当前"。

注意:不能将外部参照中的多线样式设置为当前样式。

6. 新建

显示"创建新的多线样式"对话框,从中可以创建新的多线样式。如图4.6所示。

图4.6　创建新的多线样式对话框

(1)新样式名

命名新的多线样式。只有输入新名称并单击"继续"后,元素和多线特征才可用。

(2)基础样式

确定要用于创建新多线样式的多线样式。要节省时间,请选择与要创建的多线样式相似的多线样式。

(3)继续

显示"新建多线样式"对话框。如图4.7所示。

设置新多线样式的特性和元素,或将其更改为现有多线样式的特征和元素。

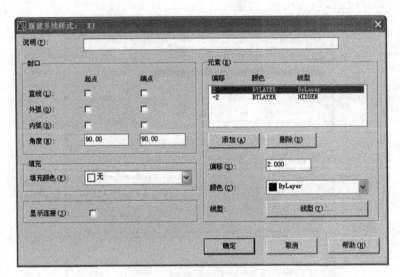

图4.7　建新多线样式对话框

①说明(P)

为多线样式添加说明。最多可以输入 255 个字符(包括空格)。

②封口

控制多线起:点和端点封口。

直线(L):显示穿过多线每一端的直线段。

外弧(O):显示多线的最外端元素之间的圆弧。

内弧(R):显示成对的内部元素之间的圆弧。如果有奇数个元素,中心线将不被连接。如果有 6 个元素,内弧连接元素 2 和 5、元素 3 和 4。如果有 7 个元素,内弧连接元素 2 和 6、元素 3 和 5,元素 4 不连接。

角度(N):指定端点封口的角度。

③填充

控制多线的背景填充。

填充颜色(F):设置多线的背景填充色。如果选择"选择颜色",将显示"选择颜色"对话框。

④显示连接(J)

控制每条多线线段顶点处连接的显示。接头也称为斜接。如图 4.8 所示。

⑤元素(E)

设置新的和现有的多线元素的元素特性,例如偏移、颜色和线型。

偏移、颜色和线型:显示当前多线样式中的所有元素。样式中的每个元素由其相对于多线的中心、颜色及其线型定义。元素始终按它们的偏移值降序显示。

添加(A):将新元素添加到多线样式。只有为除 STANDARD 以外的多线样式选择了颜色或线型后,此选项才可用。

删除(D):从多线样式中删除元素。

⑥偏移(S)

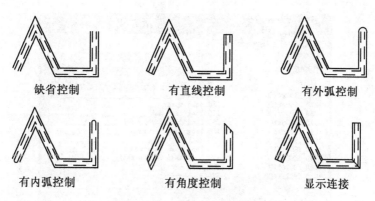

缺省控制　　　　　有直线控制　　　　　有外弧控制

有内弧控制　　　　　有角度控制　　　　　显示连接

图4.8　多线的封口与连接控制

为多线样式中的每个元素指定偏移值。

⑦颜色(C)

显示并设置多线样式中元素的颜色。如果选择"选择颜色",将显示"选择颜色"下拉列表。

⑧线型(Y)

显示并设置多线样式中元素的线型。如果选择"线型",将显示"选择线型特性"对话框,该对话框列出了已加载的线型。如图4.9所示。要加载新线型,请单击"加载",将显示"加载或重载线型"对话框。如图4.10所示。

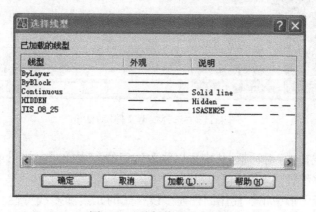

图4.9　"选择线型"对话框

加载线型库(LIN)文件中已定义的线型,acad.lin文件包含标准线型。

"文件(F)"按钮:显示"选择线型文件"对话框,从中可以选择其他线型(LIN)文件。如图4.11所示。

文件名:显示当前LIN文件名。可以输入另一个LIN文件名或单击"文件"按钮,从"选择线型文件"对话框中选择其他文件。

可用线型:显示可以加载的线型。要选定或清除列表中的全部线型,单击鼠标右键并选定"选择全部"或"清除全部"。

7. 修改

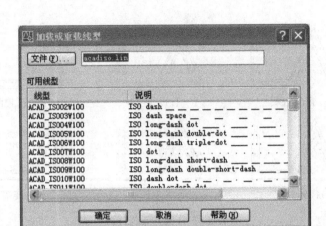

图 4.10 "加载或重载线型"对话框

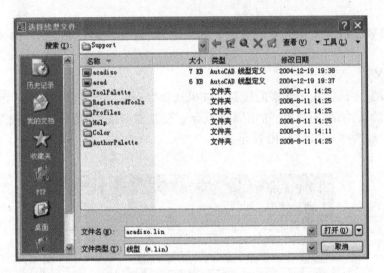

图 4.11 "选择线型文件"对话框

显示"修改多线样式"对话框,从中可以修改选定的多线样式。如图 4.12 所示,其中选项的响应与"修新建多线样式"对话框中相同。

注意:不能编辑图形中正在使用的任何多线样式的元素和多线特性。要编辑现有多线样式,必须在使用该样式绘制任何多线之前进行。

8. 重命名

重命名当前选定的多线样式。不能重命名 STANDARD 多线样式。

9. 删除

从"样式"列表中删除当前选定的多线样式。此操作并不会删除 MLN 文件中的样式。

不能删除 STANDARD 多线样式、当前多线样式或正在使用的多线样式。

10. 加载

显示"加载多线样式"对话框,从中可以从指定的 MLN 文件加载多线样式。如图 4.13 所示。

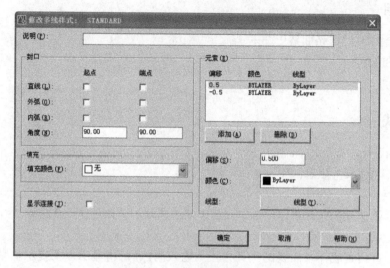

图 4.12 "修改多线样式"对话框

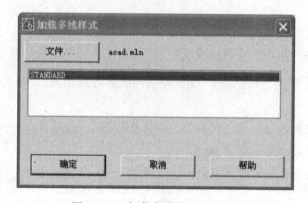

图 4.13 "加载多线样式"对话框

11. 保存

将多线样式保存或复制到多线库（MLN）文件。如果指定了一个已存在的 MLN 文件,新样式定义将添加到此文件中,并且不会删除其中已有的定义。默认文件名是 acad.mln。

4.3 绘制样条曲线

样条曲线是经过或接近一系列给定点的光滑曲线。它主要由数据点、拟合点与控制点控制,其中数据点在绘制样条曲线时由用户指定,拟合点与控制点由系统自动产生,它们主要用于编辑样条。样条曲线命令用来绘制不规则曲线图形,如木材断面、波浪线、楼梯扶手拐角、钢管折断线等。

4.3.1 功能

在指定的公差范围内把一系列的点拟合成光滑曲线。

计算机系列教材

83

4.3.2 调用

菜单:"绘图"→"样条曲线"。

命令行:SPLINE。

工具栏: ～ 。

4.3.3 格式

命令:_spline。

指定第一个点或［对象(O)］。

1. 第一点

使用指定点、使用 NURBS(非一致有理 B 样条曲线)数学创建样条曲线。

指定下一点:指定一点。

输入点一直到完成样条曲线的定义为止。输入两点后,将显示以下提示:

指定下一个点或［闭合(C)/拟合公差(F)］＜起点切向＞:指定点、输入选项或按 Enter 键。

(1)下一点

连续地输入点将增加附加样条曲线线段,直到按 Enter 键结束。输入 undo 删除最后指定的一个点。按 Enter 键后,将提示用户指定样条曲线的起点切向。

(2)闭合(C)

将最后一点定义为与第一点一致并使它在连接处相切,这样可以闭合样条曲线。

指定切向:指定点或按 Enter 键。

指定一点来定义切向矢量,或者使用"切点"和"垂足"对象捕捉模式使样条曲线与现有对象相切或垂直。

(3)拟合公差(F)

修改当前样条曲线的拟合公差。根据新公差以现有点重新定义样条曲线。公差表示样条曲线拟合所指定的点集时的拟合精度。

指定拟合公差 ＜当前＞:输入值或按 Enter 键。

公差越小,样条曲线与拟合点越接近。公差为 0,样条曲线将通过该点。输入大于 0 的公差将使样条曲线在指定的范围内通过拟合点。在绘制样条曲线时,可以改变样条曲线拟合公差以查看效果。设置公差后,样条曲线不一定通过每一个指定点,但是它会通过样条曲线的起点及终点。可以重复更改拟合公差,但这样做会更改所有控制点的公差,不管选定的是哪个控制点。如图 4.14 所示。

(4)起点切向

定义样条曲线的第一点和最后一点的切向。

指定起点切向:指定点或按 Enter 键。

"指定起点切向"提示指定样条曲线第一点的切向。

指定端点切向:指定点或按 Enter 键。

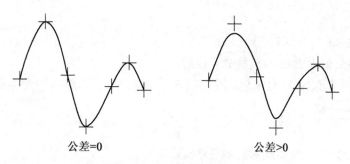

图 4.14　条曲线中的拟合公差

"指定端点切向"提示指定样条曲线最后一点的切向。

如图 4.15 所示。

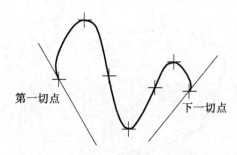

图 4.15　样条曲线中的拟合公差

如果在样条曲线的两端都指定切向,可以输入一个点或者使用"切点"和"垂足"对象捕捉模式使样条曲线与已有的对象相切或垂直。按 $\boxed{Enter}$ 键计算默认切点。

2. 对象(O)

将二维或三维的二次或三次样条拟合多段线,转换成等价的样条曲线并删除多段线。

4.4　绘制云状线

云状线是由连续圆弧组成的多段线。用于在检查阶段提醒用户注意图形的某个部分。在检查或用红线圈阅图形时,使用修订云线功能亮显标记可以提高工作效率。

4.4.1　功能

创建由连续圆弧组成的多段线。

4.4.2　调用

菜单:"绘图"→"修订云线"。

命令行:REVCLOUD。

工具栏: 🔲 。

4.4.3 格式

命令：_revcloud。

最小弧长：15,最大弧长：15,样式：普通。

指定起点或［弧长(A)/对象(O)/样式(S)］ ＜对象＞:通过拖动光标绘制云状线,或输入选项,或按 [Enter] 键。

1. 定起点

指定云状线的起点,拖动光标绘制云状线。

如图4.16所示。

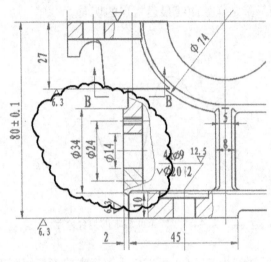

图4.16 修订云状线

2. 弧长(A)

指定云线中弧线的长度。

指定最小弧长 ＜0.5000＞:指定最小弧长的值。

指定最大弧长 ＜0.5000＞:指定最大弧长的值。

沿云线路径引导十字光标…

修订云线完成。

最大弧长不能大于最小弧长的三倍。

3. 对象(O)

指定要转换为云线的对象。

选择对象:选择要转换为修订云线的闭合对象。

反转方向［是(Y)/否(N)］:输入 y 以反转修订云线中的弧线方向,或按 [Enter] 键保留弧线的原样。

修订云线完成。

如图4.17所示。

4. 样式(S)

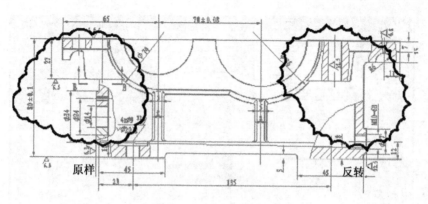

图 4.17 云状线反转方向

指定修订云线的样式。

选择圆弧样式［普通(N)/手绘(C)］＜默认/上一个＞：选择修订云线的样式。

4.4.4 说明

修订云线命令生成的对象是多段线。

在执行修订云线命令时,自动关闭对象捕捉功能,结束后自动恢复。

4.5 充填图案

在工程制图中,有些图形需要填充某些特定的图案,利用 AutoCAD 绘图时,用填充图案来填充某一指定封闭区域或选定对象,称为图案填充。也可以创建渐变填充,渐变填充在一种颜色的不同灰度之间或两种颜色之间使用过渡。渐变填充提供光源反射到对象上的外观,可用于增强演示图形。

4.5.1 功能

在指定的填充边界内填充一定样式的图案。

4.5.2 调用

菜单:"绘图"→"图案填充"。

命令行:BHATCH(或 HATCH)。

工具栏:

4.5.3 格式

命令行输入 hatch,显示"图案填充和渐变色"对话框,如图 4.18 所示。

"图案填充和渐变色"对话框包括以下内容:

"图案填充"选项卡

定义要应用的填充图案的外观。

1. 类型和图案

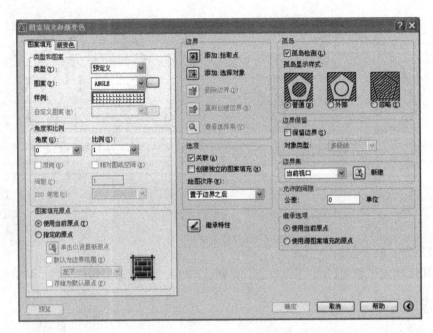

图 4.18 图案填充对话框

指定图案填充的类型和图案。

(1)类型

设置图案类型。用户定义的图案基于图形中的当前线型。自定义图案是在任何自定义 PAT 文件中定义的图案,这些文件已添加到搜索路径中,可以控制任何图案的角度和比例。

预定义图案存储在产品附带的 acad.pat 或 acadiso.pat 文件中。

(2)图案

列出可用的预定义图案。最近使用的六个用户预定义图案出现在列表顶部。HATCH 将选定的图案存储在 HPNAME 系统变量中。只有将"类型"设置为"预定义",该"图案"选项才可用。

(3)"…"按钮

显示"填充图案选项板"对话框,从中可以同时查看所有预定义图案的预览图像,这将有助于用户作出选择。如图 4.19 所示。

(4)样例

显示选定图案的预览图像。可以单击"样例"以显示"填充图案选项板"对话框。选择 SOLID 图案后,可以单击右箭头显示颜色列表或"选择颜色"对话框"选择颜色"对话框。

(5)自定义图案

列出可用的自定义图案。六个最近使用的自定义图案将出现在列表顶部。选定图案的名称存储在 HPNAME 系统变量中。只有在"类型"中选择了"自定义",此选项才可用。

(6)"…"按钮

同前,显示"填充图案选项板"对话框,从中可以同时查看所有自定义图案的预览图像。

2. 角度和比例

指定选定填充图案的角度和比例。

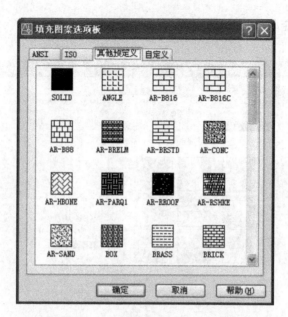

图4.19 "填充图案选项板"对话框

（1）角度

指定填充图案的角度（相对当前 UCS 坐标系的 X 轴）。

（2）比例

放大或缩小预定义或自定义图案。只有将"类型"设置为"预定义"或"自定义"，此选项才可用。

（3）双向

对于用户定义的图案，将绘制第二组直线，这些直线与原来的直线成 90 度角，从而构成交叉线。只有在"图案填充"选项卡上将"类型"设置为"用户定义"时，此选项才可用。

（4）相对图纸空间

相对于图纸空间单位缩放填充图案。使用此选项，可很容易地做到以适合于布局的比例显示填充图案。该选项仅适用于布局。

（5）间距

指定用户定义图案中的直线间距。只有将"类型"设置为"用户定义"，此选项才可用。

（6）ISO 笔宽

基于选定笔宽缩放 ISO 预定义图案。只有将"类型"设置为"预定义"，并将"图案"设置为可用的 ISO 图案的一种，此选项才可用。

3. 图案填充原点

控制填充图案生成的起始位置。某些图案填充（例如砖块图案）需要与图案填充边界上的一点对齐。默认情况下，所有图案填充原点都对应于当前的 UCS 原点。

（1）使用当前原点

使用存储在 HPORIGINMODE 系统变量中的设置。默认情况下，原点设置为 0,0。

（2）指定的原点

指定新的图案填充原点。

"渐变色"选项卡

定义要应用的渐变填充的外观。如图4.20所示。

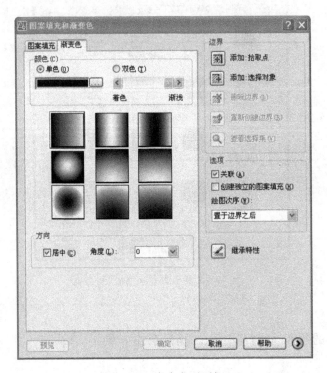

图4.20　渐变色对话框

1. 颜色

(1)单色

指定使用从较深着色到较浅色调平滑过渡的单色填充。选择"单色"时,HATCH将显示带有浏览按钮和"着色"与"渐浅"滑块的颜色样本。

(2)双色

指定在两种颜色之间平滑过渡的双色渐变填充。选择"双色"时,HATCH将分别为颜色1和颜色2显示带有浏览按钮的颜色样本。

(3)颜色样本

指定渐变填充的颜色。单击浏览按钮"..."以显示"选择颜色"对话框,从中可以选择AutoCAD颜色索引(ACI)颜色、真彩色或配色系统颜色。显示的默认颜色为图形的当前颜色。

(4)"着色"和"渐浅"滑块

指定一种颜色的渐浅(选定颜色与白色的混合)或着色(选定颜色与黑色的混合),用于渐变填充。

(5)渐变图案

显示用于渐变填充的九种固定图案。这些图案包括线性扫掠状、球状和抛物面状图案。

(6)方向

指定渐变色的角度以及其是否对称。

2. 置中

指定对称的渐变配置。如果没有选定此选项,渐变填充将朝左上方变化,创建光源在对象左边的图案。

3. 角度

指定渐变填充的角度。相对当前 UCS 指定角度。此选项与指定给图案填充的角度互不影响。

其他选项区域

控制孤岛和边界的操作。

1. 孤岛

指定在最外层边界内填充对象的方法。如果不存在内部边界,则指定孤岛检测样式没有意义。因为可以定义精确的边界集,所以一般情况下最好使用"普通"样式。

(1)孤岛检测

控制是否检测内部闭合边界(称为孤岛)。

(2)普通(N)

从外部边界向内填充。如果 HATCH 遇到一个内部孤岛,它将停止进行图案填充或填充,直到遇到该孤岛内的另一个孤岛。也可以通过在 HPNAME 系统变量的图案名称里添加,N 将填充方式设置为"普通"样式。

(3)外部(O)

从外部边界向内填充。如果 HATCH 遇到内部孤岛,它将停止进行图案填充或填充。此选项只对结构的最外层进行图案填充或填充,而结构内部保留空白。也可以通过在 HPNAME 系统变量的图案名称里添加,O 将填充方式设置为"外部"样式。

(4)忽略(I)

忽略所有内部的对象,填充图案时将通过这些对象。也可以通过在 HPNAME 系统变量的图案名称中添加,I 将填充方式设置为"忽略"样式。

如图4.21 所示。

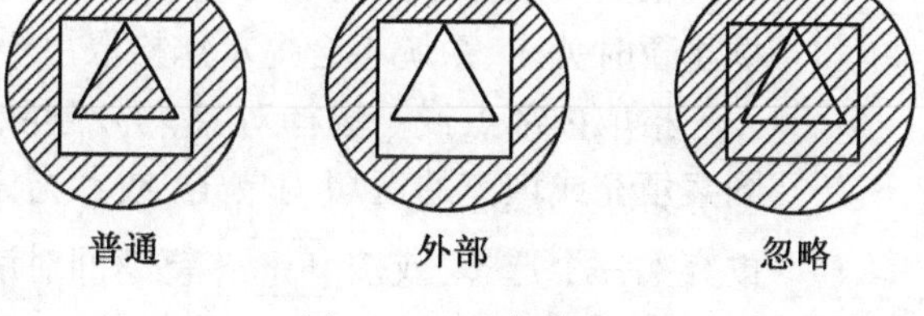

普通　　　　　　外部　　　　　　忽略

图4.21　孤岛检测

2. 边界保留

指定是否将边界保留为对象,并确定应用于这些对象的对象类型。

(1)保留边界

根据临时图案填充边界创建边界对象,并将它们添加到图形中。

(2)对象类型

控制新边界对象的类型。保留边界选中后,其边界对象可以是面域或多段线对象。仅当选中"保留边界"时,此选项才可用。

3. 边界集

定义当从指定点定义边界时要分析的对象集。当使用"选择对象"定义边界时,选定的边界集无效。

默认情况下,使用"添加:拾取点"选项定义边界时,HATCH 将分析当前视口范围内的所有对象。通过重定义边界集,可以忽略某些在定义边界时没有隐藏或删除的对象。对于大图形,重定义边界集还可以加快生成边界的速度,因为 HATCH 检查的对象数减少了。

(1)当前视口

根据当前视口范围内的所有对象定义边界集。选择此选项将放弃当前的任何边界集。

(2)现有集合

从使用"新建"选定的对象定义边界集。如果还没有用"新建"创建边界集,则"现有集合"选项不可用。

(3)新建

提示用户选择用来定义边界集的对象。

4. 允许的间隙

设置将对象用作图案填充边界时可以忽略的最大间隙。默认值为 0,此值指定对象必须封闭区域而没有间隙。

按图形单位输入一个值(0~5 000)即公差,以设置将对象用作图案填充边界时可以忽略的最大间隙。任何小于等于指定值的间隙都将被忽略,并将边界视为封闭。

5. 继承选项

使用"继承特性"创建图案填充时,这些设置将控制图案填充原点的位置。

(1)使用当前原点

使用当前的图案填充原点设置。

(2)使用源图案填充的原点

使用源图案填充的图案填充原点。

6. 边界

(1)添加:拾取点

根据围绕指定点构成封闭区域的现有对象确定边界。对话框将暂时关闭,系统将会提示您拾取一个点。

拾取内部点或 [选择对象(S)/删除边界(B)]:在要进行图案填充或填充的区域内单击,或者指定选项、输入 u 或 undo 放弃上一个选择,或按 Enter 键返回对话框。

拾取内部点时,可以随时在绘图区域单击鼠标右键以显示包含多个选项的快捷菜单。如图 4.22 所示。

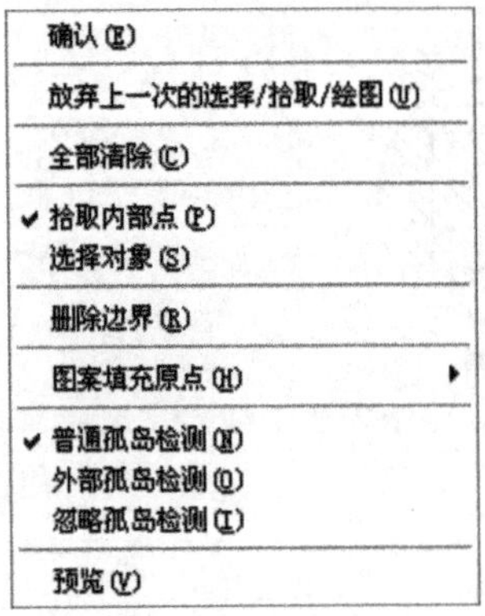

如果打开了"孤岛检测",最外层边界内的封闭区域对象将被检测为孤岛。HATCH 使用此选项检测对象的方式取决于用户在对话框的其他选项区域选择的孤岛检测方法。如图 4.23 所示。

图 4.22 填充快捷菜单

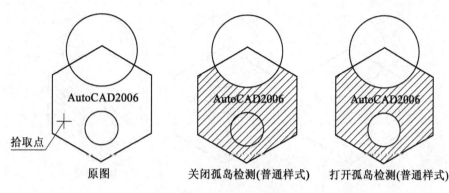

图 4.23　孤岛检测控制

（2）添加：选择对象

根据构成封闭区域的选定对象确定边界。对话框将暂时关闭,系统将会提示您选择对象。

选择对象或［拾取内部点(K)/删除边界(B)］：选择定义图案填充或填充区域的对象,或者指定选项、输入 u 或 undo 放弃上一个选择,或按 Enter 键返回对话框。如图4.24 所示。

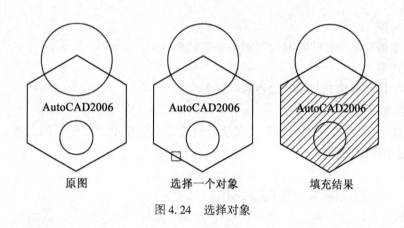

图 4.24　选择对象

使用"选择对象"选项时,HATCH 不会自动检测内部对象。用户必须选择选定边界内的对象,以按照当前的孤岛检测样式填充那些对象。如图 4.25 所示。

每次单击"选择对象"选项时,HATCH 都会清除上一个选择集。

选择对象时,可以随时在绘图区域单击鼠标右键以显示快捷菜单。可以利用此快捷菜单放弃最后一个或所定对象、更改选择方式、更改孤岛检测样式或预览图案填充或渐变填充。

（3）重新创建边界

围绕选定的图案填充或填充对象创建多段线或面域,并使其与图案填充对象相关联（可选）。

单击"重新创建边界"时,对话框暂时关闭,命令行将显示提示。

输入边界对象类型［面域(R)/多段线(P)］＜当前＞:输入 r 创建面域或输入 p 创建多段线。

要重新关联图案填充与新边界吗?［是(Y)/否(N)］＜当前＞:输入 y 或 n。

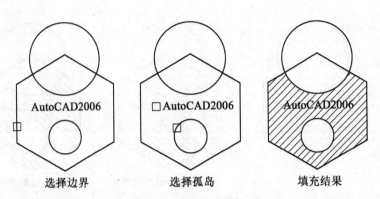

选择边界   选择孤岛   填充结果

图 4.25　选择对象中清除孤岛

（4）删除边界

从边界定义中删除以前添加的任何对象。

单击"删除边界"时,对话框将暂时关闭,命令行将显示提示。

选择对象或［添加边界(A)］:选择要从边界定义中删除的对象、指定选项或按 Enter 键返回对话框。

①选择对象

选择图案填充或填充的临时边界对象将它们删除。

②添加边界

选择图案填充或填充的临时边界对象添加它们。

（5）查看选择集

暂时关闭对话框,并使用当前的图案填充或填充设置显示当前定义的边界。如果未定义边界,则此选项不可用。

7. 选项

控制几个常用的图案填充或填充选项。

（1）关联

控制图案填充或填充的关联。关联的图案填充或填充在用户修改其边界时将会更新(系统变量为 HPASSOC)。

（2）创建独立的图案填充

控制当指定了几个独立的闭合边界时,是创建单个图案填充对象,还是创建多个图案填充对象(系统变量为 HPSEPARATE)。

（3）绘图次序

为图案填充或填充指定绘图次序。图案填充可以放在所有其他对象之后、所有其他对象之前、图案填充边界之后或图案填充边界之前。

8. 继承特性

使用选定图案填充对象的图案填充或填充特性对指定的边界进行图案填充或填充。在选定图案填充要继承其特性的图案填充对象之后,可以在绘图区域中单击鼠标右键,并使用快捷菜单在"选择对象"和"拾取内部点"选项之间进行切换以创建边界。

单击"继承特性"时,对话框将暂时关闭,命令行将显示提示。

选择图案填充对象：在某个图案填充或填充区域内单击，以选择新的图案填充对象要使用其特性的图案填充。

9. 预览

关闭对话框，并使用当前图案填充设置显示当前定义的边界。单击图形或按 ESC 键返回对话框。单击鼠标右键或按 [Enter] 键接受该图案填充。如果没有指定用于定义边界的点，或没有选择用于定义边界的对象，则此选项不可用。

4.6　徒手绘制

徒手绘制对于创建不规则边界或使用数字化仪追踪非常有用。徒手绘图时，定点设备就像画笔一样。单击定点设备将把"画笔"放到屏幕上，这时可以进行绘图，再次单击将提起画笔并停止绘图。徒手画由许多条线段组成，每条线段都可以是独立的对象或多段线，可以设置线段的最小长度或增量。使用较小的线段可以提高精度，但会明显增加图形文件的大小。因此，要尽量少使用此工具。

4.6.1　功能

创建由一系列线段构成的不规则边界。

4.6.2　调用

命令行：SKETCH。

4.6.3　格式

命令：sketch。

记录增量 ＜1.0000＞：指定最小长度或增量，指定距离或按 [Enter] 键。

记录的增量值定义直线段的长度。定点设备移动的距离必须大于记录增量才能生成线段。

徒手画：画笔（P）/退出（X）/结束（Q）/记录（R）/删除（E）/连接（C），＜笔 落＞ ＜笔 提＞（单击定点设备将把"画笔"放到屏幕上，进行绘图或输入选项）。

1. 画笔（P）（拾取按钮）

提笔和落笔。在用定点设备选取菜单项前必须提笔。

2. 退出（X）（按 [Enter] 键）

记录及报告临时徒手画线段数并结束命令。

3. 结束（Q）

放弃从开始调用 SKETCH 命令或上一次使用"记录"选项时所有临时的徒手画线段，并结束命令。

4. 记录（R）

永久记录临时线段且不改变画笔的位置。用下面的提示报告线段的数量：

已记录 nnn 条直线。

5. 删除（E）

删除临时线段的所有部分,如果画笔已落下则提起画笔。

选择删除端点。

6. 连接(C)

落笔,继续从上次所画的线段的端点或上次删除的线段的端点开始画线。

4.6.4 说明

徒手绘图之前,检查 CELTYPE 系统变量,确保当前的线型为"随层"。如果使用的是点划线型,同时徒手画线段设置得比虚线间距或虚线短,则看不到虚线间距或虚线。

徒手画被捕捉为一系列独立的线。将 SKPOLY 系统变量设置为一个非零值将为每个连续的徒手画线条(而不是为多个线性对象)生成一个多段线。

4.7 点的绘制

4.7.1 功能

绘制点。

4.7.2 调用

菜单:"绘图"→"点"→"单点/多点/定数等分/定距等分"。

命令行:POINT。

工具栏: ■ 。

4.7.3 格式

命令:_point。

当前点模式:PDMODE = 2, PDSIZE = 0。

指定点:指定点在绘图区中的位置或输入或按 ESC 键。

点可以作为捕捉对象的节点。可以指定点的全部三维坐标。如果省略 Z 坐标值,则假定为当前标高。

使用菜单项操作时,"单点"选项表示直接在绘图区指定位置单击,可在该位置放置一个点,即只输入一个点。"多点"选项表示可在绘图区多个位置单击,可放置多个点。

4.7.4 说明

PDMODE 和 PDSIZE 系统变量控制点对象的外观。

PDMODE 的值 0、2、3 和 4 指定表示点的图形。值 1 指定不显示任何图形。将值指定为 32、64 或 96,除了绘制通过点的图形外,还可以选择在点的周围绘制形。如图 4.26 所示。

系统变量 PDSIZE 控制点图形的大小(PDMODE 系统变量为 0 和 1 时除外)。如果设置为 0,将按绘图区域高度的 5% 生成点对象。正的 PDSIZE 值指定点图形的绝对尺寸。负值将解释为视口大小的百分比。重生成图形时将重新计算所有点的尺寸。

修改系统变量 PDMODE 和 PDSIZE 后,下次重新生成图形时将改变现有点的外观。

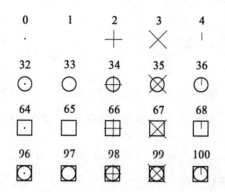

图4.26 PDMODE 系统变量对应点对象的外观

4.8 绘制定数等分点

定数等分点是指在测量对象上按对象等分的数目放置点,即首先选择一个希望进行等分的对象,然后输入对该对象进行等分的数目,按等分数在对象上放置点。

4.8.1 功能

在指定线(直线、圆、圆弧、椭圆、椭圆弧、多段线、样条曲线)上,按给出的等分线段数目,设置等分点。

4.8.2 调用

菜单:"绘图"→"点"→"定数等分"。
命令行:DIVIDE。

4.8.3 格式

执行命令:_divide。
选择要定数等分的对象:选择要等分的实体。
输入线段数目或["块(B)"]:指定等分数或输入选项。
1. 输入线段数目
指定实体的等分数,等分数范围为2~32 767。
2. 块(B)
在选定对象等间距放置指定的块(BLOCK)。
输入要插入的块名:输入图形中当前定义的块名。
是否对齐块和对象?[是(Y)/否(N)]<是>:输入 y 或 n,或按 Enter 键。
是:指定插入块的 X 轴方向与定数等分对象在等分点相切或对齐。
否:按其法线方向对齐块。
输入线段数目:输入块的数目。
如图4.27所示,显示一条弧被一个块定数等分为五段,此块是由一个垂直的椭圆组成的,一为块对齐,一为不对齐。

对齐　　　　　　　　　不对齐

图4.27　由一个块定数等分一段弧为五段

4.9　绘制定距等分点

定距等分点是指在测量对象上按一定的距离放置点,即首先选择一个希望进行等分的对象,然后输入对该对象进行等分的距离,并按该离在对象上放置点。其中,放置点的起始位置从离选取点较近的端点开始。

4.9.1　功能

在指定线段(直线、圆、圆弧、椭圆、椭圆弧、多段线、样条曲线)上,按给出的等分线段长度,设置测量点。

4.9.2　调用

菜单:"绘图"→"点"→"定距等分"。
命令行:MEASURE。

4.9.3　格式

执行命令:_measure。
选择要定距等分的对象。
指定线段长度或[块(B)]:指定距离或输入 b。
1. 指定线段长度
放置点的起点一般是指离选取点较近的端点。
沿选定对象按指定间隔放置点对象,从最靠近用于选择对象的点的端点处开始放置。
闭合多段线的定距等分从它们的初始顶点(绘制的第一个点)处开始。
圆的定距等分从设置为当前捕捉旋转角的自圆心的角度开始。如果捕捉旋转角为零,则从圆心右侧的圆周点开始定距等分圆。如图4.28所示。
2. 块(B)
沿选定对象按指定间隔放置块。
输入要插入的块名:输入图形中当前定义的块名称。
是否对齐块和对象?[是(Y)/否(N)]<是>:输入 y 或 n,或按 Enter 键。
如果输入 y,块将围绕它的插入点旋转,这样它的水平线就会与测量的对象对齐并相切。如果输入 n,块将始终以零度旋转角插入。
指定线段长度:指定线段长度后,将按照指定间隔插入块。如果块具有可变属性,插入的

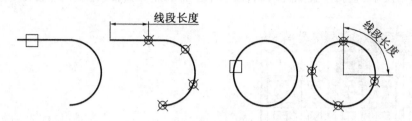

图 4.28 绘制定距等分点

块中将不包含这些属性。

4.9.4 说明

最后一个测量段的长度不一定等于指定的分段长度。

4.10 绘制点对象

在 AutoCAD 中,点是一种图形实体,具有各种实体属性,用户可以使用多种方法创建点对象,还可以根据需要设置点的大小和显示样式,在默认情况下,点对象显示为小圆点。

设置点的样式。

4.10.1 功能

设置点的大小和显示样式。

4.10.2 调用

菜单:"格式"→"点样式"。

命令行:DDPTYPE。

4.10.3 格式

命令:_ddptype

执行该命令后,弹出"点样式"对话框,如图4.29所示。可根据要求设置点大小和显示样式。

在对话框中列出了 20 种点的显示样式,可任意选择。

1. 点大小(S)

点大小框中输入的数值决定点的大小,下面的两个选项决定了点大小的控制方法。

2. "相对于屏幕设置大小"

是指在点大小框中输入的数值,百分数是相对于屏幕的,当使用显示缩放命令控制图形显示时,点的大小不变。

3. "按绝对单位的设置大小"

是指在点大小框中输入的数值是实际绘图单位的百分数,当使用显示缩放命令控制图形显示时,点的显示大小发生变化。

在默认情况下,重新设置点样式后,图形中所有的点都会自动重新生成,显示成新的样式。

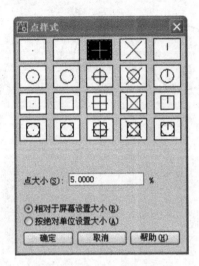

图4.29 "点样式"对话框

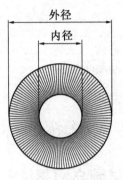

图4.30 绘制圆环

4.10.4 说明

标记将放置在等分的对象所处的用户坐标系（UCS）中（当前 UCS 中的三维多段线除外）。标记始终放置在对象上,与标高设置无关。

4.11 绘制圆环

圆环是由具有一定宽度的多段线封闭形成的。绘制圆环时,只要指定它的内外直径和圆心即可。

4.11.1 功能

绘制圆环。

4.11.2 调用

菜单:"绘图"→"圆环"。
命令行:DONUT。

4.11.3 格式

命令: _donut。

指定圆环的内径 <1> : 输入圆环的内径或按 Enter 键。

如果指定内径为零,则圆环成为填充圆。

指定圆环的外径 <1> : 输入圆环的外径或按 Enter 键结束命令。

效果如图4.30所示。

4.11.4　说明

圆环内部的填充方式取决于 FILL 命令的当前设置。

4.12　创建空白区域的覆盖对象

区域覆盖对象是一块多边形区域,它可以使用当前背景色屏蔽底层的对象。此区域由区域覆盖边框进行绑定,可以打开此区域进行编辑,也可以关闭此区域进行打印。

通过使用一系列点来指定多边形的区域可以创建区域覆盖对象,也可以将闭合多段线转换成区域覆盖对象。

4.12.1　功能

创建多边形区域,用当前背景颜色屏蔽其下面的对象。

4.12.2　调用

菜单:"绘图"→" 区域覆盖"。

命令行:WIPEOUT。

4.12.3　格式

命令: _wipeout。

指定第一点或［边框/多段线］<多段线 >:指定点或输入选项。

1. 第一点

根据一系列点确定区域覆盖对象的多边形边界。

下一点:指定下一点或按 Enter 键退出。

2. 边框(F)

确定是否显示所有区域覆盖对象的边。

输入模式［开(ON)/关(OFF)］:<多种 > 输入 on 或 off。

输入 on 将显示所有区域覆盖边框, 输入 off 将禁止显示所有区域覆盖边框。

3. 多段线(P)

根据选定的多段线确定区域覆盖对象的多边形边界。

选择闭合多段线:使用对象选择方法选择闭合的多段线。

是否要删除多段线?［是/否］<否 >:输入 y 或 n。

输入 y 将删除用于创建区域覆盖对象的多段线,输入 n 将保留多段线。

如图 4.31 所示。

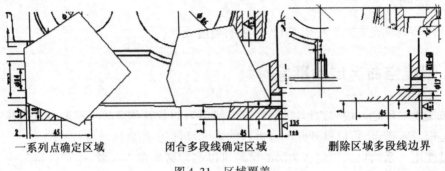

一系列点确定区域　　　　　闭合多段线确定区域　　　　　删除区域多段线边界

图 4.31　区域覆盖

4.12.4　说明

如果使用多段线创建区域覆盖对象,则多段线必须闭合,只包括直线段且宽度为零。

选定多段线确定区域覆盖对象时,多段线必须是闭合的,宽度为零,并且只能由直线段构成。

4.13　练习题

1. 利用多线命令、填充命令、多段线命令,根据图 4.32 给定尺寸绘制下图。

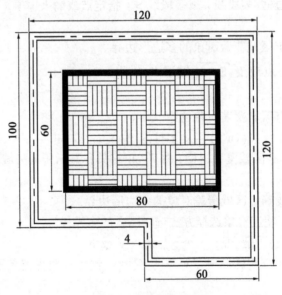

图 4.32　练习题 4-1

2. 如图 4.33 所示,用样条曲线命令绘制振幅为 100 的正弦曲线。

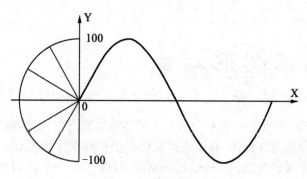

图 4.33　练习题 4-2

第5章 ⊕ 编辑图形对象

AutoCAD 2006 的绘图优势不仅在于其强大的作图功能,更在于其强大的编辑功能。通过各种图形编辑命令,可以方便快捷、高效地修改已有图形和构建新图形。本章主要介绍 Auto-CAD 2006 的高级图形编辑功能,如阵列、比例缩放、拉伸、拉长、延伸、对齐、特性匹配及夹点编辑等。

5.1 对象选择

当启动图形编辑命令或进行其他操作时,要求选择需要编辑的对象或进行其他操作的对象,而且必须选中对象,才能对它进行处理。

执行许多命令(包括 SELECT 命令本身)后,AutoCAD 的命令区会提示"选择对象:",这时带拾取框的十字光标只剩下一个"口"形的拾取框,称为"对象选择靶"。对象选择可以选择单个对象,也可以选择多个对象即对象集。对象选中后,会变为虚线显示,以提示所选中的目标对象。

在"选择对象:"提示后输入"?",显示提示如下:

需要点或窗口(W)/上一个(L)/窗交(C)/框(BOX)/全部(ALL)/栏选(F)/圈围(WP)/圈交(CP)/编组(G)/添加(A)/删除(R)/多个(M)/前一个(P)/放弃(U)/自动(AU)/单个(SI)。

提示行显示了对象的选择方式。用定点设备点取对象,或在对象周围使用选择窗口,或输入坐标,或使用下列选择对象方式,都可以选择对象。不管由哪个命令给出"选择对象"提示,都可以使用这些方法。

常用的几种对象选择方式如下:

1. 需要点(缺省方式)

将拾取框移到要选择的对象上,单击鼠标左键,即可选中目标。

拾取窗口选择(缺省方式)或框(BOX)。

用鼠标拖动拾取框并在绘图区内的适当位置单击,然后拖动鼠标至绘图区的另一位置,单击后拾取第二点,系统便以所拾取的两点的连线为对角线,形成一个矩形拾取窗口。

若鼠标是从左向右拖动,则拾取边界即"矩形窗口"以实线显示,此时,只有全部被包含在拾取窗口内的对象才会被选中。

若鼠标是从右向左拖动,则拾取边界即"交叉窗口"以虚线显示,此时,被包含在拾取窗口内的对象及与拾取窗口边界相交的对象都会被选中。

2. 窗口(W)

当 AutoCAD 提示选择对象时,在命令行输入字母"W"后按回车,拾取框变为十字光标。

选择矩形(由两点定义)中的所有对象,指定矩形的两对角点创建选择窗口,并有透明蓝色填充窗口(颜色可设置),窗口为实线,全部被包含在拾取窗口内的对象被选中。如图 5.1 所示。

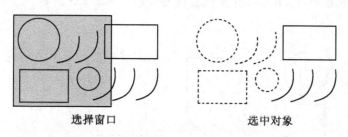

图 5.1　窗口选择

3. 窗交(C)

当 AutoCAD 提示选择对象时,在命令行输入字母"C"后按回车。指定矩形的两对角点,创建选择窗口,并有透明绿色填充窗口(颜色可设置),窗口为虚线,被包含在窗口中和窗口所通过的对象全部被选中。如图 5.2 所示。

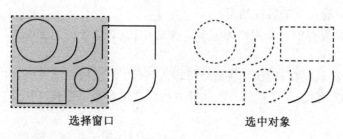

图 5.2　窗交选择

"窗口"和"窗交"选择与"拾取窗口"选择的区别有两点:第一,两者的光标形状不同;第二,当指定窗口的第一个角点时,无论拾取的点是否在图形对象上,窗口选择均把该点作为第一角点,而不会选择该对象。

4. 上一个(L)

当 AutoCAD 提示选择对象时,在命令行输入字母"L"后按回车。

选择最近一次创建的可见对象。

5. 全部(ALL)

当 AutoCAD 提示选择对象时,在命令行输入字母"ALL"后按回车。

选择解冻的图层上的所有对象。

6. 圈围(WP)

当 AutoCAD 提示选择对象时,在命令行输入字母"WP"后按回车。

与窗口选择方式相似,只是圈围选择窗口由多边形线框构成。

7. 圈交(CP)

当 AutoCAD 提示选择对象时,在命令行输入字母"CP"后按回车。

与窗交选择方式相似,只是圈交选择窗口由多边形线框构成。

8. 栏选(F)

当 AutoCAD 提示选择对象时,在命令行输入字母"F"后按回车。

选择与选择栏相交的所有对象。栏选方法与圈交方法相似,只是栏选不闭合,并且栏选可以与自己相交。栏选不受 PICKADD 系统变量的影响。如图5.3所示。

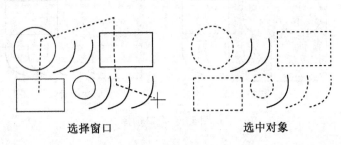

选择窗口   选中对象

图5.3　栏选选择

9. 编组(G)

当 AutoCAD 提示选择对象时,在命令行输入字母"G"后按回车。

选择指定编组中的全部对象。

输入编组名:输入一个名称列表。

创建和管理已保存的对象集称为编组。参见 GROUP 命令,"对象编组"对话框。

10. 添加(A)

当 AutoCAD 提示选择对象时,在命令行输入字母"A"后按回车。

切换到"添加"模式:使用任何对象选择方法将选定对象添加到选择集。

11. 删除(R)

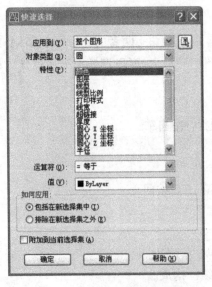

图5.4　"快速选择"对话框

当 AutoCAD 提示选择对象时,在命令行输入字母"R"后按回车。

切换到"删除"模式:可以使用任何对象选择方法从当前选择集中删除对象。"删除"模式的替换方式是在选择单个对象时按下 Shift 键。

12. 多个(M)

当 AutoCAD 提示选择对象时,在命令行输入字母"M"后按回车。

指定多次选择而不高亮显示对象,从而加快对复杂对象的选择过程。如果两次指定相交对象的交点,"多选"也将选中这两个相交对象。

13. 利用快速选择命令快速选择多个对象

命令行:qselectak 或"工具"菜单:"快速选择",显示快速选择对话框。如图5.4所示。

根据对象特性(如图层、线型、颜色等)或对象类型(直线、多段线、图案填充等)创建选择集。

其他选择方式可参考相关手册。

5.2　阵列对象

利用已经绘制好的对象,使用环形或矩形阵列的方式,复制建立一个原图形对象的阵列排列,所复制的对象都可以进行独立的编辑和处理。

对于矩形阵列,可以控制行和列的数目以及它们之间的距离。对于环形阵列,可以控制对象副本的数目并决定是否旋转副本。对于创建多个定间距的对象,排列比复制要快。图 5.5 所示为矩形阵列,图 5.6 所示为矩形阵列。

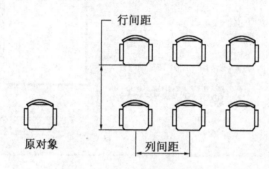

图 5.5　矩形阵列

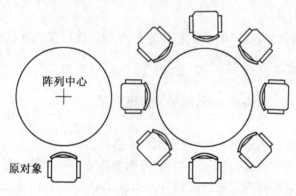

图 5.6　环形阵列

5.2.1　功能

创建按指定方式排列的多个对象副本。

5.2.2　调用

菜单:"修改"→"阵列"。

命令行:ARRAY。

工具栏: 。

5.2.3　格式

命令行输入 ARRAY,显示阵列对话框,如图 5.7 所示。

选择相应的选项可以创建矩形或环形阵列,可以单独操作阵列中的每个对象。如果选择多个对象,则在进行复制和阵列操作过程中,这些对象将被视为一个整体进行处理。

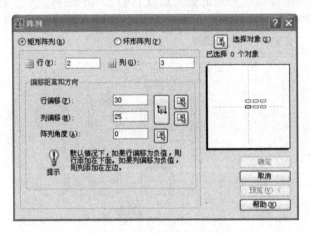

图 5.7　矩形阵列对话框

1. 创建矩形阵列(R)

将沿当前捕捉旋转角度定义的基线创建矩形阵列。该角度的默认设置为 0,因此矩形阵列的行和列与图形的 X 和 Y 轴正交。

(1)行(W)

指定阵列中的行数。若指定一行,则必须指定多列。

(2)列(O)

指定阵列中的列数。若指定一列,则必须指定多行。

如果为此阵列指定了许多行和许多列,它可能要花费一些时间来创建副本。默认情况下,在一个命令中可以生成的阵列元素最大数目为 100 000。

(3)行偏移(F)

指定行间距。若要使用定点设备指定行间距,可以通过单击右侧的“拾取两者偏移”按钮或“拾取行偏移”按钮,切换到绘图窗口,在图形中指定两个点之间的距离和方向来确定“行偏移”的值。要向下添加行,指定偏移值为负值。

(4)列偏移(M)

指定列间距。若要使用定点设备指定列间距,可以通过单击右侧的“拾取两者偏移”按钮或“拾取列偏移”按钮,切换到绘图窗口,在图形中指定两个点之间的距离和方向来确定“列偏移”的值。要向左边添加列,指定偏移值为负值。

(5)阵列角度(A)

指定阵列旋转角度,通常角度为零。若要使用定点设备指定旋转角度,可以通过单击右侧的“拾取旋转角度”按钮,切换到绘图窗口,在图形中指定两个点来确定阵列的旋转角度。

(6)选择对象(S)

选择构造阵列的对象。单击该按钮,切换到绘图窗口来选择对象。

(7)预览区域

用于显示基于当前对话框设置的阵列预览图像。当修改设置后,预览图像将被动态更新。

2. 创建环形阵列(P)

环形阵列对话框如图 5.8 所示。

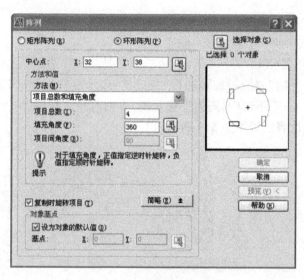

图 5.8　环形阵列对话框

创建环形阵列时,阵列按逆时针或顺时针方向绘制,这取决于设置填充角度时输入的是正值还是负值。

(1)中心点

指定环形阵列的中心点。输入 X 和 Y 坐标值,或选择"拾取中心点"以使用定点设备指定中心点。

(2)拾取中心点

将临时关闭"阵列"对话框,以便用户使用定点设备在绘图区域中指定中心点。

(3)方法和值

指定用于定位环形阵列中的对象的方法和值。

①方法(M)

设置定位对象所用的方法。此设置控制哪些"方法和值"字段可用于指定值。如果方法为"要填充的项目和角度总数",则可以使用相关字段来指定值。"项目间的角度"字段不可用。

②项目总数(I)

设置在结果阵列中显示的对象数目。默认值为 4。

③填充角度(F)

通过定义阵列中第一个和最后一个元素的基点之间的包含角来设置阵列大小。正值指定逆时针旋转。负值指定顺时针旋转。默认值为 360。不允许值为 0。

④项目间角度(B)

设置阵列对象的基点和阵列中心之间的包含角。输入一个正值。默认方向值为90。

注意:可以选择拾取键并使用定点设备来为"要填充角度"和"项目间角度"指定值。

⑤拾取要填充的角度

临时关闭"阵列"对话框,这样可以定义阵列中第一个元素和最后一个元素的基点之间的包含角。ARRAY 提示在绘图区域参照一个点选择另一个点。

⑥拾取项目间角度

临时关闭"阵列"对话框,这样可以定义阵列对象的基点和阵列中心之间的包含角。AR-RAY 提示在绘图区域参照一个点选择另一个点。

(4)复制时旋转项目(T)

若选中对话框底部的"复制时旋转项目"复选框,表示旋转复制,阵列时每个对象的方向均朝向环形阵列的中心;若不选中,则为平移复制,阵列时每个对象保持原图形的方向。默认方式为复制时旋转。两者区别如图5.9所示。

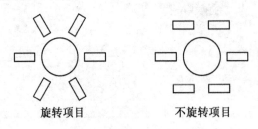

旋转项目　　　　　　不旋转项目

图5.9　环形阵列中项目复制

(5)详细/简略(E)

打开和关闭"阵列"对话框中的附加选项的显示。选择"详细"时,将显示附加选项,此按钮名称变为"简略"。

(6)对象基点

相对于选定对象指定新的参照(基准)点,对对象指定阵列操作时,这些选定对象将与阵列中心点保持不变的距离。要构造环形阵列,ARRAY 将确定从阵列中心点到最后一个选定对象上的参照点(基点)之间的距离。所使用的点取决于对象类型,如表5-1所示。

表5-1

对 象 类 型	默 认 基 点
圆弧、圆、椭圆	圆心
多边形、矩形	第一个角点
圆环、直线、多段线、三维多段线、射线、样条曲线	起点
块、段落文字、单行文字	插入点
构造线	中点
面域	栅格点

①设为对象的默认值(D)

使用对象的默认基点定位阵列对象。要手动设置基点,请清除此选项。

②基点

设置新的 X 和 Y 基点坐标。选择"拾取基点"临时关闭对话框,并指定一个点。指定了一个点后,"阵列"对话框将重新显示。

注意:构造环形阵列而且不旋转对象时,要避免意外结果,用手动设置基点。

3. 选择对象(S)

指定用于构造阵列的对象,可以在"阵列"对话框显示之前或之后选择对象。要在"阵列"对话框显示之后选择对象,要选择"选择对象"按钮,"阵列"对话框将暂时关闭。完成对象选择后,按 Enter 键。"阵列"对话框将重新显示,并且选定对象数目将显示在"选择对象"按钮下面。

注意:如果选择多个对象,则最后一个选定对象的基点将用于构造阵列。

4. 预览区域

显示基于对话框当前设置的阵列预览图像。当修改设置后移到另一个字段时,预览图像将被动态更新。

5. 预览(V)

关闭"阵列"对话框,显示当前图形中的阵列,并显示如图 5.10 所示对话框。选择"修改",返回"阵列"对话框进行修改,选择"接受",完成本次阵列对象,选择"取消",则取消本次阵列操作。

图 5.10　阵列确认对话框

5.2.4　说明

阵列对象也可通过命令行输入"array"操作,提示项如下:

输入阵列类型 [矩形(R)/环形(P)] <R>。

各提示项的响应与上述相同。

5.3　综合举例一

根据给定尺寸绘制图 5.11。

1. 作中心线

命令: _line　　　　　　　　　　　　//使用"直线"命令。

指定第一点:　　　　　　　　　　　//指定直线上第一个端点。

指定下一点或　　　　　　　　　　　//指定下一个端点。

[放弃(U)]:　　　　　　　　　　　//按 Enter 键,完成水平线。

命令: _line　　　　　　　　　　　　//使用"直线"命令。

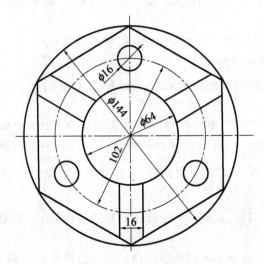

图 5.11 综合举例一

指定第一点：	//指定直线上第一个端点。
指定下一点或	//指定下一个端点。
［放弃(U)］：	//按 Enter 键,完成垂直线。

2. 分别作直径为 144、64 和 102 的圆

命令:_circle	//使用"圆"命令。
指定圆的圆心或［三点(3P)/两点(2P)/相切、相切、半径(T)］:	
	//指定圆的圆心。
指定圆的半径或［直径(D)］: 51	//指定圆的半径,完成直径为 102 的圆。
命令:_circle	//使用"圆"命令。
指定圆的圆心或［三点(3P)/两点(2P)/相切、相切、半径(T)］:	
	//指定圆的圆心。
指定圆的半径或［直径(D)］ <51 >:72	//指定圆的半径,完成直径为 144 的圆。
命令:_circle	//使用"圆"命令。
指定圆的圆心或［三点(3P)/两点(2P)/相切、相切、半径(T)］:	
	//指定圆的圆心。
指定圆的半径或［直径(D)］ <72 >:32	//指定圆的半径,完成直径为 64 的圆。

如图 5.12 所示。

3. 作正六边形

命令:_polygon	//使用"正多边形"命令。
输入边的数目 <4 >: 6	//输入边的数目。
指定正多边形的中心点或［边(E)］:	//指定正多边形的中心点。
输入选项［内接于圆(I)/外切于圆(C)］<I >:	//选择"内接于圆(I)"选项。
指定圆的半径：	//拾取外接圆的象限点,完成正六边形。

如图 5.13 所示。

4. 作宽为 16 的槽

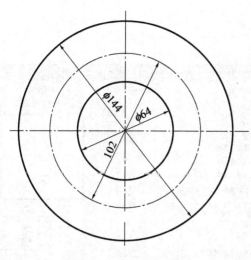

图 5.12　作中心线和圆

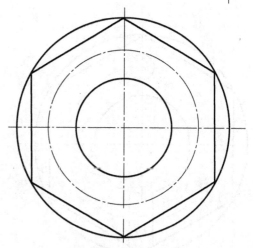

图 5.13　作正六边形

命令：_line 指定第一点：＜对象捕捉追踪 开＞_tt 指定临时对象追踪点：8

　　　　　　　　　　　　　　//输入"对象捕捉追踪"距离,使用"临时追踪点"捕捉直线端点。

指定第一点：　　　　　　　　　　//指定第一点。

指定下一点或［放弃(U)］：　　　　//指定下一点。

指定下一点或［放弃(U)］：　　　　//按 Enter 键,完成作图。

作第二条直线

命令：_line 指定第一点：　　　　　//使用"直线"命令,用"对象捕捉追踪"指定第一点。

指定下一点或［放弃(U)］：　　　　//指定下一点。

指定下一点或［放弃(U)］：　　　　//按 Enter 键,完成作图。

5. 作半径为 8 的圆

命令：_circle 指定圆的圆心或［三点(3P)/两点(2P)/相切、相切、半径(T)］：

　　　　　　　　　　　　　　//指定圆心。

指定圆的半径或［直径(D)］＜32＞：8　　//指定圆的半径

如图 5.14 所示。

6. 作圆和槽和阵列

命令：_array。

显示如图 5.15 所示的阵列对话框。

指定阵列中心点：　　　　　　　　//指定阵列中心点。

选择对象：找到 1 个　　　　　　　//选择阵列对象(圆)。

选择对象：找到 1 个,总计 2 个　　　//选择阵列对象(直线)。

选择对象：找到 1 个,总计 3 个　　　//选择阵列对象(直线)。

选择对象：　　　　　　　　　　//按 Enter 键,完成阵列作图。

如图 5.16 所示。

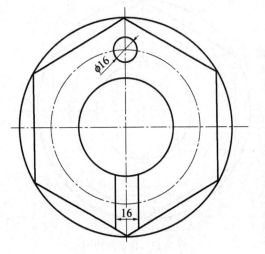

图 5.14　作宽为 16 的槽

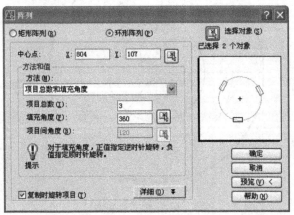

图 5.15　阵列对话框

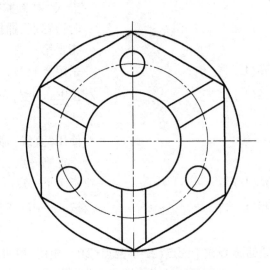

图 5.16　作环形阵列完成作图

5.4　比例缩放对象

　　按比例缩放图形对象。例如,当某些复杂图形中局部小结构表达不清楚时,可以运用局部放大的方法来表达。

5.4.1　功能

　　在 X、Y 和 Z 方向按比例放大或缩小对象。

5.4.2 调用

菜单:"修改"→"缩放"。

命令行:SCALE。

工具栏: 。

5.4.3 格式

命令:_scale。

选择对象:使用对象选择方法并在完成时按 Enter 键。

指定基点:指定点。

指定的基点表示选定对象的大小发生改变(从而远离静止基点)时位置保持不变的点。

指定比例因子或 [复制(C)/参照(R)] <1 >。

1. 指定比例因子(默认项)

直接输入比例因子(即图形放大或缩小的倍数),AutoCAD 将按给定值对指定对象进行缩放。输入的比例因子大于 0 且小于 1 时,图形将缩小;大于 1 时,图形将放大。

2. 复制(C)

创建要缩放的选定对象的副本。如图 5.17 所示。

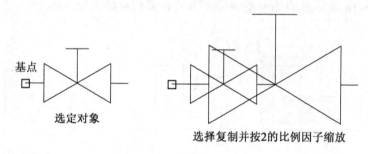

图 5.17 比例缩放对象

3. 参照(R)

当选 R 后,系统提示"指定参照长度 <1 >:"指定参考的原长度。

输入原图形的一个长度,然后又提示"指定新长度:"指定新的长度。

输入缩放后的长度。当新长度大于原长度时,图形放大;反之,图形缩小。

5.5 拉伸对象

该命令可以按指定方向和指定角度拉伸、压缩或移动对象。通过拉伸命令移动对象后,该对象与其他对象的连接线段如直线、圆弧或多段线将被拉伸。由于拉伸会移动位于交叉选择窗口内部的端点,因此必须使用交叉窗口或多边形交叉窗口方式来选择对象。这时,与窗口相交的对象被拉伸,而完全包含在窗口内的对象只是被移动。

5.5.1 功能

重定位穿过或在交叉选择窗口内的对象的端点。

5.5.2 调用

菜单:"修改"→"拉伸"。

命令行:STRERCH。

工具栏: 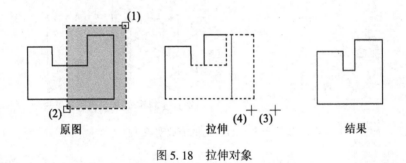。

5.5.3 格式

命令:_stretch。

以交叉窗口或交叉多边形选择要拉伸的对象……

选择对象:用 C(交叉)窗口或 CP(多边形交叉)窗口选择拉伸对象,并按 Enter 键,结束
选择对象。如图 5.18 所示,点 1、2 即为交叉窗口的两个角点。

指定基点或[位移(D)]<位移>:指定基点或输入位移坐标。

1. 基点

指定第二点或<使用第一点作为位移>:指定第二点,或按 Enter 键使用以前的坐标作
为位移。如图 5.18 所示,3 点为基点,3 点到 4 点即是位移的矢量距离。

图 5.18　拉伸对象

2. 位移

指定位移<上个值>:输入 X、Y(可能包括 Z)的位移值。

如果输入第二点,对象将从基点到第二点拉伸矢量距离。如果在"指定位移的第二点"提
示下按 Enter 键,第一点坐标将被作为 X、Y、Z 位移。

5.5.4 说明

位移指交叉窗口内的对象被移动,与窗口相交的对象被位伸。

如果圆的中心不在交叉窗口中,则圆在拉伸时不移动;如果圆的中心在交叉窗口中,不论
该圆是否全部在交叉窗口内,都将移动。如图 5.19 所示。

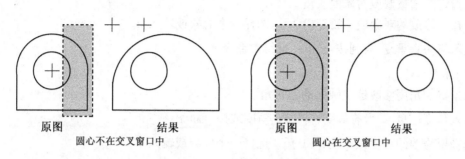

图 5.19　拉伸圆和圆弧对象

5.6　拉长对象

拉长对象命令可以调整对象大小使其在一个方向上或是按比例增大或缩小,还可以通过移动端点、顶点或控制点来拉伸某些对象。可操作的对象有直线、圆弧、开放的多段线、椭圆弧及开放的样条曲线。

5.6.1　功能

改变对象的长度。

5.6.2　调用

菜单:"修改"→"拉长"。

命令行:LENGTHEN。

工具栏: 。

5.6.3　格式

命令:_lengthen。

选择对象或［增量(DE)/百分数(P)/全部(T)/动态(DY)］:选择一个对象或输入选项。

1. 对象选择

显示对象的长度和包含角(如果对象有包含角)。

当前长度:＜当前＞,包含角:＜当前＞。

选择对象或［增量(DE)/百分数(P)/全部(T)/动态(DY)］:选择一个对象,输入选项或按 Enter 键结束命令。

2. 增量(DE)

以指定的增量修改对象的长度,该增量从距离选择点最近的端点处开始测量。增量还以指定的增量修改弧的角度,该增量从距离选择点最近的端点处开始测量。正值扩展对象,负值修剪对象。

输入长度增量或［角度(A)］＜当前＞:指定距离,输入 a 或按 Enter 键。

(1)长度增量

以指定的增量修改对象的长度。

选择要修改的对象或［放弃(U)］：选择一个对象或输入 u。

提示将一直重复，直到按 Enter 键结束命令。

(2) 角度(A)

以指定的角度修改选定圆弧的包含角。

输入角度增量 <当前角度>：指定角度或按 Enter 键。

选择要修改的对象或［放弃(U)］：选择一个对象或输入 u。

提示将一直重复，直到按 Enter 键结束命令。

如图 5.20 所示。

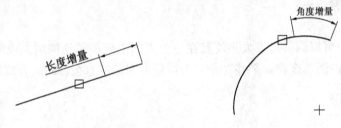

图 5.20   用"增量"选项拉长对象

3. 百分数(P)

通过指定对象总长度的百分数设置对象长度。百分数也按照圆弧总包含角的指定百分比修改圆弧角度。

输入长度百分数 <当前>：输入非零正值或按 Enter 键。

选择要修改的对象或［放弃(U)］：选择一个对象或输入 u。

提示将一直重复，直到按 Enter 键结束命令。

若输入值大于100，则对象将被延长；若输入值小于100，则缩短。P 不能为 0 或负值。

4. 全部(T)

通过指定从固定端点测量的总长度的绝对值来设置选定对象的长度。"全部"选项也按照指定的总角度设置选定圆弧的包含角。

指定总长度或［角度(A)］<当前值>：指定距离，输入非零正值，输入 a 或按 Enter 键。

(1) 总长度

将对象从离选择点最近的端点拉长到指定值。

选择要修改的对象或［放弃(U)］：选择一个对象或输入 u。

提示将一直重复，直到按 Enter 键结束命令。

该选项特别适合将长度不等的线段拉长到相等长度。如图 5.21 所示，将所有纵向线段拉长至和 AB 线段等长。

(2) 角度(A)

设置选定圆弧的包含角。

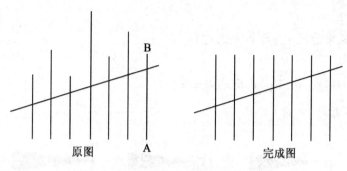

图 5.21　用"全部"选项拉长对象至等长

指定总角度 <当前角度>：指定角度或按 Enter 键。

选择要修改的对象或［放弃(U)］：选择一个对象或输入 u。

提示将一直重复，直到按 Enter 键结束命令。

5. 动态(DY)

打开动态拖动模式，通过拖动选定对象的端点之一来改变其长度，其他端点保持不变。

选择要修改的对象或［放弃(U)］：选择一个对象或输入 u。

提示将一直重复，直到按 Enter 键结束命令。

5.7　延伸对象

该命令可以先创建对象(例如直线)，然后调整该对象，使其恰好延伸至指定的边界上。

5.7.1　功能

通过缩短或拉长，使对象与其他对象的边相接。

5.7.2　调用

菜单："修改"→"延伸"。

命令行：EXTEND。

工具栏：-/。

5.7.3　格式

命令：_extend。

当前设置：投影＝视图，边＝延伸。

选择边界的边……

选择对象或 <全部选择>：选择一个或多个对象并按 Enter 键，或者按 Enter 键选择所有显示的对象。

选择要延伸的对象，或按住 Shift 键选择要修剪的对象，或［栏选(F)/窗交(C)/投影(P)/

边(E)/放弃(U)]。

边界对象选择

使用选定对象来定义对象延伸到的边界。

要延伸的对象

指定要延伸的对象,按 Enter 键结束命令。

如图5.22所示。

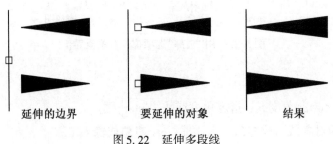

延伸的边界   要延伸的对象   结果

图5.22 延伸多段线

按住 Shift 键选择要修剪的对象。

将选定对象修剪到最近的边界而不是将其延伸。这是在修剪和延伸之间切换的简便方法。

栏选(F)/窗交(C)/投影(P)/边(E)/放弃(U)

指要延伸的对象的几种选择方式,与对象选择相同。

5.7.4 说明

使用延伸命令时要注意对象的选择顺序:先选择边界,再选择延伸对象。

延伸命令和修剪命令可以互换,操作方法步骤也基本相似。不同之处在于:使用修剪命令时,按下 Shift 键同时选择对象,则执行延伸命令;使用延伸命令时,按下 Shift 键同时选择对象,则执行修剪命令。

5.8 打断对象

使用打断命令可以在对象上创建一个间隙,这样将产生两个对象,对象之间具有间隙。打断命令通常用于为块或文字创建空间。

5.8.1 功能

将对象在指定两点之间的部分删除掉,或者将其分为两个部分。

5.8.2 调用

菜单:"修改"→"打断"。

命令行:BREAK。

工具栏:

5.8.3　格式

命令：_break 选择对象：

指定第二个打断点或[第一点(F)]：指定第二个打断点或输入 f。

1. 第二个打断点

指定用于打断对象的第二个点。

若直接在选定对象上拾取另外一点或在对象的一端之外拾取一点,则系统默认选择对象时的拾取点为第一点,这时位于前后两点之间的部分对象即删除。如图 5.23 所示。

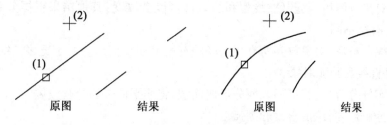

图 5.23　打断对象

2. 第一点(F)

用指定的新点替换原来选择对象的点。

若输入 F,此时系统将不再默认选择对象时的拾取点为第一点,而是采用选择整个对象,而后再指定两个打断点的方法现删除两点之间的对象。

5.8.4　说明

如果第二个点不在对象上,将选择对象上与该点最接近的点。因此,要打断直线、圆弧或多段线的一端,可以在要删除的一端附近指定第二个打断点。

使用打断命令,若将第 1 点和第 2 点选择为同一点,则可以将一个实体从选取点处断开,使之成为两个实体,也可以单击"修改"工具栏中的"打断于点"按钮图标 🔲 实现上述效果。

当打断对象为圆时,系统沿逆时针方向从第一断到第二断点删除部分圆弧。

5.9　分解对象

分解对象是指将多义线、标注、图案填充、块或三维实体等由单个元素关联性地合成的对象分解为单个元素,又称"炸开"对象。

5.9.1　功能

将合成对象分解为其部件对象。

5.9.2　调用

菜单："修改"→"分解"。

命令行:EXPLODE。

工具栏:图。

5.9.3　格式

命令:_explode。

选择对象:使用选择方式指定要分解的对象按 Enter 键结束。

5.9.4　说明

(1)合成对象分解后,其颜色、线型和线宽都可能会改变,其他结果根据分解的合成对象类型的不同会有所不同。

(2)多段线分解后,对象放弃所有相关联的宽度或切线信息。对于宽多段线,将沿多段线中心放置所得直线和圆弧对象。

(3)三维实体分解后,将平面表面分解成面域,将非平面表面分解成体。

(4)多线分解后,对象成直线和圆弧。

(5)多行文字分解后,成单行文字对象。

(6)尺寸标注和引线分解后,根据引线的不同,可分解成直线、样条曲线、实体(箭头)、块插入(箭头、注释块)、文字或公差对象。

(7)面域分解后,成直线、圆弧或样条曲线。

(8)不能分解外部参照插入的块以及外部参照依赖的块。

5.10　对齐对象

对齐对象命令指在二维和三维空间中将源对象与其他目标对象对齐。

5.10.1　功能

通过移动、旋转或倾斜对象来使该对象与另一个对象对齐。

5.10.2　调用

菜单:"修改"→"三维操作"→"对齐"。

命令行:ALIGN。

5.10.3　格式

命令:_align。

选择对象:选择要对齐的对象或按 Enter 键。

指定一对、两对或三对源点和目标,以对齐选定对象。

(1)指定一对源点和目标点对齐(可平移)如图5.24所示。

(2)指定两对源点和目标点对齐(可旋转)如图5.25所示。

(3)指定三对源点和目标点对齐(可三维旋转)如图5.26所示。

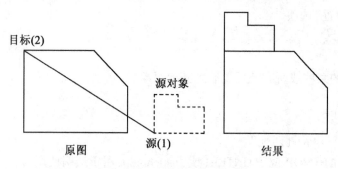

图 5.24　指定一对源点和目标点对齐

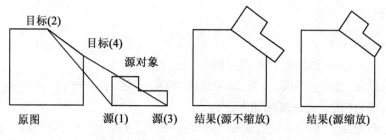

图 5.25　指定二对源点和目标点对齐

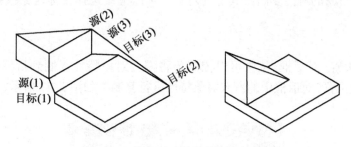

图 5.26　指定三对源点和目标点对齐

5.10.4　说明

如果使用两个源点和目标点在非垂直的工作平面上执行三维对齐操作,将会产生不可预料的结果。

5.11　特性匹配

AutoCAD 创建的对象都具有各种特性,如线型、颜色和图层等。AutoCAD2006 提供了一个可以把对象的特性复制给另一个或一组对象的命令,使这些实体的某些或全部特性与源对象相同,这个命令就是"特性匹配"。

可以复制的特性类型包括(但不仅限于):颜色、图层、线型、线型比例、线宽、打印样式和三维厚度等。默认情况下,所有可应用的特性都自动地从选定的第一个对象复制到其他对象。

如果不希望复制特定的特性,可以使用"设置"选项禁止复制该特性,可以在执行该命令的过程中随时选择"设置"选项。

5.11.1 功能

将一个对象的某些或所有特性复制到其他对象。

5.11.2 调用

菜单:"修改"→"特性匹配"。

命令行:MATCHPROP 或 PAINTER(或 'matchprop,用于透明使用)。

工具栏: 。

5.11.3 格式

命令: '_matchprop。

选择源对象:选择要复制其特性的对象。

当前活动设置:颜色、图层、线型、线型比例、线宽、厚度、打印样式、文字、标注、填充图案、多段线、视口、表格(提示允许复制的属性)。

选择目标对象或 [设置(S)]:输入 s 或选择一个或多个要复制其特性的对象。

1. 目标对象

指定要将源对象的特性复制到其上的对象。可以继续选择目标对象或按 Enter 键应用特性并结束该命令。

2. 设置

显示"特性设置"对话框,从中可以控制要将哪些对象特性复制到目标对象。默认情况下,将选择"特性设置"对话框中的所有对象特性进行复制。如图 5.27 所示。

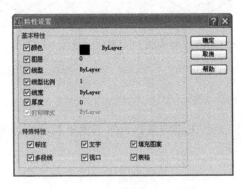

图 5.27 "特性设置"对话框

在该对话框中,可以对复选框中的属性进行选择,默认方式是全选。对话框中的特性分别列为两个选项组:基本特性选项组列出了颜色、图层、线型、线型比例、厚度、线宽和打印样式等基本特性;特殊特性选项组列出了标注、文字、填充图案、多段线、视口、表格等六个特殊特性。

进行特性设置后,系统又回到"选择目标对象或[设置(S)]:"提示,选择对象后回车,目标对象特性便从属于源对象。

5.12　对象特性管理器

AutoCAD 提供了一个专门进行图形对象特性编辑和管理的工具——特性管理器。利用特性管理器,修改特性极为方便。

5.12.1　功能

控制现有对象的特性。

5.12.2　调用

菜单:"工具"→"特性"。

命令行:PROPERTIES。

工具栏: 。

快捷方式:选择对象后,在弹出的快捷菜单中选择"特性"(Properties)选项。

5.12.3　格式

命令：_properties。

当未选择任何图形对象时,在如图 5.28 所示的特性对话框中,显示整个图纸的特性以及它们的当前设置,如图层的颜色、线型、线型比例、线宽、图层附着的打印样式和用户坐标系等。当选择了一个或多个对象时,特性对话框将显示所选对象的普通特性或全部特性及当前设置。如图 5.29 所示,列出了被选取对象的全部特性。

图 5.28　无选择"特性"对话框

图 5.29　有选择"特性"对话框

特性对话框中,各选项的使用功能如下:

1. 对象类型

位于对话框顶部,显示选定对象的类型。

2. 快速选择特性按钮

单击后将打开"快速选择"对话框,如图5.30所示。

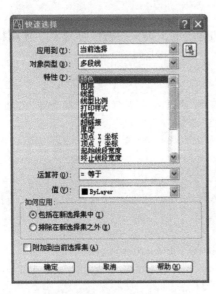

图5.30 "快速选择"对话框

3. 选择对象

单击该按钮,切换到绘图窗口,选择对象。

4. 切换 PICKADD 系统变量的值

打开或关闭 PICKADD 系统变量。打开时,每个选定对象都将添加到当前选择集中。关闭时,选定对象将替换当前的选择集。

通过特性管理器对图形对象各特性的修改,同样可以方便快捷地达到编辑图形对象的目的。

常用的基本特性编辑主要有如下几种:

(1)颜色:所选对象只有一种颜色时,可以通过打开颜色选择下拉列表框直接修改对象颜色特性。

(2)图层:通过打开特性对话框图层选择下拉列表框直接修改对象图层特性。

(3)线型:通过打开特性对话框线型选择下拉列表框直接修改对象线型特性。

(4)线宽:通过打开特性对话框线宽选择下拉列表框直接修改对象线宽特性。

5.13 利用夹点编辑对象

5.13.1 夹点的概念

在启动命令前,用鼠标选择对象,AutoCAD 将标记被选中的对象。这时被选中的对象上将出现若干个带颜色的小方框,这些小方框是图形对象的特征点,称为夹点。如图5.31所示。

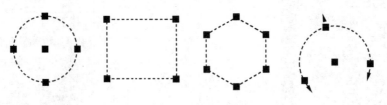

图5.31 选中对象上的夹点

夹点有热态和冷态两种。热态夹点是指被激活的夹点。若用鼠标单击对象上的夹点,该点将呈高亮度颜色显示,这时该夹点即被激活,成为热夹点。只有在夹点被激活的情况下,才可以执行五种夹点编辑功能。冷态夹点是指未被激活的夹点,选择对象后出现的带小方框的颜色相同的夹点即为冷夹点。

5.13.2 夹点的设置

夹点功能可在对话框中选择选项卡内进行设置,打开对话框的方法如下:

菜单:"工具"→"选项"→"选择"。

命令行:DDGRIPS。

打开"选项"对话框后,在"选择"选项卡内的夹点和夹点大小选项组中可进行夹点的设置。如图5.32所示。

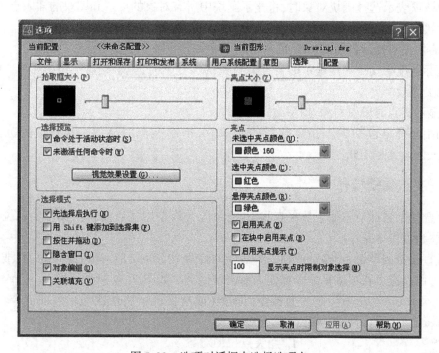

图5.32 选项对话框中选择选项卡

1. 夹点大小选项组

设置夹点的大小。

通过拖动调节杆上的滑块可设置夹点的大小。

2. 夹点选项组

设置夹点的显示方式。

在对象被选中后,其上将显示夹点,即一些小方块。

(1)未选中夹点颜色(U)

确定未选中的夹点的颜色。如果从颜色列表中选择"选择颜色",将显示"选择颜色"对话框。如图5.33所示,未选中的夹点将显示为一个小实心方块。

(2)选中夹点颜色(C)

确定选中的夹点的颜色。如果从颜色列表中选择"选择颜色",将显示"选择颜色"对话框,选中的夹点将显示为一个小实心方块。

(3)悬停夹点颜色(R)

决定光标在夹点上滚动时夹点显示的颜色。如

图5.33 选择颜色对话框

果从颜色列表中选择"选择颜色",将显示"选择颜色"对话框。

(4)启用夹点(E)

选中该表示选择对象时出现夹点,否则不出现夹点。

(5)在块中启用夹点(B)

选中该项表示选择图块对象时,将显示图块中所有对象的夹点和图块的插入点。否则,只显示该图块的插入点。

(6)启用夹点提示(T)

当光标悬停在支持夹点提示的自定义对象的夹点上时,显示夹点的特定提示。此选项对标准对象上无效。

(7)显示夹点时限制对象选择(M)

当初始选择集包括多于指定数目的对象时,抑制夹点的显示。有效值的范围从 1 ~ 32 767。默认设置是 100。

5.13.3 夹点编辑操作

当所选择的目标对象处于热夹点状态时,系统允许使用夹点编辑方式来实现拉伸、移动、旋转、缩放和镜像等操作。

通过直接按回车键、空格键或输入各命令的前两个字母如 ST、MO、RO、SC、MI 或启用右键快捷菜单,可以进入各项编辑命令操作。右键快捷菜单如图 5.34 所示。

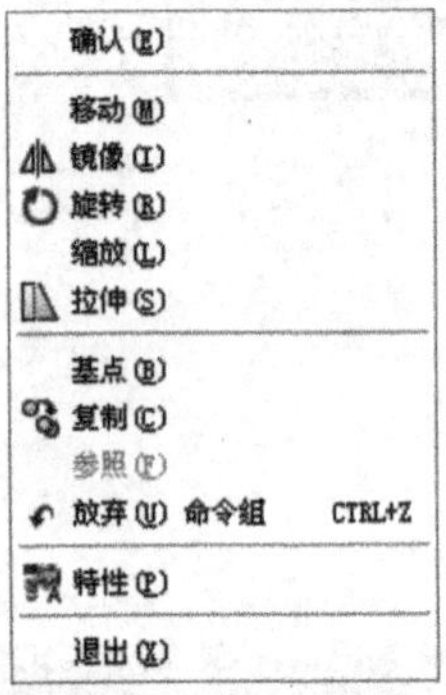

直接按回车键(或空格键),将依次显示各项命令,直接选择某一编辑命令。

1. 用夹点拉伸对象

在选取热夹点后,系统将给出如下提示:

＊＊拉伸＊＊

指定拉伸点或[基点(B)/复制(C)/放弃(U)/退出(X)]。

(1)指定拉伸点

直接用鼠标拖动或输入新坐标指定拉伸位置。

(2)基点(B)

指定新的基点,不再以原来的热夹点作为基点。

(3)复制(C)

允许进行多次复制。若选择夹点的对象不能被拉伸,系统将进行平移复制。若对象能被拉伸,则将进行拉伸复制。

图 5.34 夹点编辑快捷菜单

2. 用夹点移动对象

选择移动模式后,系统提示:

＊＊移动＊＊

指定移动点或[基点为(B)/复制(C)/放弃(U)/退出(X)]。

用鼠标拖动或输入新终点的方法直接指定移动点。

其他选项与拉伸类似。

3. 用夹点旋转对象

选择旋转模式后,系统提示:

＊＊旋转＊＊

指定旋转角度或[基点为(B)/复制(C)/放弃(U)/参照(R)/退出(X)]。

直接输入角度值或鼠标拖动确定相对旋转角,选定对象将以热夹点为基点旋转相应角度。

其他选项与拉伸类似。

4. 夹点缩放对象

选择缩放模式后,系统提示:

＊＊比例缩放＊＊

指定比例因子或[基点为(B)/复制(C)/放弃(U)/参照(R)/退出(X)]。

直接输入比例缩放系数或通过拖动方式指定相应的比例系数。

其他选项与拉伸类似。

5. 用夹点镜像对象

选择镜像模式后,系统提示:

＊＊镜像＊＊

指定第二点或[基点(B)/复制(C)/放弃(U)/退出(X)]。

(1)指定第二点

指定镜像另一点。系统自动以热夹点为镜像线第一点,可直接输入坐标或拖动光标确定另一点。

(2)基点(B)

确定镜像线新的第一点。

其他选项与拉伸类似。

5.14　面域造型

面域是具有物理特性(例如形心或质量中心)使用形成闭合环的对象创建的二维封闭区域,是 AutoCAD 中比较特殊的对象。成闭合的环可以是直线、多段线、圆、圆弧、椭圆、椭圆弧和样条曲线的组合。组成环的对象必须闭合或通过与其他对象共享端点而形成闭合的区域。

5.14.1　功能

创建面域。

5.14.2　调用

菜单:"修改"→"面域"。

命令行:REGION。

工具栏: 。

5.14.3　格式

命令:_region。

选择对象:使用选择方式指定一个或多个封闭对象,按 Enter 键结束创建面域。

5.14.4　说明

缺省情况下,AutoCAD 创建面域时,REGION 将用新创建面域对象取代原来对象。如果原始对象是图案填充对象,那么图案填充的关联性将丢失。要恢复图案填充关联性,要重新填充此面域。要保留原来对象,可通过设置系统变量 DELOBJ 为 0。

也可利用"边界"命令创建面域,其方法如下:

菜单:"绘图"→"边界"。

命令行:BOUNDARY。

执行该命令后,打开"边界创建"对话框,如图5.35所示。

使用由对象封闭的区域内的指定点,定义用于创建面域或多段线的对象类型、边界集和孤岛检测方法,即可创建面域。

图 5.35 "边界创建"对话框

5.15 面域的并集运算

并集运算是将两个或多个面域合并为一个单独面域,其中,被合并的面域可以不相邻。若所选面域不相交,也可将所选在面域合并为一个单独的面域。

5.15.1 功能

将两个或多个面域合并为一个单独面域。

5.15.2 调用

菜单:"修改"→"实体编辑"→"并集"。

命令行:UNION。

工具栏: 。

5.15.3 格式

命令:_union。

选择对象:选择要合并的实体或面域。

选择对象:继续选择合并对象或按回车键结束选择。

则原来多个面域合并成一个面域。

如图5.36所示。

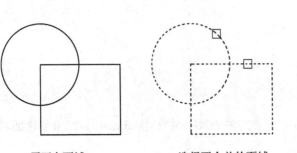
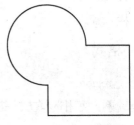

原两个面域　　　　　选择要合并的面域　　　　并集后为一个面域

图 5.36 并集运算

5.16　差集运算

从第一个选择集中的对象减去第二个选择集中的对象,然后创建一个新的实体或面域。执行减操作的两个面域必须位于同一平面上。

5.16.1　功能

作减操作,创建新的面域对象。

5.16.2　调用

菜单:"修改"→"实体编辑"→"并集"。

命令行:SUBTRACT。

工具栏: 。

5.16.3　格式

命令: _subtract 选择要从中减去的实体或面域...

选择对象:选择被减的面域对象。

选择对象:继续选择被减对象或按回车键结束选择。

选择要减去的实体或面域。

选择对象:选择要减去的面域对象。

选择对象:继续选择差面域对象或按回车键结束选择,即建立了差的面区域。

如图 5.37 所示。

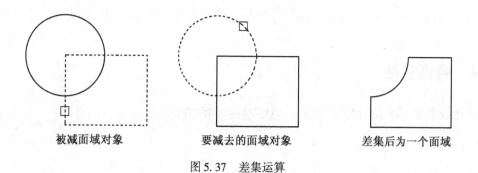

被减面域对象　　　　　　要减去的面域对象　　　　　　差集后为一个面域

图 5.37　差集运算

5.16.4　说明

如果有两个以上的面域作被减面域对象,则先作并集,再作差集。

5.17　交集运算

交集运算是从两个或两个以上面域中求取重叠部分的操作,交集运算的新面域是由参与运算的所有面域的公共部分组成。若所选面域不相交,将删除所有被选择的面域。

5.17.1 功能

从两个或两个以上面域中求取其公共部分,从而组成新面域。

5.17.2 调用

菜单:"修改"→"实体编辑"→"交集"。

命令行:INTERSECT。

工具栏:⬭。

5.17.3 格式

命令:_intersect。

选择对象:选择进行交集运算的面域对象。

选择对象:继续选择面域对象。

选择对象:按回车键结束选择,即以上选中了三个对象建立了交的面域。

如图 5.38 所示。

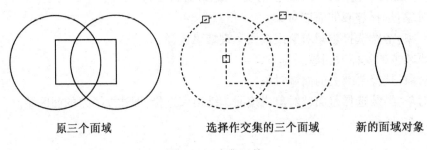

原三个面域　　　　选择作交集的三个面域　　　　新的面域对象

图 5.38　交集运算

5.18　编辑多线

该命令主要对多线的交接、断开、形状进行控制和修改。

5.18.1 功能

修改多线对象。

图 5.39　"多线编辑工具"对话框

5.18.2　调用

菜单:"修改"→"对象"→"多线"。

命令行:MLEDIT。

5.18.3　格式

启动编辑多线命令后,AutoCAD 提示"多线编辑工具"对话框,如图 5.39 所示。该对话框将显示编辑多线工具,并以四列显示样例图像。第一列用于编辑处理十字交叉的多线;第二列处理 T 形相交的多线;第三列处理角点连接的顶点;第四列处理多线的剪切或接合。

若需要编辑多线,可以先单击对话框中相应的图形按钮,然后再选择要编辑的多线对象。单击对话框中相应的图形按钮时,对话框的左下角会显示此选项的功能描述。

5.19　编辑多段线

该命令专门用于编辑多段线和三维多边形网络。使用该命令可以对多段线本身的特性进行修改,也可以把单一独立的首尾相连的多条线段合并成多段线。

5.19.1　功能

编辑多段线和三维多边形网络。

5.19.2　调用

菜单:"修改"→"对象"→"多段线"。

命令行:PEDIT。

工具栏: ⬛。

快捷菜单:选择要编辑的多段线,在绘图区域单击鼠标右键,然后选择"编辑多段线"。

5.19.3　格式

命令:_pedit 选择多段线或 [多条(M)]:使用对象选择方法或输入 m。

1. 选定对象

如果选定对象是直线或圆弧,则显示以下提示:

选定的对象不是多段线。

是否将其转换为多段线? <Y>:输入 y 或 n,或者按 Enter 键。

如果输入 y,则对象被转换为可编辑的单段二维多段线。使用此操作可以将直线和圆弧合并为多段线。如果 PEDITACCEPT 系统变量设置为 1,将不显示该提示,选定对象将自动转换为多段线。

2. 多条(M)

启用多个对象选择。

如果选定的对象是二维多段线则显示以下提示:

[闭合(C)/合并(J)/宽度(W)/编辑顶点(E)/拟合(F)/样条曲线(S)/非曲线化(D)/线型生成(L)/放弃(U)]。

(1)闭合(C)或打开(O)

若正在编辑的多段线是非闭合的,则提示中会出现"闭合(C)"选项,使用该项可封闭多段线;反之,若是一条闭合的多段线,则提示中出现的是"打开(O)"选项,使用该选项可以打开闭合的多段线,此时将删除多段线中最后画出的一段。

(2)合并(J)

该选项可以将其他的多段线、直线或圆弧连接到正在编辑的多段线上,形成一条新的多段线。向多段线上连接的实体,必须与原多段线有一个共同的端点,或与所选定的将要连接到多段线上的其他实体有共同的端点。

(3)宽度(W)。

该选项用来改变多段线的宽度,但只能使整条线具有统一的宽度,不能分段设置。

(4)样条曲线(S)

拟合三维 B 样条曲线以逼近其控制点。

(5)非曲线化(D)

删除由拟合曲线或样条曲线插入的多余顶点,拉直多段线的所有线段。保留指定给多段线顶点的切向信息,用于随后的曲线拟合。

(6)拟合(F)

拟合(F)选项用来对多段线进行曲线拟合,使之成为一条光滑的曲线。选择"非曲线化(D)"选项可以还原拟合前的多段线。

(7)线型生成(L)

生成经过多段线顶点的连续图案线型。关闭此选项,将在每个顶点处以点划线开始和结束生成线型。"线型生成"不能用于带变宽线段的多段线,多用于处理不连续线型。

(8)放弃(U)

撤消操作,可一直返回到 PEDIT 任务的开始状态。

(9)编辑顶点(E)

该选项用于编辑多段线的各个顶点。进入"编辑顶点(E)"选项后,系统提示另外一组选项:

[下一个(N)/上一个(P)/打断(B)/插入(I)/移动(M)/重生成(R)/拉直(S)/切向(T)/宽度(W)/退出(X)]<N>。

①下一个(N)/上一个(P)

移动顶点位置标记 X 逐一向前或向后移动。

②打断(B)

使多段线在当前顶点断开,成为两条新的多段线。

③插入(I)

增加新的顶点。

④移动(M)

移动标记的顶点。

提示指定标记顶点的新位置:指定点。

⑤重生成(R)

重生成多段线。

⑥拉直(S)

将 X 标记移到任何其他顶点后,删除两个选定顶点之间的所有线段和顶点,将其替换成单个直线段,然后返回"编辑顶点"模式。

⑦切向(T)

将切线方向附着到标记的顶点以便用于以后的曲线拟合。

⑧宽度(W)

为多段线不同部分指定新宽度。

⑨退出(X)

退出"拉直"选项并返回"编辑顶点"模式。

5.20　编辑样条曲线

该命令可以编辑样条曲线或样条曲线拟合多段线。

5.20.1　功能

编辑样条曲线的形状和顶点等。

5.20.2　调用

菜单:"修改"→"对象"→"样条曲线"。

命令行:SPLINEDIT。

工具栏: 。

5.20.3　格式

命令: _splinedit。

选择样条曲线: 使用对象选择方法选择样条曲线。

输入选项[拟合数据(F)/闭合(C)/移动顶点(M)/精度(R)/反转(E)/放弃(U)]。

1. 闭合(C)/打开(O)

闭合或打开样条曲线。若曲线是打开的,则选项为闭合(C);若曲线是闭合的,则选项为打开(O)。

2. 移动顶点(M)

移动顶点位置,改变曲线的形状。

3. 反转(E)

交换起点和终点,改变曲线形状。

4. 精度(R)

显示增加控制点和调整控制点权因子的子选项。

5. 拟合数据(F)

编辑带拟合点的样条曲线。

5.21　编辑图案填充

填充图案和填充边界可以修改,可以修改实体填充区域,使用的方法取决于实体填充区域是实体图案、二维实面,还是宽多段线或圆环,还可以修改图案填充的绘制顺序。

5.21.1　功能

编辑已有的图案填充对象。

5.21.2 调用

菜单:"修改"→"对象"→"图案填充"。

命令行 HATCHEDIT。

工具栏: 。

5.21.3 格式

命令: _hatchedit。

选择图案填充对象:

用户选择一个图案对象后,AutoCAD 弹出"图案填充和渐变色"对话框,并显示该对象图案填充参数,即可对其进行修改编辑。

也可利用"对象特性管理器"编辑图案填充。

5.22 练习题

1. 根据图 5.40 所给尺寸,绘制房屋平面图(外墙体及承重厚度为 240,隔墙 120)。

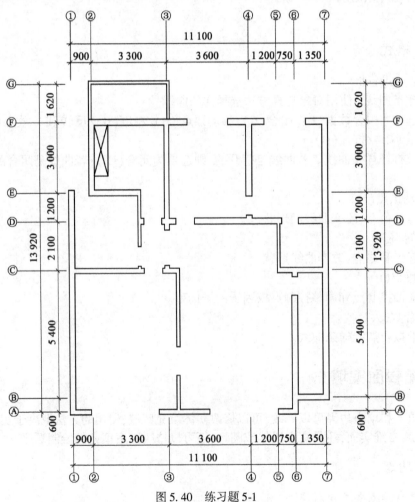

图 5.40 练习题 5-1

2. 用面域造型法绘制图 5.41。

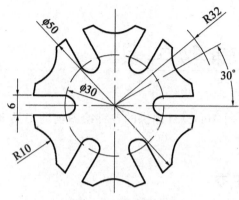

图 5.41 练习题 5-2

第6章 绘图辅助工具

在绘图时,可以直接利用 AutoCAD 提供的各种绘图辅助工具来进行辅助绘图,提高绘图的速度和精确度。

6.1 捕捉、栅格和正交

在绘制图形时,经常要选取一些特殊的点的坐标作为输入坐标,如交点、圆心、中点等,而这些点的坐标不容易计算出来,靠绘图人员的眼力是无法精确找到的。AutoCAD 提供了下列几种常用的方法帮助绘图人员快速、精确地捕捉到这些点,达到快速、精确绘图的目的。

6.1.1 对象捕捉

1. 捕捉选项参数设置

在启动 AutoCAD 后,绘图人员可以根据自己的绘图需要设置捕捉选项参数。具体操作方法如下:

工具栏:单击"工具"菜单栏的"选项"→"草图"。

快捷菜单:在绘图区右击鼠标,在弹出的快捷菜单上选择"选项"→"草图"。

采用上述任何一种方法都可以显示相应对话框,如图 6.1 所示。

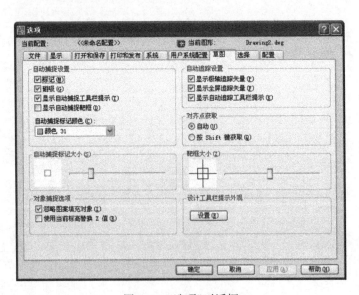

图 6.1 "选项"对话框

(1)"自动捕捉设置"选项组:控制使用对象捕捉时显示的形象化辅助工具的相关设置,具

体选项如下:

①"标记(M)":控制自动捕捉标记的显示。该标记是当十字光标移到捕捉点上时显示的几何符号。

②"磁吸(G)":打开或关闭自动捕捉磁吸。磁吸是指十字光标自动移动并锁定到最近的捕捉点上。

③"显示自动捕捉工具栏提示(T)":控制自动捕捉工具栏提示的显示。工具栏提示是一个标签,用来描述捕捉到的对象。

④"显示自动捕捉靶框(D)":控制自动捕捉靶框的显示。靶框是捕捉对象时出现在十字光标内部的方框。

⑤"自动捕捉标记颜色(C)"下拉列表:指定自动捕捉标记的颜色。AutoCAD 提供了多种颜色供绘图人员选用。

(2)"自动捕捉标记大小(S)"选项组:设置自动捕捉标记的显示尺寸。

(3)"对象捕捉选项"选项组:指定对象捕捉的选项。具体选项如下:

①"忽略图案填充对象(I)":如果采用忽略图案填充对象方式,在打开对象捕捉时,对象捕捉忽略填充图案。

②"使用当前标高替换 Z 值(R)":控制使用是否使用当前标高替换 Z 值。

(4)"自动追踪设置"选项组:控制与 AutoTrack 方式相关的设置,此设置在极轴追踪或对象捕捉追踪打开时有效。具体选项如下:

①"显示极轴追踪矢量(P)":当极轴追踪打开时,将沿指定角度显示一个矢量。使用极轴追踪,可以沿角度绘制直线。极轴角是 90 度的约数,如 45、30 和 15 度。

②"显示全屏追踪矢量(F)":控制追踪矢量的显示。追踪矢量是辅助用户按特定角度或与其他对象特定关系绘制对象的构造线。如果选择此选项,AutoCAD 将以无限长直线显示对齐矢量。

③"显示自动追踪工具栏提示(K)":控制自动追踪工具栏提示的显示。工具栏提示是一个标签,它显示追踪坐标。

(5)"对齐点获取"选项组:控制在图形中显示对齐矢量的方法。具体选项如下:

①"自动(U)":当靶框移到对象捕捉上时,自动显示追踪矢量。

②"按 Shift 键获取(Q)":当按 Shift 键并将靶框移到对象捕捉上时,将显示追踪矢量。

(6)"靶框大小(Z)":设置自动捕捉靶框的显示尺寸。如果选择"显示自动捕捉靶框",则当捕捉到对象时靶框显示在十字光标的中心。靶框的大小确定磁吸将靶框锁定到捕捉点之前,光标应到达与捕捉点多近的位置。

(7)"设计工具栏提示外观"选项栏:控制工具栏提示的外观。单击"设置(E)"进入"工具栏提示外观"对话框,如图6.2所示。

具体选项如下:

①"预览":显示当前工具栏在模型空间和布局空间提示外观的样例。

②"颜色"选项区:控制工具栏提示的颜色。单击"模型颜色"和"布局颜色"按钮,弹出"选择颜色"对话框,指定模型空间和布局空间中工具栏提示的颜色,如图6.3所示。

③"大小(Z)":指定工具栏提示的大小。默认大小为0。使用滑块放大或缩小工具栏提示。

④"透明(T)":控制工具栏提示的透明度。设置的值越低,工具栏提示的透明度越低。将

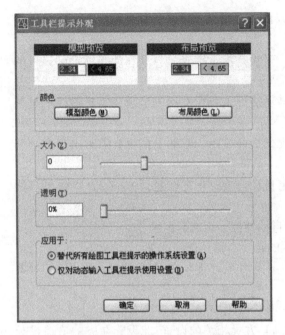

图 6.2 "工具栏提示外观"对话框

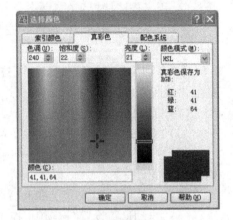

图 6.3 "选择颜色"对话框

值设置为 0% 时工具栏提示为不透明。

⑤"应用于":指定将设置应用于所有的绘图工具栏提示还是仅用于动态输入工具栏提示。可通过系统变量 DYNTOOLTIPS 进行更改。

a."替代所有绘图工具栏提示的操作系统设置(A)":将设置应用于所有的工具栏提示,从而替代操作系统中的设置。

b."仅对动态输入工具栏提示使用设置(D)":将这些设置仅应用于动态输入中使用的绘图工具栏提示。

2. 捕捉间距、捕捉角度及捕捉基点设置

在 AutoCAD 绘图中,绘图人员可以自己设置捕捉间距和捕捉角度。具体操作方法如下:

菜单栏:单击"工具(T)"菜单→草图设置(F)→捕捉和栅格。

命令行:输入命令 OSNAP →捕捉和栅格。

快捷菜单:按下 Shift 键(或 Ctrl 键),右击鼠标→对象捕捉设置(O)→捕捉和栅格。

状态栏:将鼠标移向状态栏的"捕捉"、"栅格"、"极轴"、"对象捕捉"、"对象追踪"或"DYN"上单击鼠标右键选择"设置(S)"。

采用上述任何一种方法都可以显示相应对话框,如图 6.4 所示。其中捕捉间距默认值为10,用户可以在"捕捉 X 轴间距"、"捕捉 Y 轴间距"所对应的编辑框中分别设置 X 方向、Y 方向的捕捉间距。如果间距值设置为 0 时,该设置无效。

如果要沿特定的角度进行绘图,可以在"角度"所对应的编辑框中设置捕捉角度为非 0值,此时十字光标也随之旋转,图 6.5(a)、(b)分别显示了捕捉角度为 45°和 0°时,十字光标的变化。另外,"X 基点"和"Y 基点"用于设置旋转基点坐标值。

3. 打开、关闭捕捉模式

图6.4　"草图设置"对话框

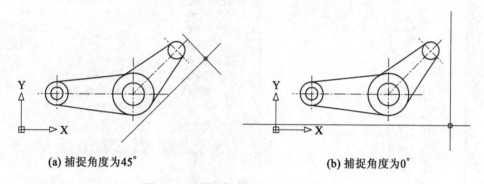

(a) 捕捉角度为45°　　　　　　　　　　(b) 捕捉角度为0°

图6.5　不同捕捉角度的十字光标样式

AutoCAD 打开或关闭捕捉模式的常用方法如下：

命令行：输入命令 SNAP→ON(或 OFF)。

状态栏1：单击状态栏上的"捕捉"按钮。

状态栏2：当"捕捉"模式处于打开状态时，将十字光标移到状态栏"捕捉"按钮处，右击鼠标，选择"关"。

快捷键：按 F9 键。

4. 对象捕捉

对象捕捉工具栏和对象捕捉快捷菜单如图6.6所示。

设置对象捕捉有以下两种模式：

(1)覆盖捕捉模式也称"浮动式"对象捕捉。

在具体绘图过程中，如果要使用某个特定对象捕捉模式时，可以临时单击相应对象捕捉模式，捕捉到这个点后，单击鼠标左键，该对象捕捉模式关闭。覆盖捕捉模式功能只能单次使用，如果下次要使用时，需要再次单击。

(2)运行捕捉模式也称"固定式 OSNAP 命令"对象捕捉。

如果在绘图中要用一种或多种捕捉模式来捕捉输入点，采用"运行捕捉模式"就显得方便多了。

设置"运行捕捉模式"对象捕捉的方法有多种：

菜单栏：单击"工具"菜单→"草图设置"→对象捕捉。

命令行：输入命令 OSNAP。

工具栏：单击"对象捕捉"工具栏中的"对象捕捉设置(O)"按钮 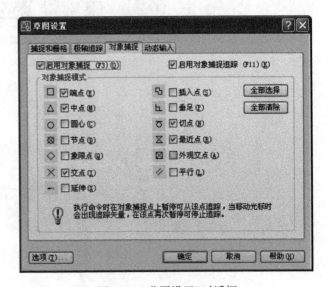。

状态栏：将十字光标移向状态栏的"捕捉"、"栅格"、"极轴"、"对象捕捉"、"对象追踪"或"DYN"上单击鼠标右键，选择"设置(S)"→对象捕捉。

快捷键：按下 Shift 键(或 Ctrl 键)，右击鼠标→对象捕捉设置(O)→对象捕捉。

"运行捕捉模式"的对话框如图6.7所示，用户可以根据具体绘图需要选择一种或多种对象捕捉模式。

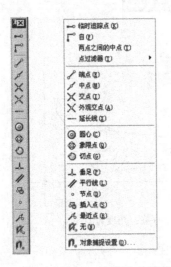

图6.6 "对象捕捉"工具栏和快捷菜单

图6.7 "草图设置"对话框

打开或取消"运行捕捉模式"的方法有三种：

状态栏1：单击状态栏上的"对象捕捉"按钮。

状态栏2：若要关闭"运行捕捉模式"，将十字光标移到状态栏"对象捕捉"按钮处，右击鼠标，选择"关"。

快捷键：按 F3 键。

注意："运行捕捉模式"在"对象捕捉"取消状态下不能使用。

6.1.2 栅格及栅格捕捉

栅格是在屏幕图形界限区显示的像坐标纸一样的可见网点，是绘图的辅助工具，不是图形的一部分，用户可以控制显示或隐藏栅格，也可以改变栅格中点与点之间的距离。当栅格捕捉打开(按 F9 键)时，十字光标将落在最近的栅格点上；当栅格捕捉关闭时，十字光标不受任何影响。

1. 栅格间距及捕捉类型和样式设置

用户可以在如图6.2所示的对话框中对栅格进行设置，其中栅格捕捉间距默认值为10，用户可以在"栅格X轴间距"、"栅格Y轴间距"所对应的编辑框中分别设置X方向、Y方向的栅格间距。如果间距设置值为0时,该设置无效。绘制二维平面图时,"栅格捕捉类型和样式"选项组的"栅格捕捉"应设置为"矩形捕捉";绘制等轴测图时,"栅格捕捉"应设置为"等轴测捕捉"。

2. 控制栅格显示

命令行:输入命令 GRID 按 Enter 键,输入"ON"或"OFF"。

状态栏1:单击状态栏上的"栅格"按钮。

状态栏2:将十字光标移到状态栏"栅格"按钮处,右击鼠标,选择"开(O)"或"关(F)"。

快捷键:按 F7 键。

3. 激活栅格捕捉

命令行:输入命令 SNAP 按 Enter 键,输入"ON"或"OFF"。

状态栏1:单击状态栏上的"捕捉"按钮。

状态栏2:将十字光标移到状态栏"捕捉"按钮处,右击鼠标,单击"启用栅格捕捉(G)"。

快捷键:按 F9 键。

6.1.3　正交绘图模式

选用正交绘图模式绘图时,可以绘制与X、Y轴平行的线段。激活正交绘图模式的方法有下面几种:

命令行:输入命令 ORTHO 按 Enter 键,输入"ON"或"OFF"。

快捷键:按 F8 键。

状态栏1:单击状态栏上的"正交"按钮。

状态栏2:将十字光标移到状态栏上的"正交"按钮处,右击鼠标,选择"开(O)"或"关(F)"。

6.2　正等轴测图绘制

6.2.1　正等轴测图的相关知识

在工程制图中,除了最广泛的三视图以外,还经常使用一种具有立体感的轴测图。等轴测图是轴测图中应用最广泛的一种。等轴测图不是真正的三维图,虽然能反映物体的三个面,但不能透视或从其他角度观看,实际上是一个平面图,它通过三根两两轴间角均为120°的轴测轴来模拟三维图,如图6.8所示。

根据计算,正等轴测图的轴向伸缩系数 $p = q = r = 0.82$,为了方便绘图,取其简化系数为1。

AutoCAD中提供了专门的等轴测捕捉模式。将捕捉模式设为等轴测后,绘制等轴测图将会变得非常容易。此时捕捉角度是0°,轴测轴则分别是30°、90°和150°。

轴测图因其绘制简单、度量性良好、立体感强、容易读懂而广泛用于各种需要表达零件效果的场合。

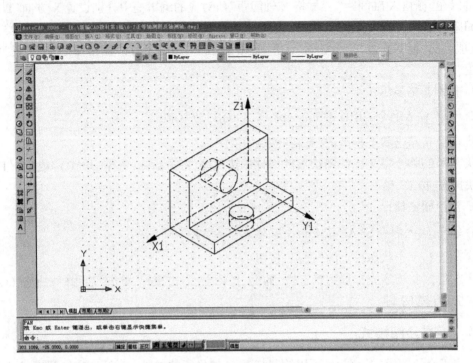

图 6.8　正等轴测图及轴测轴

6.2.2　等轴测平面

在开始绘制等轴测图之前,要先设置等轴测捕捉模式。绘制等轴测图时,必须采用正交绘图模式,X、Y 轴间距设置值应相等,角度设置值应为 0°。可以使用 F5 键进行"左视图"、"俯视图"(也称顶视图)、"右视图"三个轴测平面之间的切换。

设置等轴测捕捉模式有以下两种方法:

(1)命令行 ISOPLANE;

(2)快捷方式 Ctrl + E 或 F5 键。

启动"ISOPLANE"命令后,命令行将会出现提示如下:

命令:_isoplane。

当前等轴测平面:左(当前等轴测平面左)。

输入等轴测平面设置［左(L)/上(T)/右(R)］ <上 >T(输入当前等轴测平面为上平面)。

当前等轴测面:上(当前等轴测平面为上平面)。

用这个命令,可以使等轴测面在"左视图"、"俯视图"、"右视图"三个轴测平面之间切换。当然,最方便的还是用"F5"键来切换。

轴测图的三个轴测面分别如图 6.9(a)、(b)、(c)所示。

6.2.3　等轴测平面上的圆

圆在与其不平等的投影面上的投影是椭圆。在等轴测绘图模式下,系统会在"椭圆"命令中显示"等轴测圆"选项。注意,"等轴测圆"选项下输入的圆半径或直径值为原始圆的大小

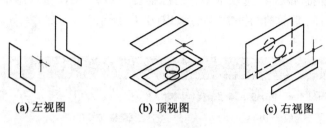

(a) 左视图　　　　　(b) 顶视图　　　　　(c) 右视图

图6.9　三个等轴测面

值。启动"椭圆"命令后,命令行提示如下:

命令:_ellipse。

指定椭圆轴的端点或［圆弧(A)/中心点(C)/等轴测圆(I)］:输入I,选择画等轴测圆。

指定等轴测圆的圆心:拾取一点,用鼠标单击选择圆心。

指定等轴测圆的半径或［直径(D)］:输入数值并按 Enter 键,指定圆的半径或直径。

6.2.4　等轴测模式下角度的绘制

等轴测模式下角度的绘制比较麻烦,需要掌握一定的技巧。一般的思路是根据角度计算出距离,然后手绘辅助线的方法或用"定距定分"命令确定交点,最后进行连线,擦除辅助线并修剪多余的边。

6.3　等轴测图绘图实例

根据尺寸绘制如图6.10所示的零件轴测效果图。

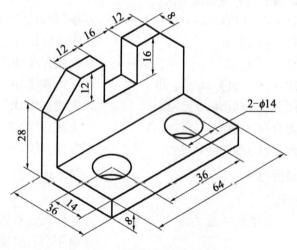

图6.10　零件轴测效果图

具体操作步骤如下:

(1)设置等轴测捕捉模式。

命令及操作:将十字光标移到状态栏"栅格"按钮处,右击"鼠标→设置(S)",弹出"草图设置"对话框,在"捕捉和栅格"选项卡中,设置"捕捉类型和样式"选项组中的"栅格捕捉(R)"为"等轴测捕捉(M)",激活轴测投影模式。如图6.11所示。

图6.11 "草图设置"对话框

(2)绘制零件外形。

命令及操作:启用状态栏的"捕捉"及"正交"模式,按"F5"键,命令行出现提示 <等轴测平面 左>,显示当前轴测平面为左轴测平面。

命令:_line 指定第一点:(拾取第一点)	//使用"直线"命令,拾取 A 点。
指定下一点或[放弃(U)]:36	//完成直线 AB。
指定下一点或[放弃(U)]:8	//完成直线 BC。
指定下一点或[闭合(C)/放弃(U)]:28	//完成直线 CD。
指定下一点或[闭合(C)/放弃(U)]:40	//完成直线 DE。
指定下一点或[闭合(C)/放弃(U)]:8	//完成直线 EF。
指定下一点或[闭合(C)/放弃(U)]:c	//完成直线 FA。
指定下一点或[放弃(U)]:	//按 Enter 键,完成零件左端面。

效果如图6.12所示。

命令:(按 F5 键) <等轴测平面 右> //切换轴测平面为右平面。
命令:_copy //启用"复制"命令。
选择对象:指定对角点:找到 12 个 //用鼠标框选零件左端面。
选择对象: //按 Enter 键,完成对象选择。
指定基点或[位移(D)] <位移>:(拾取基点) //指定复制基点。
指定第二个点或 <使用第一个点作为位移>:64 //输入复制距离。

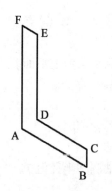

图 6.12　绘制零件左端面

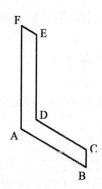

图 6.13　复制零件右端面

指定第二个点或［退出(E)/放弃(U)］＜退出＞: //按 Enter 键,完成左端面复制。

效果如图 6.13 所示。

命令:line 指定第一点:(拾取一点)　　　　　//拾取 A 点。

指定下一点或［放弃(U)］:(拾取下一点)　　//拾取 A' 点。

指定下一点或［放弃(U)］:　　　　　　　　//按 Enter 键,完成 AA' 线。

同理,依次画线连接 BB'、CC'、DD'、EE'、FF',效果如图 6.14 所示。

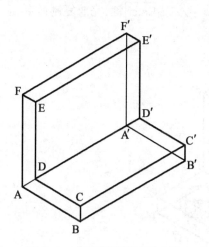

图 6.14　作两端面的两两连线

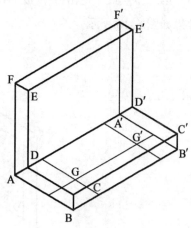

图 6.15　绘制轴测圆中心线

(3)绘制等轴测圆。

命令: _copy　　　　　　　　　　　　　　//启用"复制"命令。

选择对象:(拾取 AB 线上一点)找到 1 个　　//选择直线 AB。

选择对象:　　　　　　　　　　　　　　　//按 Enter 键,完成对象选择。

指定基点或［位移(D)］＜位移＞:(拾取基点)　//指定复制基点。

指定第二个点或 ＜使用第一个点作为位移＞:14　//输入复制距离。

指定第二个点或［退出(E)/放弃(U)］＜退出＞: //按 Enter 键,完成复制命令。

同理复制对象 A'B'。

按 F5 键,转换轴测面为右轴测面,复制对象 BB',得到三线的交点为 G、G' 点。效果如图 6.15 所示。

命令:(按 F5 键) <等轴测平面 上> //切换轴测平面为上平面。

命令:_ellipse //启用"椭圆"命令。

指定椭圆轴的端点或 [圆弧(A)/中心点(C)/等轴测圆(I)]:I
//选择画等轴测圆。

指定等轴测圆的圆心:(拾取圆心) //选取 G 点。

指定等轴测圆的半径或 [直径(D)]:7 //输入等轴测圆半径值7。

同理,画出半径为 7,圆心在 G' 点的等轴测圆。

命令:(按 F5 键) <等轴测平面 左> //切换轴测平面为左平面。

命令:_copy //启用"复制"命令。

选择对象:找到 1 个 //选取圆心在 G 点的等轴测圆。

选择对象:找到 1 个,总计 2 个 //选取圆心在 G' 点的等轴测圆。

选择对象: //按 Enter 键,完成对象选择。

指定基点或 [位移(D)] <位移>:(拾取基点) //指定复制基点 B'。

指定第二个点或 <使用第一个点作为位移>:(指定第二个点)
//指定基点 C'。

指定第二个点或 [退出(E)/放弃(U)] <退出>: //按 Enter 键,完成复制命令。

效果如图 6.16 所示。

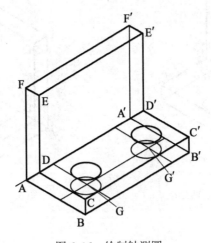

图 6.16 绘制轴测圆

命令:_trim //启用"修剪"命令。

当前设置:投影 = UCS,边 = 无

选择剪切边... //系统自运行。

选择对象或 <全部选择>:(拾取圆上一点) 找到 1 个
//选择一个等轴测圆作剪切边。

选择对象:(拾取圆上一点)找到 1 个,总计 2 个

　　　　　　　　　　　　　　　　//选择一个等轴测圆作剪切边。

选择对象:　　　　　　　　　　　//完成剪切边的选择。

选择要修剪的对象,或按住 Shift 键选择要延伸的对象,或

[栏选(F)/窗交(C)/投影(P)/边(E)/删除(R)/放弃(U)]:(选取圆上一点)

　　　　　　　　　　　　　　　　//点选要修剪的圆弧部分。

选择要修剪的对象,或按住 Shift 键选择要延伸的对象,或

[栏选(F)/窗交(C)/投影(P)/边(E)/删除(R)/放弃(U)]:(选取圆上一点)

　　　　　　　　　　　　　　　　//点选要修剪的圆弧部分。

选择要修剪的对象,或按住 Shift 键选择要延伸的对象,或

[栏选(F)/窗交(C)/投影(P)/边(E)/删除(R)/放弃(U)]:

　　　　　　　　　　　　　　　　//按 Enter 键,完成修剪命令。

命令:_erase　　　　　　　　　　//启动"删除"命令。

选择对象:(拾取轴测圆中心线)找到 1 个　//选取第一个删除对象。

选择对象:(拾取轴测圆中心线)找到 1 个,总计 2 个

　　　　　　　　　　　　　　　　//选取第二个删除对象。

选择对象:(拾取轴测圆中心线)找到 1 个,总计 3 个

　　　　　　　　　　　　　　　　//选取第三个删除对象。

选择对象:(拾取 A'B'线)找到 1 个,总计 4 个

　　　　　　　　　　　　　　　　//选取第四个删除对象。

选择对象:　　　　　　　　　　　//按 Enter 键,完成删除命令。

效果如图 6.17 所示。

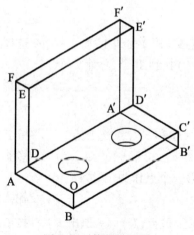

图 6.17　修剪轴测圆

(4)绘制凹槽。

命令:(按 F5 键)<等轴测平面 右>　　//切换轴测平面为右平面。

命令：_copy // 启动"复制"命令。

选择对象：(拾取直线 AF)找到 1 个 // 选择一个复制对象。

选择对象：(拾取直线 ED)找到 1 个,总计 2 个 // 选择一个复制对象。

选择对象： // 按 Enter 键,完成对象选择。

指定基点或[位移(D)]<位移>:(点选 E 点) // 指定复制基点 E,将光标向复制方向
移动一段距离。

指定第二个点或 <使用第一个点作为位移>: 'cal // 透明使用"计算器"。

> > > > 表达式: (64-16)/2 // 输入计算公式。

正在恢复执行 COPY 命令。 // 系统自运行。

指定第二个点或 <使用第一个点作为位移>: 24 // 得到计算所得的值。

指定第二个点或[退出(E)/放弃(U)]<退出>: // 按 Enter 键,完成复制命令。

命令： // 按 Enter 键继续"复制"。

COPY 选择对象:(拾取直线 E'D')找到 1 个 // 选择一个复制对象。

选择对象:(拾取直线 F'A')找到 1 个,总计 2 个 // 选择一个复制对象。

选择对象： // 按 Enter 键,完成对象选择。

指定基点或[位移(D)]<位移>:(拾取 E'点) // 指定复制基点 E',将光标向复制方
向移动一段距离。

指定第二个点或 <使用第一个点作为位移>: 24 // 输入复制距离。

指定第二个点或[退出(E)/放弃(U)]<退出>: // 按 Enter 键,完成复制命令。

命令： // 按 Enter 键继续"复制"。

COPY 选择对象:(拾取直线 FF')找到 1 个 // 选择一个复制对象。

选择对象:(拾取直线 EE')找到 1 个,总计 2 个 // 选择一个复制对象。

选择对象： // 按 Enter 键,完成对象选择。

指定基点或[位移(D)]<位移>:(点选 F 点) // 指定复制基点 F,将光标向复制方向
移动一段距离。

指定第二个点或 <使用第一个点作为位移>: 16 // 输入复制距离。

指定第二个点或[退出(E)/放弃(U)]<退出>: // 按 Enter 键,完成复制命令。

效果如图 6.18 所示。

绘制凹槽的两两连线。

命令:_line 指定第一点:(拾取一点) // 启用"直线"命令,拾取 a 点。

指定下一点或[放弃(U)]:(拾取第二点) // 拾取 a'点。

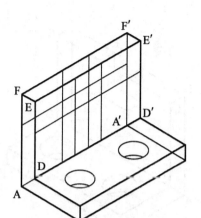

图6.18　绘制凹槽轮廓线

指定下一点或［放弃(U)］:	//按Enter键,完成aa'直线。
命令:	//按Enter键继续画"直线"。
line 指定第一点:(拾取第一点)	//拾取 b 点。
指定下一点或［放弃(U)］:(拾取第二点)	//拾取 b'点。
指定下一点或［放弃(U)］:	//按Enter键,完成bb'线。

同理,作出直线 cc' 和 dd'。

命令:_trim	//启用【修剪】命令。
当前设置:投影 = UCS,边 = 无	
选择剪切边...	//系统自运行。
选择对象或 <全部选择>:拾取 aa' 找到 1 个	//选择剪切边 aa'。
选择对象:拾取 bb" 找到 1 个,总计 2 个	//选择剪切边 bb"。
选择对象:拾取 cc" 找到 1 个,总计 3 个	//选择剪切边 cc"。
选择对象:拾取 dd" 找到 1 个,总计 4 个	//选择剪切边 dd"。
选择对象:	//按Enter键中止选择。

选择要修剪的对象,或按住 Shift 键选择要延伸的对象,或

［栏选(F)/窗交(C)/投影(P)/边(E)/删除(R)/放弃(U)］:(拾取需修剪的线上一点)

　　　　　　　　　　　　　　　　　　　　//依次在凹槽多余部分拾取点。

选择要修剪的对象,或按住 Shift 键选择要延伸的对象,或

［栏选(F)/窗交(C)/投影(P)/边(E)/删除(R)/放弃(U)］:(拾取需修剪的圆上一点)

　　　　　　　　　　　　　　　　　　　　//按Enter键完成修剪命令。

效果如图6.19 所示。

(5)绘制零件倒角。

继续在等轴测右平面作图。

命令:_copy	//启动"复制"命令。
选择对象:(拾取直线 ab)找到 1 个	//选择一个复制对象。

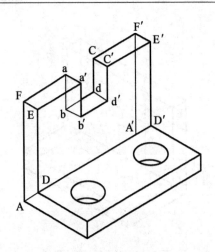

图 6.19　修剪凹槽轮廓

选择对象:(拾取直线 a'b')找到 1 个,总计 2 个

　　　　　　　　　　　　　　　　　　　　//选择一个复制对象。

选择对象:　　　　　　　　　　　　　　 //按 Enter 键,完成对象选择。

指定基点或[位移(D)]<位移>:(点选 a'点)　//指定基点 a',将光标向复制方向移动一段距离。

指定第二个点或 <使用第一个点作为位移>:12 //输入复制距离。

指定第二个点或[退出(E)/放弃(U)]<退出>:　//按 Enter 键,完成复制命令。

命令:　　　　　　　　　　　　　　　　 //按 Enter 键继续"复制"。

COPY 选择对象:(拾取直线 Fa)找到 1 个　 //选择一个复制对象。

选择对象:(拾取直线 Ea')找到 1 个,总计 2 个 //选择一个复制对象。

选择对象:　　　　　　　　　　　　　　 //按 Enter 键,完成对象选择。

指定基点或[位移(D)]<位移>:(点选 F 点)　//指定基点 F,将光标向复制方向移动一段距离。

指定第二个点或 <使用第一个点作为位移>:12 //输入复制距离。

指定第二个点或[退出(E)/放弃(U)]<退出>:　//按 Enter 键,完成复制命令。

用"多段线"命令画斜面。

命令:_pline　　　　　　　　　　　　　 //启用"多段线"命令。

指定起点:(拾取起点)　　　　　　　　　 //拾取交点。

当前线宽为 0.0000

指定下一个点或[圆弧(A)/半宽(H)/长度(L)/放弃(U)/宽度(W)]:(拾取一点)
　　　　　　　　　　　　　　　　　　　　//拾取交点。

指定下一点或[圆弧(A)/闭合(C)/半宽(H)/长度(L)/放弃(U)/宽度(W)]:(拾取一点)
　　　　　　　　　　　　　　　　　　　　//拾取交点。

指定下一点或[圆弧(A)/闭合(C)/半宽(H)/长度(L)/放弃(U)/宽度(W)]:(拾取一点)
　　　　　　　　　　　　　　　　　　　　//拾取交点。

指定下一点或[圆弧(A)/闭合(C)/半宽(H)/长度(L)/放弃(U)/宽度(W)]:(拾取一点)

//拾取交点。

指定下一点或［圆弧(A)/闭合(C)/半宽(H)/长度(L)/放弃(U)/宽度(W)］:

　　　　　　　　　　　　　　　　　　　　//按 Enter 键,完成斜面。

效果如图6.20所示。

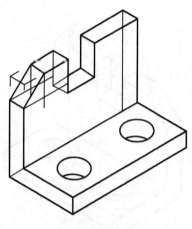

图6.20　绘制斜面

(6)整理图形。

先修剪斜面。

命令:_trim　　　　　　　　　　　　　　//启用"修剪"命令。

当前设置:投影=UCS,边=无

选择剪切边…

选择对象或 <全部选择>:(拾取一点)找到 1 个

　　　　　　　　　　　　　　　　　　　　//选择斜面作剪切边。

选择对象:　　　　　　　　　　　　　　//按 Enter 键中止选择。

选择要修剪的对象,或按住 Shift 键选择要延伸的对象,或

［栏选(F)/窗交(C)/投影(P)/边(E)/删除(R)/放弃(U)］:(在需修剪的部分拾取一

点)　　　　　　　　　　　　　　　　　　//依次在多余的部分拾取点。

选择要修剪的对象,或按住 Shift 键选择要延伸的对象,或

［栏选(F)/窗交(C)/投影(P)/边(E)/删除(R)/放弃(U)］:(拾取需修剪的圆上一点)

　　　　　　　　　　　　　　　　　　　　//按 Enter 键完成"修剪"命令。

删除多余线条。

命令:_erase　　　　　　　　　　　　　//启用"删除"命令。

选择对象:(拾取多余线段)找到 1 个　　//选择多余线段。

选择对象:(拾取多余线段)找到 1 个,总计 2 个

　　　　　　　　　　　　　　　　　　　　//选择多余线段。

选择对象:(拾取多余线段)找到 1 个,总计 3 个

　　　　　　　　　　　　　　　　　　　　//选择多余线段。

选择对象:(拾取多余线段)找到 1 个,总计 4 个

选择对象:(拾取多余线段)找到 1 个,总计 5 个 　　//选择多余线段。

　　　　　　　　　　　　　　　　　　　　//选择多余线段。

选择对象: 　　　　　　　　　　　　　　//按 Enter 键完成"删除"命令。

效果如图 6.21 所示。

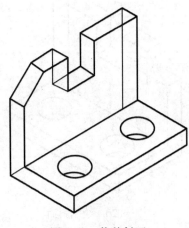

图 6.21　修剪斜面

同理作出另一斜面,修剪图形并删除多余线条,得到零件的轴测效果图。

6.4　练习题

根据给定尺寸,绘制轴测图。

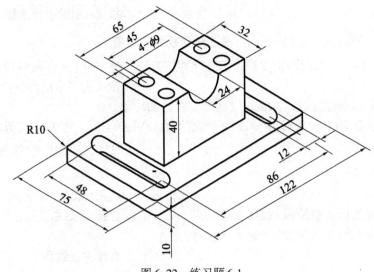

图 6.22　练习题 6-1

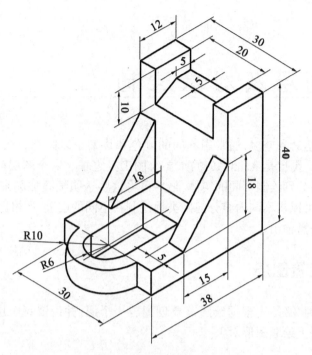

图 6.23 练习题 6-2

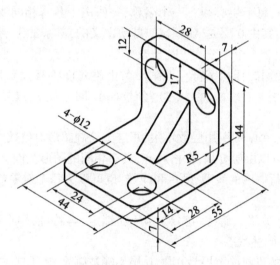

图 6.24 练习题 6-3

第7章 图层及对象控制

复杂图形的表达对象繁多,通常用不同的颜色和线型予以区别。在 AutoCAD 中,用图层来组织和管理图形。图层是 AutoCAD 的重要绘图工具之一。一个图层就像一张没有厚度的透明纸,可以在上面分别绘制不同的实体,最后再将这些透明纸叠加起来,从而得到最终的复杂图形。用户不仅可以将不同内容分门别类地绘制在不同的层上,严格区分开来,还可以将各层图形任意组合,按需输出。

7.1 创建及设置图层

绘制复杂图形时,必须先根据绘图需要创建若干个层,并设置每个层中对象的线型和颜色,然后在不同的层上绘制图形对象。

7.1.1 图层的特性

AutoCAD 中的图层具有以下几个特性:

(1)在 AutoCAD 中,每个层必须有一个名称,一张图上具有相同线型、线宽、颜色的对象设置在同一个图层上。其中 0 层是 AutoCAD 自动定义的,其余的图层由用户根据需要自己定义。图层名最长可达 255 个字符,可以是数字(0~9)、字母(大小写均可)或其他未被 Windows 或 AutoCAD 使用的任何字符。但图层名中不允许含有大于号(>)、小于号(<)、斜杠(/)、反斜杠(\)、引号(" ")、冒号(:)、分号(;)、问号(?)、逗号(,)、竖杠(|)和等于号(=)等符号。

(2)在 AutoCAD 中,每幅图所用层数不限,每层上绘制图形对象数量不限。每一层如同一张绘有图形的透明纸,可以层层叠加,严格对齐,具有相同的图形范围、坐标系统和缩放倍率。

(3)用户可以设置每一层的线型、颜色和线宽,也可以为每个对象的不同部分单独设置颜色和线型。

(4)图层具有打开(关闭)、解冻(冻结)、解锁(锁定)等特性,用户可以改变图层的状态,同一图层上的对象处于同种状态。

(5)AutoCAD 默认的当前绘图层是 0 层,0 层不能被删除,也不能重命名。

(6)每个图层具有相同的坐标系、图形界限和显示时的缩放倍数。

(7)在所有图层中,不同图层上的图形对象可以进行相互转换。

(8)图层的所有管理可以通过激活图层工具栏中的"图层特性管理器"按钮 来进行管理。图层工具栏如图 7.1 所示。

7.1.2 利用图层特性管理器创建及设置图层

图层特性管理器对话框如图 7.2 所示,主要用于图层管理,用它可以创建新层,也可以改

图7.1　"图层"工具栏

变已有的图层特性。激活【图层特性管理器】有以下三种方法：

菜单栏：单击"格式(O)"菜单→"图层(L)"。

命令行：在命令行中输入"Layer"并回车。

工具栏：单击"图层"工具栏中的"图层特性管理器"按钮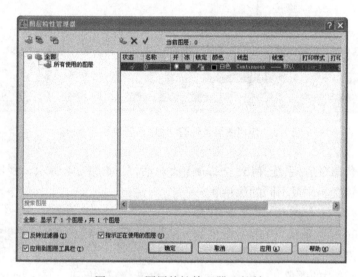。

图7.2　"图层特性管理器"对话框

1. 创建图层

在"图层特性管理器"中，单击新建图层命令按钮则增加一个新的图层，如图7.3所示。

在图7.3中，"图层1"是AutoCAD默认的图层名，用户可以自己定义层名。如果用户要创建多个图层，应多次单击新建图层命令按钮。创建完毕后，单击命令按钮"应用(A)"和"确定"。

2. 设置图层对象颜色

图层颜色的作用主要在于区分不同类型的图形对象，以方便用户观察和操作。启动图层颜色命令有如下四种方法：

菜单栏：单击"格式(O)"→"颜色(C)"命令。

命令行：在命令行中输入"Color"并回车。

工具栏：单击"对象特性"工具栏中的颜色控制下拉按钮选择其中的"选择颜色"选项。

对话框：在"图层特性管理器"对话框中选定一个图层，单击该图层的初始颜色名称，弹出"选择颜色"对话框。

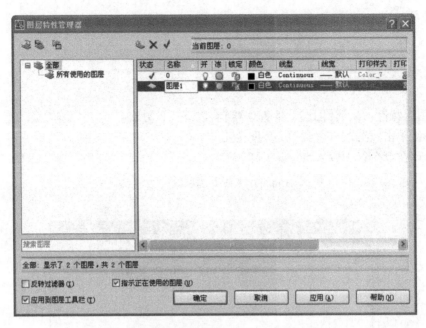

图 7.3　使用图层特性管理器的"新建图层"按钮

　　执行图层颜色命令后，系统弹出"选择颜色"对话框，如图 7.4 所示。利用该对话框用户可以为每个图层设置相同或不同的颜色。

　　该对话框包含三个选项卡："索引颜色"、"真彩色"和"配色系统"。索引颜色分为标准颜色和灰度颜色，标准颜色包括红色、黄色、绿色等 9 种常用的颜色。

　　(1) 索引颜色

　　"索引颜色"选项卡：实际上是一个包含256 种颜色的颜色表。用户可以从中选择任意一种颜色作为图层的颜色。

　　(2) 真颜色

　　"真彩色"选项卡：可以使用 RGB 和 HSL两种颜色模式。选择"选择颜色"对话框中的"真彩色"选项卡，在"颜色模式"下拉列表中选择"RGB"选项时，如图 7.5(a) 所示；选择"HSL"选项时，如图 7.5(b) 所示。

图 7.4　"选择颜色"对话框

　　(3) 配色系统

　　"配色系统"选项卡：可以从配色系统中选择任意一种颜色作为图层的颜色，如图 7.6 所示。

　　3. 设置图层对象线型

　　AutoCAD 允许用户为每个图层分配一个线型。缺省情况下，线型为实线 (Continuous)。我们可以根据需要为图层设置不同的线型。

　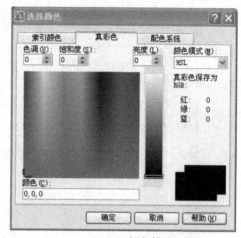

(a) RGB颜色模式　　　　　　　　　　　　(b) HSL颜色模式

图 7.5　"真彩色"选项卡

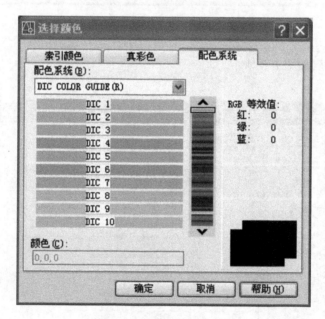

图 7.6　"配色系统"选项卡

AutoCAD 提供多种线型,这些线型都存放在 ACAD.LIN 和 ACADISO.LIN 文件中。

(1) 加载线型

在使用一种线型之前,必须先把它加载到当前图形文件中。加载线型需要在"线型管理器"对话框中进行。

"线型管理器"对话框如图 7.7 所示。

在此对话框中,即可进行加载线型的操作,步骤如下:

①在"线型管理器"对话框中,单击"加载"按钮;或者在"图层特性管理器"对话框中选定一个图层,单击该图层的初始线型名称,弹出"选择线型"对话框,单击"加载"按钮,弹出"加载

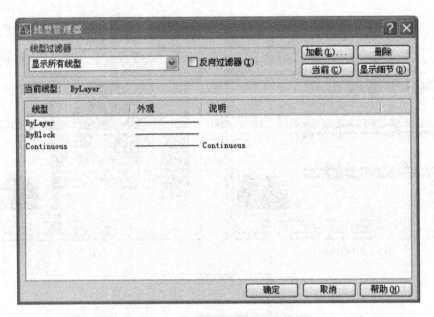

图 7.7　"线型管理器"对话框

或重载线型"对话框,如图 7.8 所示。

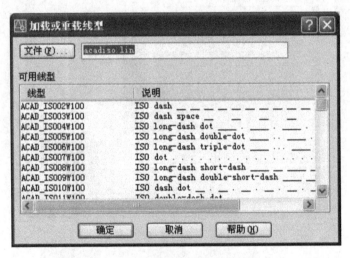

图 7.8　"加载或重载线型"对话框

②在该对话框中选择所要装载的线型,即单击线型名,再单击"确定"按钮,刚才所选择的线型就被加载在"线型管理器"对话框中的"线型"列表中。

③单击"确定"按钮,关闭"线型管理器"对话框。

(2)设置线型

加载线型后,可在"图层特性管理器"对话框中将其赋给某个图层。启动线型命令有如下四种方法:

菜单栏:单击"格式"→"线型"命令。

命令行：在命令行中输入"Linetype"并回车。

工具栏：单击"对象特性"工具栏中的线型控制下拉按钮 ，选择其中的"线型控制"选项。

对话框：在"图层特性管理器"对话框中选定一个图层，单击该图层的初始线型名称，弹出"选择线型"对话框。

执行图层线型命令后，系统弹出"选择线型"对话框，如图 7.9 所示。

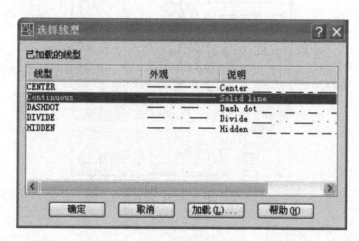

图 7.9 "选择线型"对话框

在"选择线型"对话框中单击所需线型，单击"确定"按钮，结束线型设置操作。

4. 设置图层对象线宽

线宽指的是在图层上绘图时所使用的线型的宽度。在"图层特性管理器"中，单击某一图层的线宽选项，出现如图 7.10 所示的"线宽"对话框，在该对话框中选择相应的线宽，即可将宽度赋予所选图层。

注意：在 AutoCAD 2006 打印输出时，同样可以使用颜色控制线宽。用"图层特性管理器"中的"线宽"对话框定制的是实际线宽，它使图形中的线条在经过打印输出或不同软件之间的输出后，仍然各自保持其固有的宽度。此举极大提高了 AutoCAD 在打印时所见即所得的效果。

5. 设置图层的可打印性

AutoCAD 2006 允许用户单独控制某一图层是否打印，这在实际绘图中非常有用。

在"图层特性管理器"中，单击某一图层的打印选项，使 图标变成 图标，此图层上的图形对象由可打印变成不可打印。反之，单击某个图层的打印选项，使 图标变成 图标，此图层上的图形对象由不可打印变成可打印。

7.2　图层状态控制

7.2.1　开/关图层

被关闭的图层上的图形对象不能显示在屏幕上，不能被编辑，也不能打印输出。当重新生成图形时，被关闭的图层上的图形对象也将被重新生成。被关闭的图层可以被重新打开，

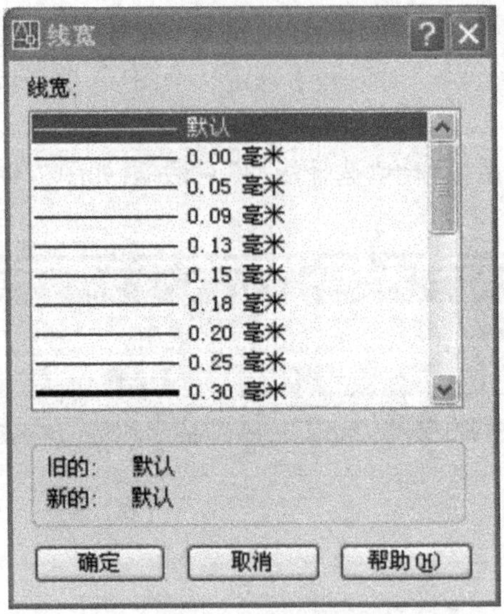

图7.10 "线宽"对话框

打开/关闭图层有如下两种方法：

方法1：在"图层特性管理器"中，单击某一图层的 💡 图标，使之变为 💡 图标，此图层由打开状态变为关闭状态；反之，单击某一图层的 💡 图标，使之变为 💡 图标，此图层由关闭状态变为打开状态。

方法2：单击"图层"工具栏右边的 按钮，打开图层下拉列表，单击某一图层的 💡 图标，使之变为 💡 图标，此图层由打开状态变为关闭状态；反之，单击某一图层的 💡 图标，使之变为 💡 图标，图层由关闭状态变为打开状态。

7.2.2 冻结/解冻图层

被冻结的图层上的图形对象不能显示在屏幕上，不能被编辑，也不能打印输出。用户不能冻结当前图层，也不能将冻结图层设置为当前图层。被冻结的图层可以被重新解冻，恢复到原来的状态。冻结图层与关闭图层的区别在于：冻结图层可以减少系统重新生成图形所需的时间。冻结/解冻图层有如下两种方法：

方法1：在"图层特性管理器"中，单击某一图层的 〇 图标，使之变为 ❄，此图层呈冻结状态；反之，单击某一图层的 ❄ 图标，使之变为 〇，此图层呈解冻状态。

方法2：单击"图层"工具栏右边的 按钮，打开图层下拉列表，单击某一图层的 〇 图标，使之变为 ❄，此图层呈冻结状态；反之，单击某一图层的 ❄ 图标，使之变为 〇，此图层呈解冻状态。

7.2.3 锁定/解锁图层

已锁定的图层上的图形对象能在屏幕上显示，但不能编辑修改，用户可以在已锁定的图层

上绘制新的图形对象,还可以将已锁定的图层上的图像对象打印输出。锁定/解锁图层有如下两种方法:

方法 1:在"图层特性管理器"中,单击某一图层的 🔓 图标,使之变为 🔒 ,此图层呈锁定状态;反之,单击某一图层的 🔒 图标,使之变为 🔓 ,此图层呈解锁状态。

方法 2:单击"图层"工具栏右边的 ⌄ 按钮,打开图层下拉列表,单击某一图层的 🔓 图标,使之变为 🔒 ,此图层呈锁定状态;反之,单击某一图层的 🔒 图标,使之变为 🔓 ,此图层呈解锁状态。

7.3　图层管理

在 AutoCAD 2006 中,利用"图层特性管理器"对话框不仅可以新建图层,设置图层的颜色、线型和线宽等,还可以对图层进行切换、过滤、重命名和删除等操作。

7.3.1　修改图层名称

在"图层特性管理器"中,单击选定要修改的图层名,稍作停留再次单击该图层名,图层名呈可改选的文本框状态,键入新图层名,单击命令按钮"应用(A)"和"确定"。

7.3.2　删除图层

当用户要删除某个图层时,单击选定要删除的图层名,单击命令按钮 ✕ ,即可删除这个选中的图层。

当某个图层被删除后,该图层仍然显示在图层列表中,只是在图层名称前面做了删除标记 ✳ ;如果要恢复已删除的图层,同样先选中该图层,再次单击"删除图层"按钮 ✕ 即可将其恢复。

值得注意的是,下列图层不能被删除:

0 层和定义点图层;

当前层和含有实体的图层;

外部引用依赖层。

7.3.3　设置当前图层

在通常情况下,AutoCAD 默认当前图层是 0 层,用户只能在当前图层中绘制图形对象,而且所绘制实体的属性将继承当前的属性。如果要在其他的图层中绘制图形对象,就必须将该层设置为当前图层。

用户要设置某一图层为当前图层时,有以下四种方法:

单击选定要置为当前的图层名,单击"置为当前"命令按钮 ✓ ,即将这个图层设置为当前图层。

将鼠标移向要置为当前的图层名,连续快速双击该图层即可。

单击"图层"工具栏中的"将对象的图层置为当前"工具按钮 ▧ ,然后选择某个实体对象,即可将该实体所在图层设置为当前层。也可先选择某个实体,再单击工具按钮 ▧ 即可。

单击"图层"工具栏中的工具按钮，将高亮光条移至所需的图层名上，单击鼠标左键。

7.3.4 保存与恢复图层状态

图层状态包括图层是否打开、冻结、锁定、打印和在新视口中自动冻结；而图层特性包括颜色、线型、线宽和打印样式。用户可以选择要保存的图层状态和图层特性，保存图形的当前图层设置，以便于以后恢复此设置。

1. 保存图层状态

利用"图层状态管理器"对话框可以保存图层状态。在如图7.2所示的"图层特性管理器"对话框中，单击"图层状态管理器"图标，弹出如图7.11所示的"图层状态管理器"对话框。

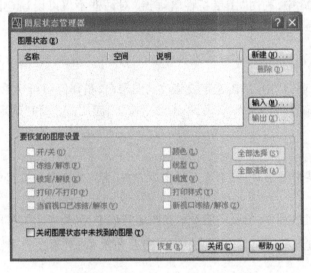

图7.11 "图层状态管理器"对话框

在该对话框中，单击"新建"按钮，系统弹出"要保存的新图层状态"对话框，如图7.12所示。利用该对话框可以保存图层状态。

2. 恢复图层状态

新建要保存的新图层状态后，"图层状态管理器"中的"要恢复的图层设置"栏呈可选状态。若要恢复已保存的图层状态，可单击"图层状态管理器"中的"恢复(R)"按钮即可。

7.3.5 过滤图层

图层的过滤功能用于控制在图层列表中显示符合过滤条件的图层，还可用于同时对多个图层进行修改。当图形文件中包含多个图层时，使用过滤器过滤图层可以极大地方

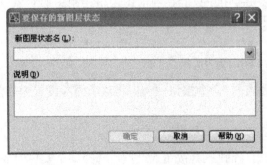

图7.12 "要保存的新图层状态"对话框

便用户的操作。

可以通过下述两种方式来过滤图层。

(1)使用"图层过滤器特性"对话框过滤图层。

单击"图层特性管理器"对话框中的"新特性过滤器(N)"按钮，打开"图层过滤器特性"对话框，如图7.13所示。

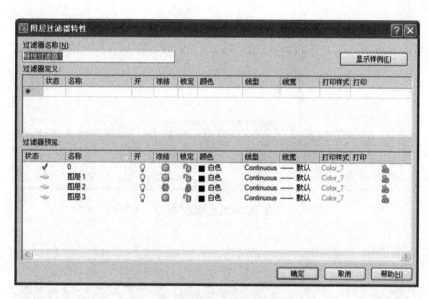

图7.13 "图层过滤器特性"对话框

在"图层过滤器特性"对话框中的"过滤器名称"文本框中设置过滤器的名称；在"过滤器定义"列表框中设置图层名称、状态、颜色、线型、线宽以及打印样式等过滤条件。

小技巧：当设置图层名称、状态、颜色、线型、线宽以及打印样式等过滤条件时，用户可以使用标准的"？"和"＊"等通配符。其中，"＊"用于代替任意多个字符，"？"用于代替任意一个字符。

在"图层特性管理器"对话框中，如果选中"反转过滤器"复选框，将只显示不符合过滤条件的图层；如果选中"应用到图层工具栏"复选框，则"图层"工具栏仅显示符合当前过滤条件的图层。

(2)使用"新组过滤器"对话框过滤图层。

单击"图层特性管理器"对话框中的"新组过滤器"按钮，在"图层特性管理器"对话框的左侧过滤器树列表中添加一个"组过滤器1"。在过滤器树中点击"所有使用图层"的结点或其他过滤器，显示对应的图层信息，然后将需要分组过滤的图层拖动到创建的"组过滤器1"上即可，如图7.14所示。

7.3.6 转换图层

在AutoCAD 2006中，可以通过转换图层实现图形的标准化和规范化，使其与其他图形的图层结构或CAD标准文件相匹配。

选择"工具"→"CAD标准(S)"→"图层转换器(L)"命令，系统弹出"图层转换器"对话

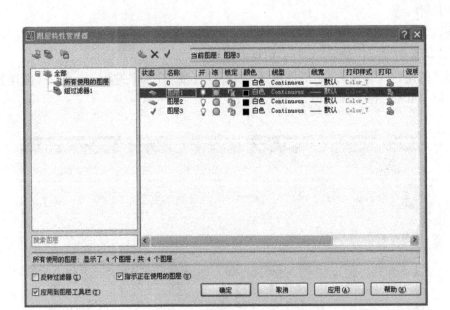

图 7.14 使用"新组过滤器"按钮过滤图层

框,如图 7.15 所示。

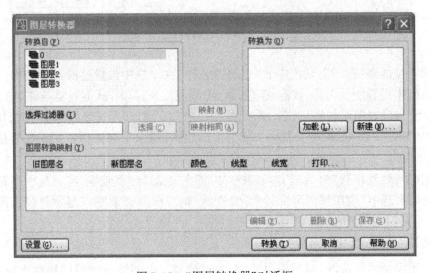

图 7.15 "图层转换器"对话框

该对话框中各选项的含义如下:

(1)"转换自(F)"列表框:用于显示当前图形中将被转换的图层结构。用户可以在该列表框中选择相应图层,也可以通过图层过滤器选择要转换的图层。

(2)"转换为(O)"列表框:用于显示将当前图形所在的图层转换成的图层名称。

(3)"映射(M)"按钮:单击该按钮,可以将"转换自"列表框中选定的图层映射到"转换为"列表框中,并且当图层被映射后,它将被从"转换自"列表框中删除,而显示在"图层转换映射"列表框中。

（4）"映射相同（A）"按钮：单击该按钮，可以将"转换自"列表框和"转换为"列表框中名称相同的图层进行映射。

（5）"图层转换映射（Y）"选项区域：用于显示已经映射的图层名称以及图层的相关特性值。

（6）"设置（G）"按钮：单击该按钮，系统弹出"设置"对话框，如图7.16所示，通过该对话框可设置图层转换规则。

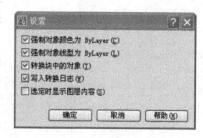

图7.16　"设置"对话框

（7）"转换（T）"按钮：单击该按钮，开始转换图层并关闭"图层转换器"对话框。

7.4　改变对象颜色、线型及线宽

每个图层都有自身的颜色、线型及线宽。绘图时，如果在"对象特性"工具栏中将当前颜色、线型及线宽设置为 Bylayer（随层），则是使用图层本身的颜色、线型及线宽进行绘图。"对象特性"工具栏如图7.17所示。

图7.17　"对象特性"工具栏

如果想使用其他的颜色、线型及线宽进行绘图，则在"对象特性"工具栏分别从"颜色控制"列表、"线型控制"列表及"线宽控制"列表中选择所需的颜色、线型及线宽，如图7.18所示。

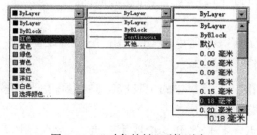

图7.18　"对象特性"下拉列表

7.5　使用图层绘图实例

使用图层绘制如图7.19所示的图形，要求分别建立"实线"层和"中心线"层；图层颜色分别为白色和红色；图层线型分别为"Continuous"和"Center"；线宽为"0.3mm"和默认值；其余为默认设置。

具体操作步骤如下：

（1）创建并设置新图层。

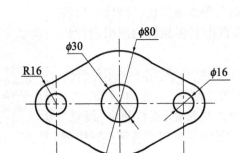

图 7.19　机械零件图

加载中心线

命令及操作：单击"格式"下拉菜单中的"线型"命令，打开"线型管理器"对话框，单击"加载"按钮，在可用线型列表中选取"CENTER"中心线，单击"确定"按钮返回到"线型管理器"，单击"确定"按钮完成中心线的加载。

创建名为"实线层"的新图层

命令及操作：单击"图层"工具栏中的"图层特性管理器"按钮 ，打开"图层特性管理器"对话框；单击"新建图层"按钮 ，在图层名称栏呈现可改选的文本框状态时，输入图层名称为"实线"；颜色和线型响应默认值；单击"实线"层的初始线宽选项区，在弹出的"线宽"对话框中选取"0.30mm"线宽。

创建名为"中心线"的新图层

命令及操作：单击"新建图层"按钮，输入图层名称为"中心线"；单击该图层的初始颜色名称，弹出"选择颜色"对话框。在"选择颜色"对话框的"索引颜色"选项卡中，选择标准颜色为1——红色；单击"中心线"的线型选项区，在弹出的"选择线型"对话框中选取"CENTER"线型；单击"确定"按钮，返回到"图层特性管理器"对话框。

完成图层创建

命令及操作：单击"应用"→"确定"按钮，退出"图层特性管理器"对话框。

(2)按指定图层绘制零件中心线。

命令及操作：单击"图层"工具栏中的工具按钮 ，将高亮光条移到"中心线"图层名上，单击鼠标左键，设置"中心线"为当前层。

命令：line 指定第一点：＜正交 开＞拾取第一点　　//启用"直线"命令，拾取 A 中心线上的一个端点。

指定下一点或［放弃(U)］:(拾取第二点)　　//拾取 A 中心线上另一个端点。

指定下一点或［放弃(U)］:　　//按 Enter 键，完成 A 中心线。

命令：　　//按 Enter 键继续画"直线"。

line 指定第一点：拾取第一点　　//拾取 B 中心线上的一个端点。

指定下一点或［放弃(U)］:拾取第二点　　//拾取 B 中心线上另一个端点。

指定下一点或［放弃(U)］:　　//按 Enter 键，完成 B 中心线。

命令:offset　　　　　　　　　　　　　　//启用"偏移"命令。
当前设置:删除源＝否　图层＝源　OFFSETGAPTYPE＝0
　　　　　　　　　　　　　　　　　　　//显示当前设置。
指定偏移距离或〔通过(T)/删除(E)/图层(L)〕＜100.0000＞:50
　　　　　　　　　　　　　　　　　　　//输入偏移距离50。
选择要偏移的对象,或〔退出(E)/放弃(U)〕＜退出＞:(拾取 B 线上一点)
　　　　　　　　　　　　　　　　　　　//选择要偏移的对象 B。
指定要偏移的那一侧上的点,或〔退出(E)/多个(M)/放弃(U)〕＜退出＞:(拾取一点)
　　　　　　　　　　　　　　　　　　　//在 B 中心线左边指定偏移方向。
选择要偏移的对象,或〔退出(E)/放弃(U)〕＜退出＞:
　　　　　　　　　　　　　　　　　　　//按 Enter 键完成偏移命令。
命令:_lengthen 选择对象或〔增量(DE)/百分数(P)/全部(T)/动态(DY)〕:dy
　　　　　　　　　　　　　　　　　　　//启用"拉长"命令的"动态"选项。
选择要修改的对象或〔放弃(U)〕:(拾取 C 线上一点)
　　　　　　　　　　　　　　　　　　　//靠近 C 线一端点选择 C 线。
指定新端点:拾取一点　　　　　　　　　//在 C 线合适位置拾取一点。
选择要修改的对象或〔放弃(U)〕:(拾取 C 线上一点)
　　　　　　　　　　　　　　　　　　　//靠近 C 线另一端点选择 C 线。
指定新端点:拾取一点　　　　　　　　　//在 C 线上合适位置拾取一点。
选择要修改的对象或〔放弃(U)〕:　　　　//按 Enter 键完成拉长命令。
得到 C 线,效果如图7.20(a)所示。

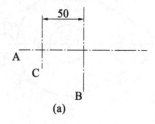
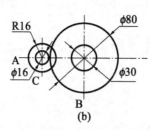
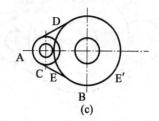

图7.20　按指定图层绘制图形

(3)按指定图层绘制图形轮廓线。

命令及操作:单击"图层"工具栏中的工具按钮,将高亮光条移到"实线"图层名上,单击鼠标左键,设置"实线"为当前层。

命令:_circle
指定圆的圆心或〔三点(3P)/两点(2P)/相切、相切、半径(T)〕:(拾取圆心)
　　　　　　　　　　　　　　　　　　　//启用"圆"命令,拾取 A、C 线交点
　　　　　　　　　　　　　　　　　　　　为圆心。
指定圆的半径或〔直径(D)〕:8　　　　　//输入半径。
命令:　　　　　　　　　　　　　　　　//按 Enter 键继续作圆。
指定圆的圆心或〔三点(3P)/两点(2P)/相切、相切、半径(T)〕:(拾取圆心)。

指定圆的半径或﹝直径(D)﹞<8.0000>:16   //拾取 A、C 线交点为圆心。

//输入半径。

同理,作圆心为 A、B 线交点,直径为 φ30、φ80 的两个同心圆,效果如图 7.20(b)所示。

命令:_line 指定第一点:_tan 到   //启用"直线"命令,选择"切点"捕
捉模式。

(拾取第一点)   //在 R16 圆切点附近拾取一点。

指定下一点或﹝放弃(U)﹞:_tan 到   //选择"切点"捕捉模式。

(拾取第二点)   //在 φ80 圆切点附近拾取一点。

指定下一点或﹝放弃(U)﹞:   //按 Enter 键完成两圆切线 D。

命令:_mirror   //启用"镜像"命令。

选择对象:(用鼠标在 D 线上拾取一点)找到 1 个

//选择要镜像的对象 D 线。

选择对象: // 按 Enter 键中止对象选择。

指定镜像线的第一点:(拾取一点)   //拾取 A 线上一点。

指定镜像线的第二点:(拾取一点)   //拾取 A 线上另一点。

要删除源对象吗?﹝是(Y)/否(N)﹞<N>:   //按 Enter 键,得到切线 E。

效果如图 7.20(c)所示。

同理,以 B 线为对称轴,将 D 线、E 线、C 线和 R16 圆、φ16 圆镜像复制,得到对称的 R16 圆、φ16 圆和切线 D'、E',效果如图 7.21 所示。

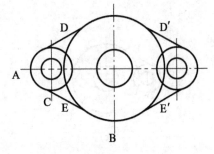

图 7.21   镜像两同心圆及切线

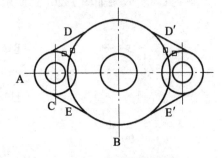

图 7.22   修剪多余圆弧

(4)修剪多余圆弧。

命令:_trim   //启用"修剪"命令。

当前设置:投影=UCS,边=无

选择剪切边...   //系统自运行。

选择对象:(在 D 线段上拾取一点)找到 1 个   //选择剪切边 D 线。

选择对象:(拾取 E 线段上一点)找到 1 个,总计 2 个

//选择剪切边 E 线。

选择对象:(拾取 D'线段上一点)找到 1 个,总计 3 个

//选择剪切边 D'线。

选择对象:(拾取 E'线段上一点)找到 1 个,总计 4 个

//选择剪切边 E'线。

选择对象：　　　　　　　　　　　　　　//按 Enter 键中止选择。

选择要修剪的对象,或按住 Shift 键选择要延伸的对象,或

[栏选(F)/窗交(C)/投影(P)/边(E)/删除(R)/放弃(U)]:(拾取需修剪的圆上一点)
　　　　　　　　　　　　　//依次在图 7.22 所示方框附近拾
　　　　　　　　　　　　　　取点。

选择要修剪的对象,或按住 Shift 键选择要延伸的对象,或

[栏选(F)/窗交(C)/投影(P)/边(E)/删除(R)/放弃(U)]:(拾取需修剪的圆上一点)
　　　　　　　　　　　　　//按 Enter 键完成修剪命令。

完成图形绘制。

7.6　练习题

1. 根据给定尺寸,利用"图层"功能,绘制如图 7.23 所示的中国象棋盘。

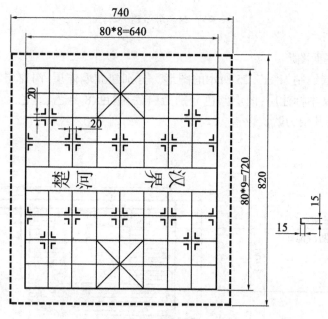

图 7.23　练习题 7-1

2. 根据给定尺寸,绘制图7.24。

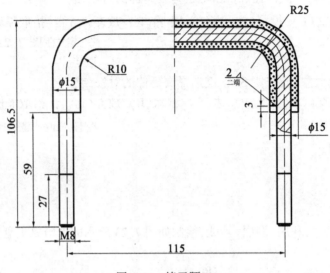

图7.24 练习题7-2

3. 绘制卧室平面图形。

要求:使用图层绘制如图7.25 所示的图形。分别建立墙体层、门窗层、家俱层、图案填充层、尺寸标注层及文本标注层;图层颜色分别为白色、绿色、8 号色、蓝色、绿色和绿色;图层线型为"Continuous";其余为默认设置。

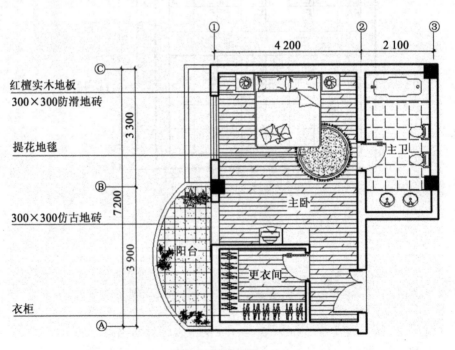

图7.25 练习题7-3

第8章 控制图形显示

绘制精确工程图时,用户经常需要对所绘制图形进行缩放、平移以及打开多个窗口等操作,以控制图形的精确显示,观看图形的某些细节。本章着重介绍 AutoCAD 的控制图形显示命令及其使用方法。

8.1 缩放与平移视图

按特定的放大倍数、位置和方向显示的图形称为视图。缩放视图和平移视图是 AutoCAD 控制图形显示最常用的两种方法,在绘制图形时,一般要反复调用这两种命令。

8.1.1 缩放显示视图

图形的缩放显示没有改变图形的实际大小,它只是增加或减少图形对象的屏幕显示尺寸,改变了图形区中视图的大小,但对象的真实尺寸保持不变。启动"缩放"命令有以下三种方法:

1. 用"标准"工具栏缩放显示视图

标准工具栏上的缩放命令按钮如图 8.1 所示。

(1)"实时缩放"命令: 使用此命令时,按住鼠标左键向上移动,图形显示变大;按住鼠标左键向下移动,图形显示变小。

(2)"窗口(W)"缩放命令: 用于指定当前正在显示的图形中一部分较小的区域,并将此区域充满到整个绘图区域。此操作是通过在屏幕上拾取两个对角点来实现的。

(3)缩放"上一个(P)"命令: 使用此命令,用于显示上一次显示过的视图。该选项可保存前 10 个视图。

图 8.1 "缩放"命令按钮

(4)"动态(D)"缩放命令: 该选项先临时将图形全部显示出来,称为虚拟显示屏,同时自动构造一个可移动的视图框(通过切换也可缩放),用其选择图形的某一部分作为下一屏幕上的视图。

在该方式下,屏幕上显示三个视图框:

①蓝色的虚线框:这是图形界限或图形范围视图框。该框用于显示图形界限和图形范围中较大的一个。

②绿色的虚线框:这是当前的一个视图框。该框中的区域就是在使用这一选项之前的视图区域。

③选择视图框:该视图框的中心有一个"×"符号,它有两种状态:一种是平移视图框,其大小不能改变,只可以任意移动;一种是缩放视图框,它不能平移,但大小可以调节。

操作时首先显示平移视图框,将其移动到所需位置并单击,视图框变为缩放视图框,调整其大小,以确定缩放比例。单击又变为平移视图框,可再次调节其位置,再次单击又变为缩放视图框,如此循环。调整合适后按回车键确定缩放。

练习使用"动态缩放"方式详见8.6综合实例一。

(5)"比例(S)"缩放命令 :以指定的比例因子缩放显示视图。选择该选项后,Auto-CAD 要求用户输入缩放比例倍数。缩放倍数的方式有三种:一种是根据当前视图指定比例,在输入的数字后加字母 x。例如,输入 .5x 使屏幕上的每个对象显示为原大小的二分之一。第二种是相对于图纸空间单位的比例,在输入的数字后加字母 xp。例如,输入 .5xp,即以图纸空间单位的二分之一显示模型空间。第三种是指定相对于图形界限的比例,直接输入值(此选项很少用)。例如,输入 2 将以对象原来尺寸的两倍显示对象。

(6)"中心(C)"缩放命令 :该选项用于在图形中指定一点,此点将作为新视图的中心点。确定中心点后,AutoCAD 要求输入放大系数或新的视图的高度。

如果在输入的数值后面加一个字母"X",则此输入值为放大倍数;如果未加"X",则 Auto-CAD 将这一数值作为新视图的高度。

(7)缩放"对象(O)"命令 :在图形区的中心尽可能大地显示一个或多个选定的对象。

(8)"放大(I)"命令 :以图形区的中心为指定中心,按 2 倍的比例精确放大图形显示。

(9)"缩小(O)"命令 :以图形区的中心为指定中心,按 0.5 倍的比例精确缩小图形显示。

(10)"全部(A)"缩放命令 :选择该选项,将依照图形界限和图形范围的尺寸,在绘图区域内显示图形。图形界限与图形范围哪个尺寸大,便由哪个决定图形显示的尺寸。即图形文件中若有图形实体处在图形界限以外的位置,便由图形范围决定显示尺寸,将所有图形实体都显示出来。

一般情况下,当不清楚图形范围到底有多大时,才使用"全部"选项使其全部显示在绘图区域中。

(11)"范围缩放(E)"命令 :选择该选项,系统将尽可能大地在图形区显示整个图形。

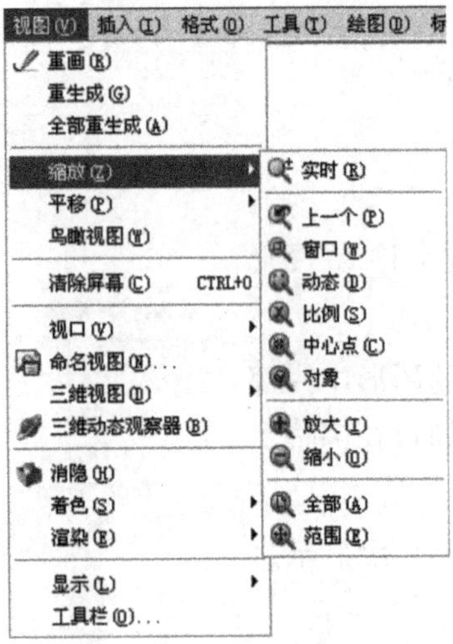

图 8.2 "视图"菜单下"缩放"命令

2. 利用"视图"菜单缩放显示视图

单击"视图(V)"→"缩放(Z)"菜单,在屏幕上出现如图 8.2 所示的下拉菜单。单击相应的命令进行视图缩放显示。

3. 利用缩放显示视图

"缩放"工具栏如图 8.3 所示。用户可以单击相应命令按钮进行视图缩放显示。

图 8.3 "缩放"工具栏

4. 执行 Zoom 命令缩放显示视图

执行 Zoom 命令,系统提示为:指定窗口的角点,输入比例因子 (nX 或 nXP),或者〔全部(A)/中心(C)/动态(D)/范围(E)/上一个(P)/比例(S)/窗口

（W）/对象（O）］＜实时＞:用户选择相应的命令选项进行视图缩放显示。

8.1.2 平移显示视图

平移视图用于重新定位图形,使图形的全部或某一部分显示在屏幕上,以便清楚观察图形。启动"平移"命令有如下三种方法:

1. 利用"标准"工具栏平移视图

在如图8.1所示的"标准"工具栏上,单击 按钮,此时,屏幕上的十字光标变成手形光标。按下鼠标左键并作相应移动,图形也随鼠标移动;松开鼠标,移动停止。按 Enter 键或 Esc 键退出平移模式。

2. 利用"视图(V)"菜单平移视图

单击下拉菜单"视图(V)/平移(P)",在屏幕上出现如图8.4所示的下拉菜单。从菜单中可以看出,除了可以向左、右、上、下平移视图外,还可以使用"实时"和"定点(P)"命令平移视图,其中实时平移是最常用的。

(1)实时平移:在该模式下,鼠标指针变成手形光标。此方式和利用"标准"工具栏的 按钮的效果是一样的。另外,水平和垂直移动滚动条同样可以做到实时平移。

(2)定点平移:通过指定基点和位移的值来移动视图。

8.1.3 快速缩放与平移视图

1. 快速缩放视图

向上或向下滚动鼠标中键,系统将以十字光标为显示中心缩放视图。

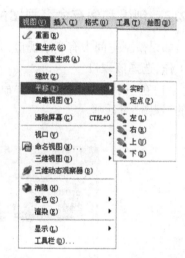

图8.4 "视图"菜单下"平移"命令

2. 快速平移视图

按下鼠标中键,此时,屏幕上的十字光标变成手形光标。移动鼠标,图形也随鼠标移动;松开鼠标,移动停止。

8.2 命名视图

命名视图随图形一起保存并可以随时使用,它让用户可以在一张复杂的工程图纸上创建多个视图。当要查看、修改某一视图时,只需将该视图设置为当前视图即可。在构造布局时,可以将命名视图恢复到布局的视口中。

8.2.1 保存命名视图

保存命名视图时,将保存以下设置:

(1)比例、中心点和视图方向。

(2)指定给视图的视图类别(可选)。

(3)视图的位置:"模型"选项卡或特定的"布局"选项卡。

（4）视图是否与图纸中的视口关联。

（5）保存视图时图形中的图层可见性。

（6）用户坐标系。

（7）三维透视和剪裁。

8.2.2　恢复命名视图

将命名视图恢复为当前视图,可以使用命名视图执行以下操作:

（1）构造布局。

（2）恢复在模型空间工作时经常使用的视图。

（3）控制打开图形时显示的模型空间视图。

只有在从该特定的布局选项卡保存图形,才能在打开图形时指定要显示的布局视图。

8.2.3　创建和保存命名视图的步骤

如果模型空间中有多个视口,则在包含要保存的视图的视口中单击。如果正在某个布局中工作,选择该视口。

（1）在"视图"菜单中,单击"命名视图",或直接在命令行输入命令 View,出现如图 8.5 所示的"视图"对话框。

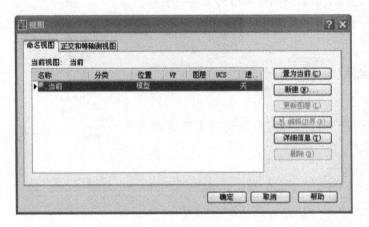

图 8.5　"视图"对话框

（2）在"视图"对话框的"命名视图"选项卡上,单击"新建",出现如图 8.6 所示的"新建视图"对话框。

（3）在"新建视图"对话框中为该视图输入名称。名称最多可以包含 255 个字符,包括字母、数字和特殊字符,如美元符号（\$）、连字符（-）和下划线（_）。

（4）输入视图类别。如果图形是图纸集的一部分,系统将列出该图纸集的视图类别,可以向列表添加类别或从中选择类别。

（5）选择以下选项之一来定义视图区域:

①"当前显示(C)":包括当前可见的所有图形。

②"定义窗口(D)":保存部分当前显示。使用定点设备指定视图的对角点时,该对话框将关闭。单击"定义窗口(D)"按钮,可以重定义该窗口。

(6)单击"确定"保存新视图并退出所有对话框。

8.3 视口操作

视口是显示不同视图的区域。在大型或复杂的图形中,用户可以在屏幕上同时打开多个窗口,以显示同一图形的不同视图,这些窗口称之为视口。显示不同的视口可以缩短在单一视图中缩放或平移的时间,而且在一个视口中出现的错误可能会在其他视口中表现出来。

视口可分为两大类:一类是处于模型空间的视口,称为平铺视口;一类是处于图纸空间的视口,称为浮动视口。两类视口的操作使用方法基本相同。下面以在模型空间中的操作为例进行介绍。

1. 使用模型空间视口

在"模型"选项卡上创建的视口充满整个绘图区域并且相互之间不重叠。在一个视口中作出修改后,其他视口也会立即更新。图8.7显示了三个模型空间视口。

图8.6 "新建视图"对话框

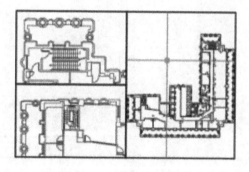

图8.7 三个模型空间视口

用模型空间视口,可以完成以下操作:

(1)平移、缩放、设置捕捉栅格和 UCS 图标模式以及恢复命名视图。

(2)用单独的视口保存用户坐标系方向。

(3)执行命令时,从一个视口绘制到另一个视口。

(4)为视口排列命名,以便在"模型"选项卡上重复使用或者将其插入布局选项卡。

2. 拆分与合并模型空间视口

图8.8显示了几个默认的模型空间视口配置,可以通过拆分与合并方便地修改模型空间视口。如果要将两个视口合并,则它们必须共享长度相同的公共边。

3. 在模型空间新建视口的步骤

(1)在"视图(V)"菜单中,单击"视口(V)→新建视口(E)",或直接在命令行输入命令Vports,出现如图8.9所示的"视口"对话框。

(2)"新名称(N)":为新建的模型空间视口配置指定名称。如果不输入名称,则新建的视口配置只能应用而不保存。如果视口配置未保存,将不能在布局中使用。

(3)"标准视口(V)":在"标准视口"列表框中选择一个标准视口,选定后,可以在"预览"

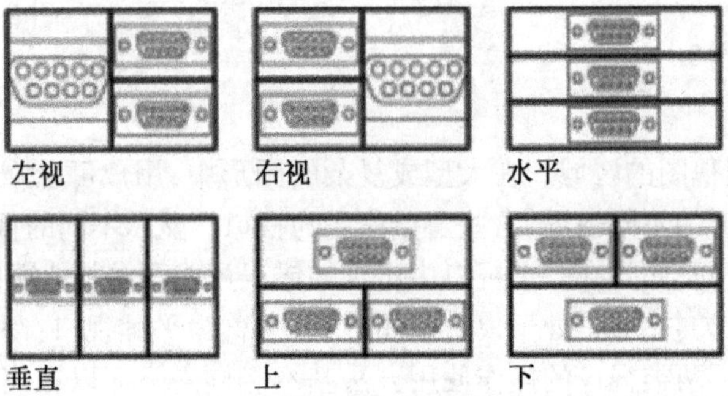

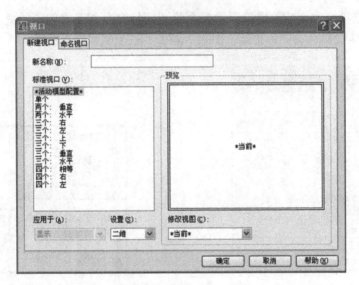

图 8.8　默认的模型空间视口配置

图 8.9　"视口"对话框

区看到相应的视口显示。

(4)"应用于(A)":指定模型空间视口配置是应用到整个显示窗口还是应用到当前视口。

(5)"设置(S)":指定设置类型。如果选择二维,新的视口配置将最初通过所有视口中的当前视图来创建。如果选择三维,一组标准正交三维视图将被应用到配置中的视口。

(6)"修改视图(C)":用从列表中选择视图替换选定视口中的视图,可以选择命名视图,如果已选择三维设置,也可以从标准视图列表中选择。使用"预览"区域查看选择。

(7)单击"确定"保存新视口并退出对话框。

8.4　鸟瞰视图

鸟瞰视图是一种视图缩放和视图平移的定位工具,它无需中断命令即可直接对图形视图进行快速缩放和快速平移,同时掌握当前视图在整个图形中的位置。它是一个独立的窗口,使用该功能,可以快速地找出并放大图形中的某个部分。鸟瞰视图通常应用于大型图纸的绘制中。

在"视图"菜单中,单击"鸟瞰视图",或直接在命令行输入命令 Dsviewer,出现如图8.10所示的"鸟瞰视图"对话框。

8.4.1 用"鸟瞰视图"快速平移

在"鸟瞰视图"对话框的图形区中,单击鼠标左键,光标变为与当前视图框大小相同的、带有一"×"符号的平移视图框。移动鼠标,使平移视图框移动到新的位置,此时,图形区也随着"鸟瞰视图"窗口的平移而平移,如图8.11所示。然后,单击鼠标右键确定。

图 8.10 "鸟瞰视图"对话框

图 8.11 用"鸟瞰视图"快速平移

8.4.2 利用"鸟瞰视图"快速缩放

在"鸟瞰视图"对话框的图形区中,单击鼠标左键,光标变为与当前视图框大小相同的平移框。按下鼠标左键,移动鼠标,使平移框大小发生改变,此时,图形区显示的图形对象数也随着"鸟瞰视图"窗口中平移框的大小而发生改变。单击鼠标左键确定平移框大小,如图8.12所示。然后,单击鼠标右键确定。

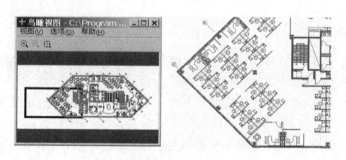

图 8.12 利用"鸟瞰视图"快速缩放

8.5 视图的重生成

视图的重生成是 AutoCAD 更新图面的一种方法。当对图形整体有影响的设置与选择发生变化时,如线型比例的改变、层颜色或字体的改变等,通常都会用到视图的重生成。有时对象在屏幕上的显示出现变形,用 REGEN 命令在当前视口中重生成整个图形,并重新计算所有对象的屏幕坐标,优化显示和对象选择的性能。

启动命令有以下三种方法:

菜单栏:选择"视图"→"重生成"。

命令行:输入"REGEN"或命令别名"RE"。

利用重生成命令一次可以重生成一个视口。如果要同时重生成多个视口,可以用全部重生成命令 REGENALL。

8.6　综合实例一

练习使用"缩放(Z)"命令的"动态(D)"选项。

打开一幅 AutoCAD 2006 自带的例图 db_samp. dwg,如图 8.13 所示。

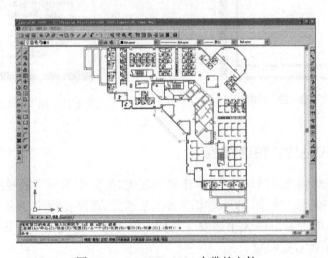

图 8.13　AutoCAD 2006 自带的文件

练习操作步骤如下:

(1)单击标准工具栏的"动态(D)"缩放命令按钮，屏幕进入临时显示状态,出现一个中间有"×"符号的平移视图框,如图 8.14 所示。

(2)单击鼠标左键,视图框的右边框旁出现一个向右的箭头符号,这是将平移视图框切换为缩放视图框。

(3)向左拖动鼠标,将视图框缩小至适当大小,如图 8.15 所示,单击确定将视图框切换到平移视图框。

(4)将平移视图框移动到图中需动态放大的位置,右击鼠标,结束动态缩放操作,得到如图 8.16 所示的图形。

8.7　综合实例二

使用多视口操作绘图实例。

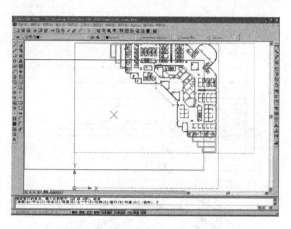

图 8.14　平移视图框缩小后的状态

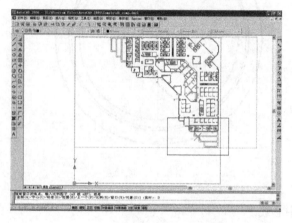

图 8.15　平移视图框至适当位置

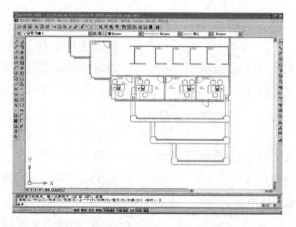

图 8.16　使用动态缩放放大后的图形

根据所给橡胶盖主视图尺寸,绘出橡胶盖平面图,如图 8.17 所示。
具体操作步骤如下:

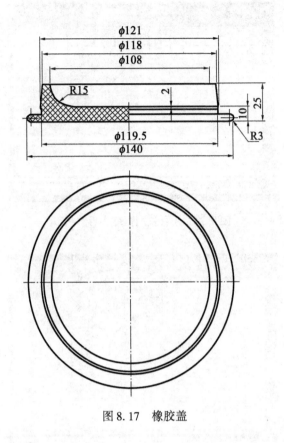

图 8.17　橡胶盖

(1)绘制平面图中心线。

命令及操作:单击【图层】工具栏中的工具按钮 ，将高亮光条移到"中心线"图层名上,单击鼠标左键。

　　　　　　　　　　　　　　　　　　　　//设置"中心线"为当前层。

命令:line 指定第一点: ＜捕捉 开＞ ＜正交 开＞ 拾取第一点

　　　　　　　　　　　　　　　　　　　　//拾取 A 中心线上的一个端点。

指定下一点或［放弃(U)］:拾取第二点　　//拾取 A 中心线上另一个端点。

指定下一点或［放弃(U)］:　　　　　　　//按 Enter 键,完成 A 中心线。

命令:line 指定第一点: ＜对象捕捉追踪 开＞ ＜对象捕捉 开＞ 拾取第一点

　　　　　　　　　　　　　　　　　　　　//拾取 B 中心线上的一个端点。

指定下一点或［放弃(U)］:拾取第二点　　//拾取 B 中心线上另一个端点。

指定下一点或［放弃(U)］:　　　　　　　//按 Enter 键,完成 B 中心线。

(2)设置两个平铺的绘图视口。

命令:-vports　　　　　　　　　　　　　//启用"创建多重视口"命令。

输入选项［保存(S)/恢复(R)/删除(D)/合并(J)/单一(SI)/? /2/3/4］＜3＞:_2

　　　　　　　　　　　　　　　　　　　　//创建 2 个平铺视口。

输入配置选项［水平(H)/垂直(V)］＜垂直＞:

　　　　　　　　　　　　　　　　　　　　//按 Enter 键,选择"垂直"平铺视口。

正在重生成模型。   //完成创建多重视口。

效果如图8.18所示,其中默认右视口为当前视口,其边框呈高亮显示。

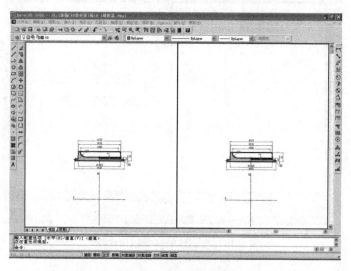

图8.18 两个平铺的绘图视口

(3)在创建的多重视口中绘图。

命令: ZOOM   //启用视窗"缩放"命令。

指定窗口的角点,输入比例因子(nX 或 nXP),或者[全部(A)/中心(C)/动态(D)/范围(E)/上一个(P)/比例(S)/窗口(W)/对象(O)] <实时> : _w

                                            //选择"窗口"缩放命令。

指定第一个角点: 用鼠标取点   //拾取第一角点。

指定对角点: 用鼠标取点   //拾取第二角点。

在右视口中得到橡胶盖主视图的放大效果图。

命令及操作:将十字光标移向左视口,用鼠标单击左视口,使其成为当前视口。

命令: ZOOM   //启用视窗"缩放"命令。

指定窗口的角点,输入比例因子(nX 或 nXP),或者[全部(A)/中心(C)/动态(D)/范围(E)/上一个(P)/比例(S)/窗口(W)/对象(O)] <实时> : _w

                                            //选择"窗口"缩放命令。

指定第一个角点: 用鼠标取点   //拾取第一角点。

指定对角点: 用鼠标取点   //拾取第二角点。

在左视口中得到橡胶盖平面视图区的放大效果图。

效果如图8.19所示。下面继续在左视口中作图。

命令: c CIRCLE 指定圆的圆心或[三点(3P)/两点(2P)/相切、相切、半径(T)]: _int 于

                                            //启用"圆"命令,选择"交点"。

指定圆的半径或[直径(D)] : 54   //输入圆半径值54。

命令: //按 Enter 键,继续画圆。

CIRCLE 指定圆的圆心或[三点(3P)/两点(2P)/相切、相切、半径(T)]: _int 于

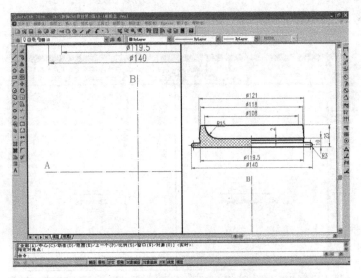

图 8.19　在创建的多重视口中绘图

	//选择中心线"交点"为圆心。
指定圆的半径或［直径(D)］<54>：59	//输入圆半径值59。
命令：	//按 Enter 键,继续画圆。

CIRCLE 指定圆的圆心或［三点(3P)/两点(2P)/相切、相切、半径(T)］：_int 于
　　　　　　　　　　　　　　　　　　　//选择中心线"交点"为圆心。

| 指定圆的半径或［直径(D)］<59>：60.5 | //输入圆半径值60.5。 |
| 命令： | //按 Enter 键,继续画圆。 |

CIRCLE 指定圆的圆心或［三点(3P)/两点(2P)/相切、相切、半径(T)］：_int 于
　　　　　　　　　　　　　　　　　　　//选择中心线"交点"为圆心。

指定圆的半径或［直径(D)］<60.5>：70　//输入圆半径值70。

完成平面图的绘制。

(4)还原多视口为单视口状态。

| 命令：-vports | //启用"创建多重视口"命令。 |

输入选项［保存(S)/恢复(R)/删除(D)/合并(J)/单一(SI)/? /2/3/4］<3>：_si
　　　　　　　　　　　　　　　　　　　//选择单视口。

| 正在重生成模型。 | //完成创建单视口。 |
| 命令：ZOOM | //启用视窗"缩放"命令。 |

指定窗口的角点,输入比例因子 (nX 或 nXP),或者［全部(A)/中心(C)/动态(D)/范围(E)/上一个(P)/比例(S)/窗口(W)/对象(O)］<实时>：_e
　　　　　　　　　　　　　　　　　　　//选择"范围"缩放命令。

完成全图,得到如图 8.17 所示的图形。

8.8 练习题

打开一幅 AutoCAD 2006 自带的例图 kitchens. dwg,设置三个平铺的视口,要求大视口在左,两个小视口在右;大视口中显示"厨房全部设备",右上的小视口中显示"微波炉",右下的小视口中显示"洗衣机",如图 8.20 所示。

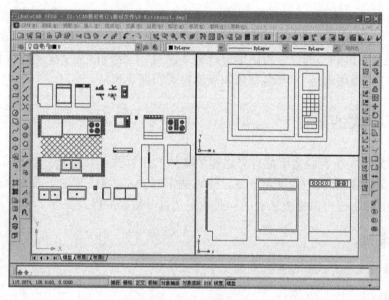

图 8.20 平铺视口

第9章 注写文字与表格

一张完整的工程图,除了图形外,还要有相关的文字和表格说明,这样才能准确地表达设计师的意图。添加到图形中的文字可以表达各种信息,它可以是复杂的技术要求、标题栏信息、标签,甚至是图形的一部分。对图形进行文字注写,主要包括文字样式的设置、标注文字、编辑文字等内容;使用表格,主要包括使用表格样式和创建表格。

9.1 文字样式的建立

在 AutoCAD 中,所有的文字都有与之相关联的文字样式。文字样式设置了文字的特性,例如字体、字宽、高度和其他的文字效果。输入文字时,AutoCAD 使用当前文字样式。用户可以利用当前的样式,也可以修改已有的样式或定义自己需要的样式。

9.1.1 功能

创建和修改文字样式并设置当前的文字样式。

9.1.2 调用

菜单栏:"格式"→"文字样式"。

命令行:STYLE 或 DDSTYLE 并回车。

工具栏:单击"文字"工具栏中的"文字样式"按钮 。

9.1.3 格式

执行命令:_style。

执行该命令后,AutoCAD 弹出"文字样式"对话框,如图9.1 所示。

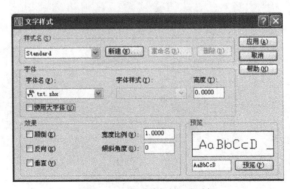

图9.1 "文字样式"对话框

用户可以使用"文字样式"对话框创建新的文字样式或修改已有的文字样式。Auto-CAD2006 中默认的字体样式名为"Standard "(标准样式)。

9.1.4 说明

(1)"样式名"选项组:用于选择当前的文字样式、创建新的文字样式、为已有的文字样式更名或删除已有的文字样式。但标准文字样式"Standard "不能删除。

①"新建(N)..."按钮:单击该按钮,弹出"新建文字样式"对话框,如图 9.2 所示。在该对话框的"样式名"文本框中输入要创建的样式名称,单击"确定"即完成新建"样式名"。文字样式名最长可达 255 个字符,名称中可以包含字母、数字和特殊字符,如" $ "、"_"、"-"等。

图 9.2 "新建文字样式"对话框

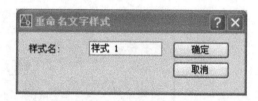

图 9.3 "重命名文字样式"对话框

②"重命名(R)..."按钮:当图形中含有除了标准文字样式"Standard "以外的文字样式时,"重命名(R)..."按钮呈可选状态。单击该按钮,弹出"重命名文字样式"对话框,如图 9.3 所示。在该对话框的"样式名"文本框中输入要更改的样式名称,单击"确定"即完成文字样式的重命名。

③"删除(D)"按钮:删除文字样式。从列表中选择一个样式名将其置为当前,然后选择"删除(D)"。

(2)"字体"选项组:用于确定字体的样式文件、是否采用大字体以及字体的默认高度。

①"字体名(F)"下拉列表:列出所有注册的 TrueType 字体和 Fonts 文件夹中编译的形(SHX)字体的字体族名,可以定义同样字体的多个样式。

②"字体样式(Y)"下拉列表:指定字体格式,比如斜体、粗体或者常规字体。选定"使用大字体"后,该选项变为"大字体",用于选择大字体文件。

③"高度(T)":根据输入的值设置文字高度。如果输入 0.0,每次用该样式输入文字时,将采用系统的默认文字高度。输入大于 0.0 的高度值则为该样式设置固定的文字高度。在相同的高度设置下,TrueType 字体显示的高度要小于 SHX 字体。

④"使用大字体":指定亚洲语言的大字体文件。只有在"字体名"中指定 SHX 文件,才能使用"大字体"。只有 SIIX 文件可以创建"大字体"。

(3)"效果"选项组:用于设置字体的特殊效果,如将文本文字倒置标注、反向标注、垂直标注,设置文字的宽度系数、倾斜角度。

①"颠倒(E)":用来设置是否颠倒显示文字。此设置对多行文字对象无影响。

②"反向(K)":用来设置是否将文字反向显示。此设置对多行文字对象无影响。

③"垂直(V)":显示垂直对齐的字符。只有在选定字体支持双向时"垂直"才可用。TrueType 字体的垂直定位不可用。

④"宽度比例(W)":设置字符间距。输入小于 1.0 的值将压缩文字,输入大于 1.0 的值

则扩大文字。此设置对单行文字对象无影响。

⑤"倾斜角度(0)"：设置文字的倾斜角。输入一个 – 85～85 之间的值将使文字倾斜。此设置对单行文字对象无影响。

(4)"预览"选项组：在对字体的更换和效果的修改时动态显示样例文字。在字符预览图像下方的方框中输入字符，将改变样例文字。

(5)CAD 制图中字体样式的应用：实际上，AutoCAD 2006 提供了 gbenor. shx、gbeitc. shx 和 gbcbig. shx 字体文件。可以用 gbenor 来书写正体的数字和字母，用 gbeitc 来书写斜体的数字和字母，用 gbcbig 来书写长仿宋体汉字。所以在实际操作中，一般要新建两个文字样式，一个用来书写字母和数字，另一个用来书写长仿宋体汉字。其具体设置如图9.4 和图9.5 所示。

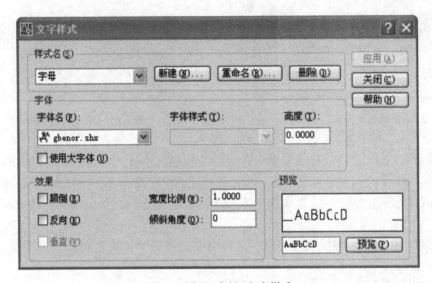

图 9.4   设置"字母"文字样式

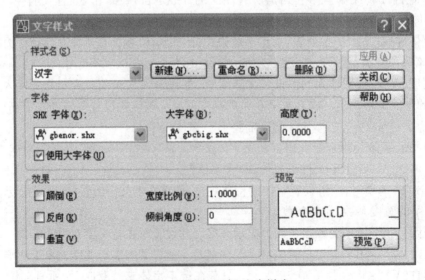

图 9.5   设置"汉字"文字样式

由于目前个人计算机广泛采用 Windows 操作系统,所以 AutoCAD 还可以使用 TrueType 字体。TrueType 字体中没有长仿宋体,故在使用时,可以将"宽度比例(W)"设为 0.707,将仿宋体改为长仿宋体。

9.2 单行文字的标注

单行文字一般用于创建文字内容比较简短的文字对象,每一行都是一个文字对象。在图中放置单行文本时,系统将提示用户指定插入点、文本类型、对齐、高度等特性。

9.2.1 功能

标注单行文字。

9.2.2 调用

菜单栏:"绘图"→"文字"→"单行文字"。

命令行:TEXT 或 DTEXT。

工具栏:单击"文字"工具栏上的"单行文字"按钮 。

9.2.3 格式

单击"文字"工具栏上的"单行文字"按钮 ,命令行提示如下:

命令:_dtext。

当前文字样式:Standard,当前文字高度:5.000。

指定文字的起点或[对正(J)/样式(S)]:(在屏幕上选取一点作为文字的起点)。

指定高度<5.0000>:(指定文字的高度)。

指定文字的旋转角度<0>:(指定文字的倾斜角度)。

输入文字的倾斜角度后按 Enter 键,将会在指定点的绘图区出现一透明窗口,提示输入要标注的文字。

在此提示下输入一行文本后回车,系统继续提示:

输入文字:

可继续输入文字,全部输入完后,在此提示下直接回车,完成文字输入。

1. 指定文字的起点

指定第一个字符的插入点。如果按 Enter 键,程序将紧接最后创建的文字对象(如果有)定位新的义字。

2. 对正(J)

用来确定文本的对齐方式,对齐方式决定文本的哪一部分与所选的插入点对齐。此时,系统提示:

输入选项[对齐(A)/调整(F)/中心(C)/中间(M)/右(R)/左上(TL)/中上(TC)/右上(TR)/左中(ML)/正中(MC)/右中(MR)/左下(BL)/中下(BC)/右下(BR)]:

各选项的含义说明如下:

(1)对齐(A):确定文本串的起点和终点,根据输入文本调整文本高度以使文本适于放在两点之间。

（2）调整（F）：确定文本串的起点和终点。不改变高度，调整齐宽度系数以使文本适于放在两点间。

（3）中心（C）：确定文本串基线水平中点。

（4）中间（M）：确定文本串基线的水平和竖直方向上的中点。

（5）右（R）：确定文本串基线右端点。

（6）左上（TL）：文本对齐在第一个字符的文本单元的左上角。

（7）中上（TC）：文本对齐在文本单元串的顶部，文本串向中间对齐。

（8）右上（TR）：文本对齐在文本串最后一个文本单元的右上角。

（9）左中（ML）：文本对齐在第一个文本单元左侧的垂直中点。

（10）正中（MC）：文本对齐在文本串的中央的中心点。

（11）右中（MR）：文本对齐在右侧文本单元的垂直中点。

（12）左下（BL）：文本对齐在第一个文字单元的左角点。

（13）中下（BC）：文本对齐在基线中点。

（14）右下（BR）：文本对齐在基线的最右侧。

以字母为例，单行文字的各种对齐方式如图9.6所示。

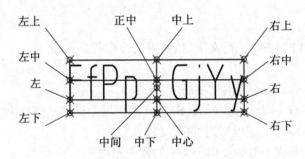

图9.6 单行文字的对齐方式

从图中可以看出，AutoCAD 2006 为单行文字定义了顶线、中线、基线和底线，用于确定文字的位置。顶线位于大写字母的顶部，基线位于大写字母底部。无下行的字母基线即是底线，下行的字母（有伸出基线以下部分的字母，如 p、j、y）等底线与基线并不重合。而中线随文字中有无下行字母而不同，若无下行字母，即为大写字母的中部。

3. 样式（S）

用于设置标注文本时使用的文字样式。选择此选项时，系统提示：

输入样式名或［？］＜Standard＞：（输入样式名）

若选择"？"，则系统提示：

输入要列出的文字样式＜＊＞：

在此提示下直接回车，系统打开文本窗口，显示当前已有的所有文字样式以及每种样式的字体文件、字高、倾斜角等参数设置情况。

文字样式选定后，用户可根据需要选择对齐方式并指定插入点，然后输入文字。

9.3 多行文字的标注

对于较长、较为复杂的内容,可以创建多行或段落文字。多行文字是由任意数目的文字行或段落组成的,布满指定的宽度,还可以沿垂直方向无限延伸。在图中标注多行文字时,需要指定文字标注的宽度,还可以指定文字的对正方式、样式、高度、旋转角度、宽度、颜色、间距等文字特性。

9.3.1 功能

标注多行或段落文字。

9.3.2 调用

菜单栏:"绘图"→"文字"→"多行文字"。
命令行:MTEXT。
工具栏:单击"文字"工具栏上的"多行文字"按钮 。

9.3.3 格式

单击"文字"或"绘图"工具栏上的"多行文字"按钮 ,命令行提示如下:
命令:_mtext,当前文字样式: Standard,当前文字高度: 5.000。
指定第一角点:输入第一个角点。
指定对角点或 [高度(H)/对正(J)/行距(L)/旋转(R)/样式(S)/宽度(W)]:
各选项的含义说明如下:

1. 指定对角点

在屏幕上选取一点作为矩形的第二个角点,AutoCAD 以这两个点形成一个矩形区域。该区域为文本输入区域,矩形内的箭头指示段落文字的走向。此时,打开"在位文字编辑器",如图 9.7 所示。该编辑器包含一个顶部带标尺的边框和"文字格式"工具栏。利用此编辑器与文字格式对话框输入多行文本并对其格式进行设置。

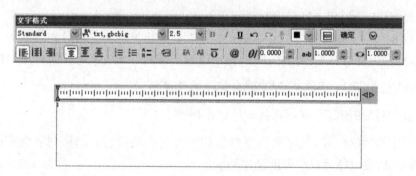

图9.7 在位文字编辑器

(1)"文字格式"工具栏:用于控制多行文字对象的文字样式和选定文字的字符样式。

①"文字样式"下拉列表框：用于选择用户设置的文字样式。

②"字体"下拉列表框：用于选择文字使用的字体。

③"字体高度"下拉列表框：用于确定文字的高度，可以直接输入高度值也可以从下拉列表中选择。

④"文字加粗"按钮 **B**：用于确定文字是否加粗。此选项仅适用于使用 TrueType 字体的字符。

⑤"文字倾斜"按钮 *I*：用于确定文字是否显示斜体效果。此选项仅适用于使用 True-Type 字体的字符。

⑥"下划线"按钮 **U**：为新建文字或选定文字打开和关闭下画线。

⑦"放弃"按钮 ↺ 和"重做"按钮 ↻：单击它们，可分别取消前一次操作或恢复前一次放弃的操作。

⑧"堆叠"按钮 ：利用该按钮可以创建或取消堆叠文字（例如分数）。当在选定的文字中包含有"^"、"/"和"#"等符号时，用此按钮创建不同的堆叠效果。

如果用户在选中堆叠文字后单击鼠标右键，在打开的快捷菜单中选择"堆叠特性"命令，系统弹出"堆叠特性"对话框，如图9.8所示。利用该对话框可以设置堆叠的其他特性以及自动堆叠。

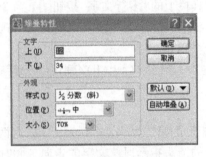

图9.8 "堆叠特性"对话框

⑨"文字颜色"下拉列表框：用于设置或改变文字的颜色。

⑩"标尺"按钮 ：用于显示或隐藏标尺。

⑪"左对齐/中央/右对齐"选项：用于设置左右文字边界的对正和对齐。

⑫"上对齐/中央对齐/下对齐"选项：用于设置上部和下部文字边界的对正和对齐。

⑬"编号"按钮 ：利用编号创建带有句点的列表。

⑭"项目编号"按钮 ：利用项目符号创建列表。

⑮"大写字母"按钮 ：利用大写字母创建带有句点的列表。如果列表含有的项多于字母中含有的字母，可以使用双字母继续序列。

⑯"插入字段"按钮 ：单击该按钮，系统弹出"字段"对话框，如图9.9所示。利用该对话框可以插入包含说明的文字，这些说明用于显示可能会在图形生命周期中修改的数据。

⑰"全部大写"按钮 和"全部小写"按钮 ：单击该按钮，将选定的文字更改为大写或

图9.9 "字段"对话框

小写。

⑱"上划线"按钮 $\overline{\mathbf{o}}$:单击该按钮,将直线放置到选定的文字上。

⑲"符号"按钮 @ :单击该按钮,系统弹出如图 9.10 所示的下拉菜单。利用该菜单可以在光标所在位置插入符号或不间断空格,也可以手动插入符号。

度数 (D)	%%d
正/负 (P)	%%p
直径 (I)	%%c
几乎相等	\U+2248
角度	\U+2220
边界线	\U+E100
中心线	\U+2104
差值	\U+0394
电相位	\U+0278
流线	\U+E101
标识	\U+2261
初始长度	\U+E200
界碑线	\U+E102
不相等	\U+2260
欧姆	\U+2126
欧米加	\U+03A9
地界线	\U+214A
下标 2	\U+2082
平方	\U+00B2
立方	\U+00B3
不间断空格 (S)	Ctrl+Shift+Space
其他 (O)...	

图9.10 "符号"下拉菜单

图9.11 "文字格式"快捷菜单

⑳"倾斜角度"文本框 $0/$ 0.0000 ：用于确定文字是向前倾斜还是向后倾斜。倾斜角度表示的是相对于90°方向的偏移角度。

㉑"追踪"文本框 a·b 1.0000 ：用于增大或减小选定字符之间的空间。

㉒"宽度比例"文本框 ⬯ 1.0000 ：用于扩展或收缩选定字符。

（2）快捷菜单

在"在位文字编辑器"中单击鼠标右键，系统打开如图9.11所示的快捷菜单。该菜单用于控制"文字格式"工具栏的显示，并提供了其他编辑选项。

关于其主要选项的功能说明如下：

①"√显示工具栏"选项：用于控制"文字格式"工具栏的显示。如果要恢复工具栏的显示，在编辑器中单击鼠标右键，然后选择"显示工具栏"命令。

②"√显示选项"选项：用于显示"文字格式"的更多选项。

③"√显示标尺"选项：用于控制"文字格式"的标尺显示。

④"不透明背景"选项：选中此选项，将使标记编辑器背景成为不透明。默认情况下，编辑器是透明的。

⑤"输入文字(T)"选项：选中此选项，系统弹出"选择文件"对话框，如图9.12所示。利用该对话框可以选择任意ASCII或RTF格式的文件。

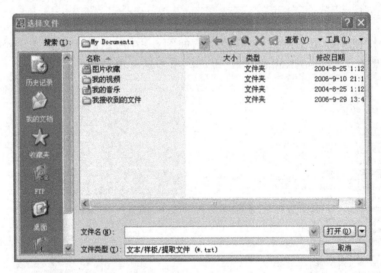

图9.12 "选择文件"对话框

⑥"缩进和制表位"选项：选中此选项，系统弹出"缩进和制表位"对话框，如图9.13所示。利用该对话框用户可设置段落的缩进和制表位。段落的第一行和其余行可以采用不同的缩进。

⑦"项目符号和列表"选项：显示用于创建列表的选项。

⑧"背景遮罩"选项：选中此选项，系统弹出"背景遮罩"对话框，如图9.14所示。利用该对话框可以设置是否使用背景遮罩、边界偏移因子(1~5)以及背景遮罩的填充颜色。

⑨"查找和替换"选项：选中此选项，系统弹出"查找和替换"对话框，如图9.15所示。利用该对话框用户可以进行替换操作。

图 9.13 "缩进和制表位"对话框

图 9.14 "背景遮罩"对话框

图 9.15 "查找和替换"对话框

2. "高度(H)"

指定用于多行文字字符的文字高度。

3. "对正(J)"

根据文字边界,确定新文字或选定文字的文字对齐和文字走向。

4. "行距(L)"

指定多行文字对象的行距。行距是指相邻两文字行的基线之间的垂直距离。

执行该选项,AutoCAD 提示:

输入行距类型[至少(A)/精确(E)] < 至少(A) > :< 当前类型 > 。

有两种方式确定行间距:"全少"方式和"精确"方式。

(1)"至少(A)":在该方式下 AutoCAD 根据每行文本中最大的字符自动调整行间距,执行该选项,AutoCAD 提示:

输入行距比例或行距 <1x > :

在此提示下可以直接输入一个确切的间距值,也可以输入"nx"形式,其中 n 是一个具体数,表示行间距设置为单行文本高度的 n 倍,而单行文本高度是本行文本高度的 1.66 倍。

(2)"精确(E)":在该方式下 AutoCAD 给多行文本赋予一个固定的行间距,执行该选项,AutoCAD 提示:

输入行距比例或行距 <1x>：

在此提示下可以直接输入一个确切的数值作为行间距,也可以有"nx"的形式。

5."旋转(R)"

指定文字边界的旋转角度。

6."样式(S)"

指定用于多行文字的文字样式。

7."宽度(W)"

指定文字边界的宽度。

9.4 不规则字符的输入方法

AutoCAD 2006 新增了大量的特殊字符,以满足绘图时的标注需要。在如图9.10所示的"符号"下拉菜单中,包含有大部分的常用特殊字符。在此下拉菜单中,单击"其他(O)",弹出"字符映射表"对话框,如图9.16 所示,亦可完成更多不规则字符的输入。

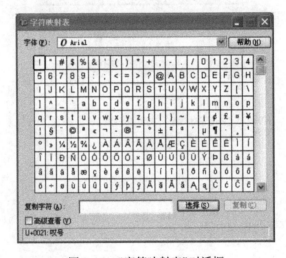

图9.16 "字符映射表"对话框

其输入步骤如下：

(1)在"在位文字编辑器"中,单击"符号"下拉菜单中的"其他(O)"选项,系统弹出"字符映射表"对话框。

(2)选中要插入的字符,然后单击"选择"按钮。

(3)选中要使用的所有字符,然后单击"复制"按钮,单击 ✕ 按钮,关闭"字符映射表"对话框。

(4)在"在位文字编辑器"中将十字光标移至需插入字符处,单击鼠标右键,在弹出的快捷菜单中选择"粘贴",即完成字符的输入。

9.5　编辑文字

一般来讲,编辑文字应涉及两个方面,即修改文字内容和文本特性。编辑文字的常用方法有两种:一种是命令"DDEDIT",它适用于只修改文字的内容,文字对象的格式和特性不需改变的情形;当要修改内容、文字样式、位置、方向、大小、对正和其他特性时,则使用命令"PROPERTIES"。

文字对象还有夹点,可用于移动、缩放和旋转。文字对象在基线左下角和对齐点有夹点。命令的效果取决于所选择的夹点。

多行文字的编辑选项比单行文字多。例如,可以将对下划线、字体、颜色和高度的修改应用到段落中的单个字符、单词或短语。

9.5.1　利用 DDEDIT 命令编辑文字

执行该命令进行文字内容的编辑。

命令执行方式:

菜单栏:"修改"→"对象"→"文字"→"编辑"。

命令行:DDEDIT。

工具栏:单击"文字"工具栏的"编辑"按钮 。

快捷菜单:选择一个文本对象,在该区域单击鼠标右键,从弹出的快捷菜单中选择"编辑多行文字(I)"选项,或者是直接双击一个文字对象进行在位编辑。

很显然,直接双击一个文字对象进行在位编辑是最方便的编辑文字的方法。

操作过程:

执行命令:_ddedit。

执行该命令后,AutoCAD 提示:

选择注释对象或[放弃(U)]:

如果用户选择的是使用 DTEXT 命令创建的文字对象,则 AutoCAD 弹出文字"在位编辑框",编辑框内的文本内容呈高亮显示的可编辑状态。用户可以通过该文字框修改文字内容,然后将光标移到文字以外的绘图区单击即完成文字编辑。

如果用户选择的是使用 MTEXT 命令创建的多行文字对象,则 AutoCAD 弹出"在位文字编辑器"对话框,如图 9.7 所示,在编辑器的"文字"框中显示选中文字对象的内容。用户可以通过该文字框修改文字内容,对文字内容使用的字体、文字高度、文字样式、宽度等项目进行修改,然后将光标移到编辑框以外的绘图区单击或单击"确定"按钮关闭对话框。

9.5.2　利用"对象特性"面板编辑文字

该命令具有显示和修改选择文字对象的特性功能。

命令执行方式:

菜单栏:"修改"→"特性"。

命令行:PROPERTIES 或 DDMODIFY。

工具栏:单击"标准"工具栏的"对象特性"按钮 。

操作过程：

执行命令：_properties。

执行命令后，先选择要修改的文字对象，然后 AutoCAD 打开"特性"对话框，如图 9.17 所示。用户可在窗口特性列表中编辑文字对象的各种特性，如文字对象的颜色、图层、线型、内容、字体样式等。

图 9.17 "特性"对话框

9.6 使用表格

在工程图样和文件管理中，表格是必不可少的要素。AutoCAD 2006 中文版提供了绘制表格的功能，用户不仅可以使用创建表格命令创建数据表格或标题块，实现表格数据的计算，还可以从其他软件中复制表格，从而提高绘图效率。

AutoCAD 中的表格与 Excel 表格类似，且更为简单。

9.6.1 创建与设置表格样式

1. 调用

菜单栏："格式"→"表格样式"。

命令行：TABLESTYLE。

工具栏：单击"样式"工具栏的"表格样式"按钮 。

2. 格式

执行命令：_tablestyle。

执行创建表格样式命令后，系统弹出"表格样式"对话框，如图 9.18 所示。

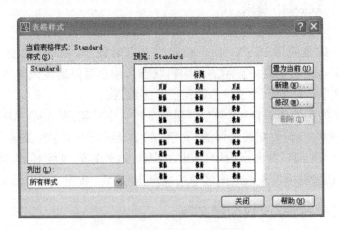

图 9.18 "表格样式"对话框

各选项的含义说明如下：

(1)"样式(S)"列表：选择样式的名称。可利用"新建(N)"、"修改(M)"和"删除(M)"三个按钮来新建、修改和删除表格样式，并用"置为当前(U)"按钮将选择的样式作为当前表格样式。

(2)"列出(L)"列表：选择样式列表中样式的过滤条件。

(3)"预览：(样式名)"窗口：预览所选择的表格样式。

(4)"新建(N)"：单击该对话框中的"新建(N)"按钮，系统弹出"创建新的表格样式"对话框，如图9.19所示。

图9.19 "创建新的表格样式"对话框

在"新样式名(N)"文本框中输入新的表格样式名称，如"标题栏"，在"基础样式(S)"下拉列表中选择一种基础样式。单击"继续"按钮，系统弹出"新建表格样式：标题栏"对话框，如图9.20所示。

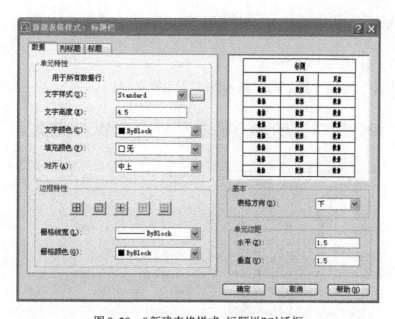

图9.20 "新建表格样式：标题栏"对话框

在"新建表格样式：标题栏"对话框中有三个选项卡，分别是"数据"、"列标题"和"标题"，利用这三个选项卡可以分别设置表格的数据、列标题和标题的样式。

由于这三个选项卡的内容基本相同，下面就以"数据"选项卡为例将各选项的含义说明如下：

(1)"单元特性"选项区：用于设置表格单元中文字的样式、高度、颜色等特性。

①"文字样式(S)"下拉列表框：用于选择可以使用的文字样式。

②"文字高度(E)"文本框：用于设置表格单元中的文字高度。默认情况下，数据和列标题

的文字高度为4.5,标题文字的高度为6。

③"文字颜色(C)"下拉列表框:用于设置文字的颜色。

④"填充颜色(F)"下拉列表框:用于设置表格的背景填充颜色。

⑤"对齐(A)"下拉列表框:用于设置表格单元的文字对齐方式。

(2)"边框特性"选项区:用于设置表格的边框是否存在。当表格具有边框时,可以在"栅格线宽(L)"下拉列表中选择表格的边线宽度,在"栅格颜色(G)"下拉列表中设置边框颜色。

(3)"基本"选项区:用于选择表格的方向是向上或是向下。

(4)"单元边距"选项区:用于设置表格单元内容距边线的水平和垂直距离。

对新建的样式设置完成后,按"确定"按钮,确定新样式的设置并返回表格样式对话框。将需要的表格样式"置为当前",按"关闭"按钮,完成表格样式的设置。

9.6.2　创建表格

绘制表格这一功能的出现改变了以往利用直线命令来绘制表格的方式,提高了工作效率。

1. 调用

菜单栏:"绘图(D)"→"表格"。

命令行:TABLE。

工具栏:单击"绘图"工具栏的"表格"按钮 ▦。

2. 格式

执行命令:_table。

执行创建表格命令后,系统弹出"插入表格"对话框,如图9.21所示。

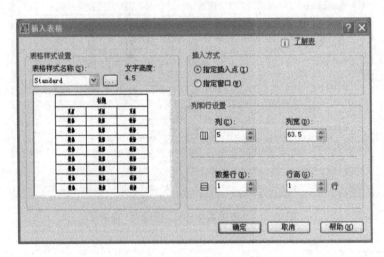

图9.21　"插入表格"对话框

该对话框中,各选项含义如下:

(1)"表格样式设置"选项区:选择所建表格使用的样式。按 按钮可以打开"表格样式"对话框,对样式进行修改。

(2)"插入方式"选项区:用来选择是指定一点插入表格,还是为表格指定一个窗口范围。选择不同的选项,列和行的设置方法是不同的。

（3）"列和行设置"选项区：用来设置表格的行数、列数、行高和列宽。

设置完成后，单击"确定"按钮，退出对话框。在屏幕上指定表格的位置，完成一个空表格的创建，同时文字编辑功能打开，双击一个单元格，可以向表格单元中输入内容。

9.6.3　表格的编辑

编辑一个表格对象：单击表格的任意一条边框线就可以选择一个表格对象，被选中的表格对象上出现夹点，如图 9.22 所示。移动夹点可以修改表格的大小、位置。

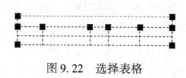

图 9.22　选择表格

选中表格对象后，右击鼠标，弹出编辑表格的快捷菜单，如图 9.23 所示。

编辑单元格：在一个单元格内单击鼠标，即可选中一个单元格，单元边框的中央将显示夹点，如图 9.24 所示，拖动边框上的夹点可以改变单元的列宽或行高。要选择多个单元，可以用窗口或窗交选择方式。单击一个单元格，按住 Shift 键并在另一个单元内单击，可以同时选中这两个单元以及它们之间的所有单元。

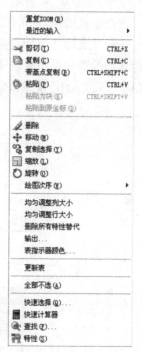

图 9.24　选择表格单元

选取表格单元后，右击鼠标，弹出编辑表格单元的快捷菜单，如图 9.25 所示。

编辑表格或单元的几点说明：

（1）修改表格或表格单元，利用特性是很有用的方法。

（2）插入公式：选择一个单元，右击鼠标，在菜单中的"插入公式"的下级菜单中选择要插入的公式，然后选择应用公式的单元范围，就可以执行求和、取平均等运算了。

（3）可以用"匹配单元"命令将某个单元的特性复制到其他单元。

图 9.23　表格编辑快捷菜单

（4）同时选择邻近的几个单元，可以用"合并单元"命令合并单元。

9.7　表格应用实例

利用文字和表格，按照尺寸创建如图 9.26 所示的传动明细表。要求汉字字高为 5mm，字母及数字字高为 3.5mm。

具体操作步骤如下：

（1）设置文字样式。

命令及操作：单击"文字"工具栏中的"文字样式"按钮 A，弹出"文字样式"对话框，默认样式名为 Standard，选择"SHX 字体（X）"为"txt. shx"，使用大字体，"大字体（B）"选为"gbcbig. shx"，如图 9.27 所示。

（2）设置表格样式。

命令及操作：单击"样式"工具栏的"表格样式"按钮 ，弹出"表格样式"对话框，单击该对话框中的"新建（N）"按钮，弹出"创建新的表格样式"对话框，在"新样式名（N）"文本框中输入新的表格样式名称"明细表"，默认"基础样式（S）"为 Standard，如图 9.28 所示。

命令及操作：单击"继续"按钮，系统弹出"新建表格样式：明细表"对话框，取消"标题"选项卡中的"包含标题行（I）"，设置"数据"选项卡，如图 9.29 所示。

命令及操作：单击并设置"列标题"选项卡，如图 9.30 所示。

命令及操作：对新建的样式设置完成后，按"确定"按钮，确定新样式的设置并返回表格样式对话框。将需要的表格样式"置为当前（U）"，按"关闭"按钮，完成表格样式的设置。

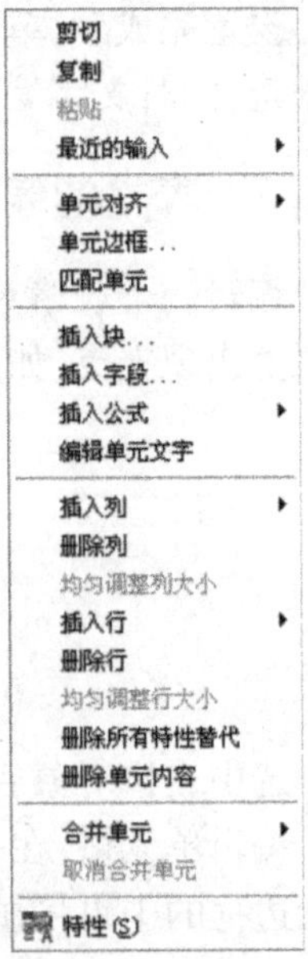

图 9.25　单元编辑快捷菜单

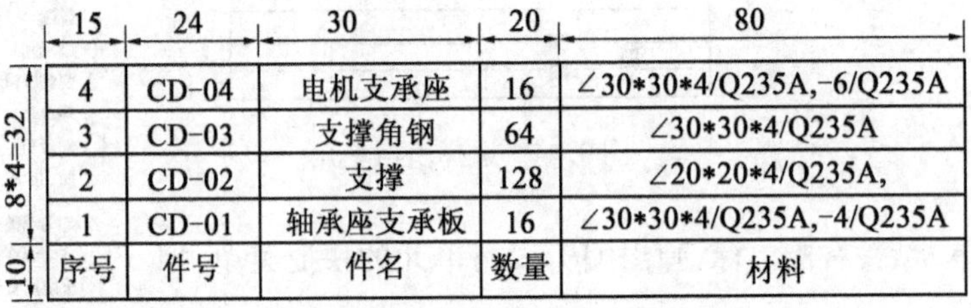

15	24	30	20	80		
4	CD-04	电机支承座	16	∠30*30*4/Q235A，-6/Q235A		
3	CD-03	支撑角钢	64	∠30*30*4/Q235A		
2	CD-02	支撑	128	∠20*20*4/Q235A，		
1	CD-01	轴承座支板	16	∠30*30*4/Q235A，-4/Q235A		
序号	件号	件名	数量	材料		

图 9.26　传动明细表

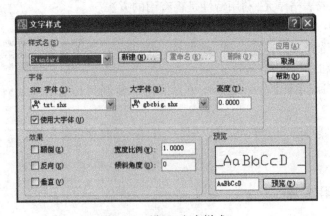

图 9.27　设置"文字样式"

（3）绘制表格。

图 9.28　创建新的表格样式:明细表

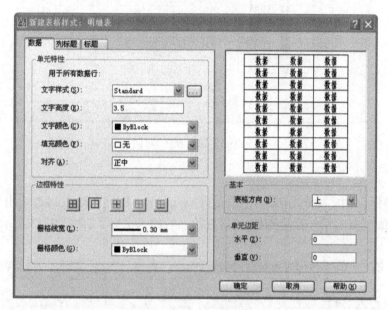

图 9.29　设置"数据"选项卡

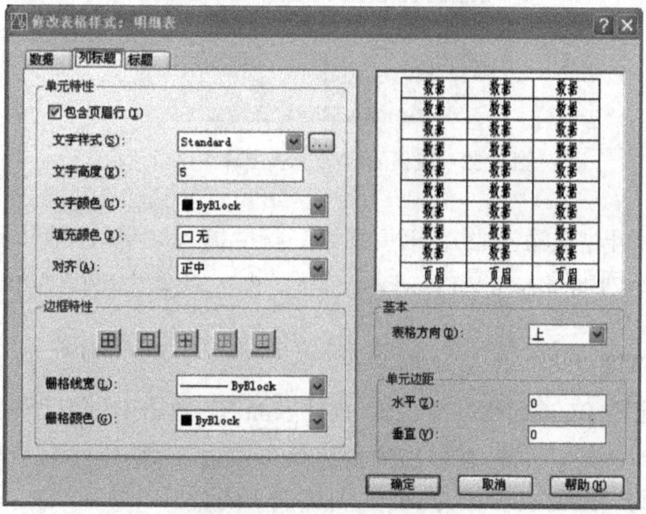

图 9.30　"列标题"选项卡设置

命令及操作:单击"绘图"工具栏的"表格"按钮 ,系统弹出"插入表格"对话框,设置列数为5列,列宽为15,行数为5行,行高为8,如图9.31所示。

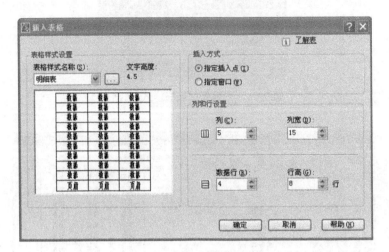

图9.31 "插入表格"对话框

(4)输入文字。

命令及操作:单击"确定"按钮,用鼠标在绘图区指定一个插入点,屏幕上出现设置好表格的"在位文字编辑器",第一行呈亮显,可以在第一行输入文字了,如图9.32所示。

图9.32 表格的"在位文字编辑框"对话框

命令及操作:打开中文输入法,在第一列第一行中输入文字"序号"。按键盘上的向上箭头"↑",依次在第一列中输入文字"1"、"2"、"3"、"4"。单击"确定"按钮,效果如图9.33所示。

(5)修改表格宽度。

命令及操作:单击B1单元格的文字区,按住 Shift 键,单击B5单元格的文字区,选中第二列的所有单元格,单击鼠标右键,在弹出的快捷菜单中选择"特性(S)",弹出"特性"对话框,在"单元"特性区,将"单元宽度"设为24,如图9.34所示。

命令及操作:单击B1单元格的文字区,输入文字"件名"。按键盘上的向上箭头"↑",依次在B列中输入文字"CD-01"、"CD-02"、"CD-03"、"CD-04"。单击"确定"按钮,效果如图9.35所示。

(6)输入其他单元格内容。

4			
3			
2			
1			
序号			

图 9.33　输入第一列文字

图 9.34　利用"特性"对话框修改表格特性

命令及操作:重复第(5)步操作,依次修改单元格宽度,输入单元格内容,效果如图 9.36 所示。

(7)修改汉字高度。

命令及操作:保持 A1 单元格呈亮显状态,右击鼠标,在弹出的快捷菜单中选择"匹配单元",十字光标旁新增一把小刷子图标🖌,依据命令行提示"选择目标单元"依次选择数据行的汉字单元格,所有汉字编辑成为 5 个单位的字高。

完成"传动明细表"的绘制,得到如图 9.26 所示的效果。

4	CD-04
3	CD-03
2	CD-02
1	CD-01
序号	件名

图 9.35　输入第二列文字

4	CD-04	电机支承座	16	∠30*30*4/Q235A,-6/Q235A
3	CD-03	支撑角钢	64	∠30*30*4/Q235A
2	CD-02	支撑	128	∠20*20*4/Q235A
1	CD-01	轴承座支承板	16	∠30*30*4/Q235A,-4/Q235A
序号	件号	件名	数量	材料

图 9.36　输入单元格内容

9.8　练习题

根据给定尺寸,利用表格绘制图 9.37。

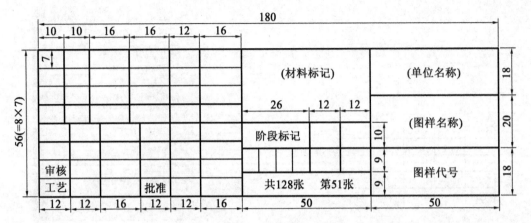

图 9.37　练习题 9-1

第10章 尺寸标注

在图形中标注尺寸是工程绘图的一项重要内容,是制图中必不可少的一个环节。Auto-CAD 为用户提供了多种尺寸标注样式和尺寸标注方法,通过这些方法,用户可以轻松、快速地标注出所需的尺寸。

10.1 标注样式

标注样式控制尺寸标注的格式和外观,在标注尺寸前,应先设置标注样式。

10.1.1 尺寸的组成

在对图形进行标注之前,应了解尺寸标注的组成。一个完整的尺寸应包含四个内容,如图 10.1 所示。

(1)尺寸线:用于指示标注的方向和范围,通常与标注对象平行,放在尺寸界线之间。尺寸线不能用图形中已有图线代替,必须单独绘制。对于角度标注,尺寸线是一段圆弧。

(2)尺寸界线:用于表示在绘制尺寸线时从被标注的图形对象上偏移的距离,从而指示标注的起始、终止位置。

(3)尺寸箭头:显示在尺寸线的两端,用于确定测量的开始位置和结束位置。

(4)标注文本:表示对象测量值的字符串。文字还可以包含前缀、后缀和公差。

10.1.2 设置尺寸标注样式

设置标注样式在“标注样式管理器”对话框中进行,如图 10.2 所示。打开“标注样式管理器”对话框有以下四种方法:

菜单栏:“格式”→“标注样式”。

菜单栏:“标注”→“标注样式”。

命令行:在命令行直接输入 Ddim 命令。

工具栏:单击“标注”工具栏中的“标注样式”按钮

。

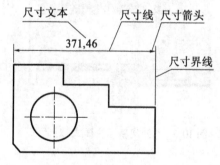

图 10.1 尺寸标注的组成部分

1.“样式(S)”区域

显示图形中设定的所有标注样式,且当前样式被亮显。如果要将某个标注样式置为当前,选择该样式并单击“置为当前(U)”按钮。

在“样式(S)”列表框中,将鼠标移向某一样式名,单击右键显示快捷菜单,可对该样式进行“置为当前”、“重命名”和“删除”操作,不能删除当前样式或当前图形使用的样式。

2.“列出(L)”下拉列表框

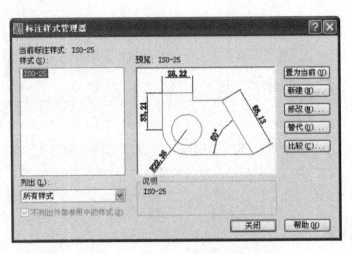

图 10.2　"标注样式管理器"对话框

用于确定在"样式"区域显示尺寸标注样式的范围。单击该列表框右边的下拉按钮, 可显示出"所有样式"和"正在使用的样式"两种类型。

3. "预览"区域

详细显示"样式"列表中选定标注样式的图示。

4. "置为当前(U)"按钮

将"样式(S)"区域中选定的标注样式置为当前样式。

5. "新建(N)"按钮

单击"新建(N)"按钮, 显示"创建新标注样式"对话框, 从中可以定义新标注样式名称、设置新标注样式的基础样式以及其适用范围, 如图 10.3 所示。

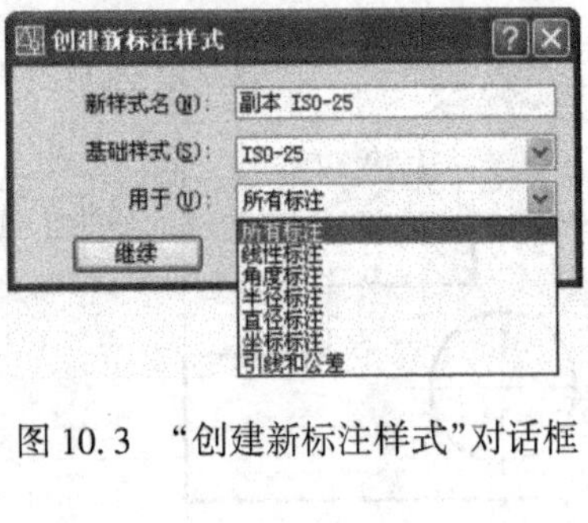

单击"继续"按钮, 进入"新建标注样式"对话框, 如图 10.4 所示。

(1)"直线"选项卡

根据国家绘图标准分别设置尺寸标注的尺寸线及尺寸界线, 如图 10.4 所示。

①尺寸线选项区: 用于控制尺寸线的特性, 包括颜色、线宽、间距和是否隐藏尺寸线等。

"颜色(C)"下拉列表框: 用于设置尺寸线的颜色。

"线型(L)"下拉列表框: 用于设置尺寸线的线型。

"线宽(G)"下拉列表框: 用于设置尺寸线的线宽。

图 10.3　"创建新标注样式"对话框

"超出标记(N)"输入框: 当尺寸线的箭头采用倾斜、建筑标记、小点、积分或无标记等样式时, 用于设置尺寸线超出尺寸界线的长度。

"基线间距输入框(A)"输入框: 用于设置基线标注下的各尺寸线之间的距离。

"隐藏"控制项: 通过选择"尺寸线 1(M)"或"尺寸线 2(D)"复选框, 可以控制第 1 段尺寸线或第 2 段尺寸线的可见性, 如图 10.5 所示为隐藏尺寸线效果示例图。

②尺寸界线选项区: 用于控制尺寸界线的特性, 包括颜色、线宽、超出长度以及设置从尺寸

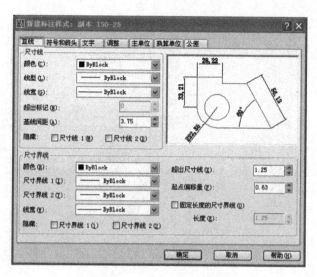

图 10.4 "直线"选项卡

(a) 隐藏尺寸线1　　(b) 隐藏尺寸线2

图 10.5　隐藏尺寸线的效果

(a) 隐藏尺寸界线1　　(b) 隐藏尺寸界线2

图 10.6　隐藏尺寸界线的效果

线到标注原点的尺寸界线的总长度。

"颜色(R)"下拉列表框:用于设置尺寸界线的颜色。

"尺寸界线1(I)"下拉列表框:用于设置尺寸界线1的线型。

"尺寸界线2(T)"下拉列表框:用于设置尺寸界线2的线型。

"线宽(W)"下拉列表框:用于设置尺寸界线的线宽。

"超出尺寸线(X)"输入框:用于设置尺寸界线超出尺寸线的长度。

"起点偏移量(F)"输入框:用于设置尺寸界线的起点与标注定义点的距离。

"隐藏"控制项:通过选择"尺寸界线1(1)"或"尺寸界线2(2)"复选框,可以控制第1段尺寸界线或第2段尺寸界线的可见性,如图10.6所示为隐藏尺寸界线效果示例图。

(2)"符号和箭头"选项卡

根据国家绘图标准分别设置箭头、圆心标记、弧长符号和折弯半径标注的格式和位置,如图10.7所示。

①"箭头"选项区:用于设置尺寸线和引线箭头的样式和大小。AutoCAD提供了20多种箭头样式,用户可以在对应的下拉列表框中选择所需的箭头,并在"箭头大小(I)"框中设置其大小。

②"圆心标记"选项区:用于控制直径标注和半径标注的圆心标记和中心线的外观。

③"弧长符号"选项区:用于控制弧长标注中圆弧符号的显示,如图10.8所示。

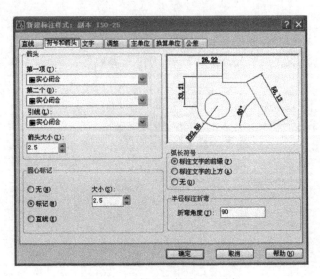

图 10.7 "符号和箭头"选项卡

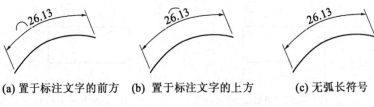

(a) 置于标注文字的前方　(b) 置于标注文字的上方　(c) 无弧长符号

图 10.8 弧长符号的显示位置

④"半径折弯标注"选项区:在"折弯角度(J)"输入框中输入一个数值,可以设置折线标注半径时折线的弯折角度。

(3)"文字"选项卡

根据国家绘图标准和具体绘图需要分别设置标注文字的格式、放置和对齐,如图 10.9 所示。

①"文字外观"选项区:用于设置标注文字的格式和大小。

"文字样式(Y)"下拉列表框:用于选择标注文字的样式,也可以单击其后的按钮[...],打开"文字样式"对话框,选择或创建新的文字样式。

"文字颜色(C)"下拉列表框:用于设置标注文字的颜色。

"填充颜色(L)"下拉列表框:用于设置标注文字的背景颜色。

"文字高度(T)"输入框:用于设置标注文字的高度。

"分数高度比例(H)"输入框:用于设置标注文字中的分数相对于其他标注文字的比例,系统将该比例值与标注文字高度的乘积作为分数的高度。

"绘制文字边框(F)"复选框:用于设置是否给标注文字加边框。

②"文字位置"选项区:用于设置标注文字的位置,如图 10.10 所示为标注文字在垂直方向上的位置示例图。

③"文字对齐"选项区:用于控制标注文字放在尺寸界线外边或里边时的方向是保持水平

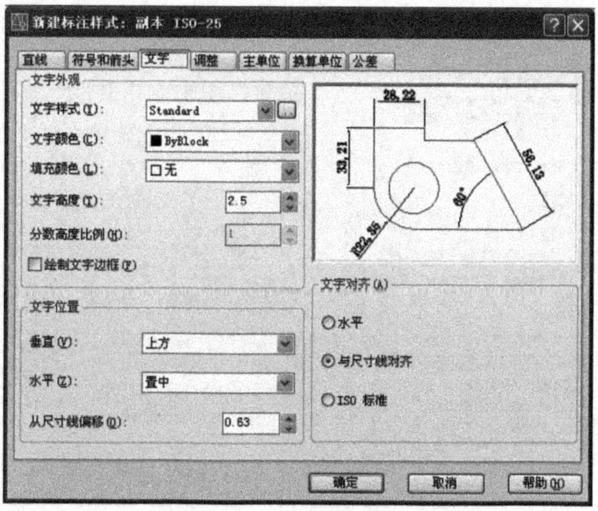

图 10.9 "文字"选项卡

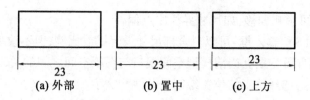

(a) 外部   (b) 置中   (c) 上方

图 10.10 标注文字在"垂直"方向上的位置

还是与尺寸界线平等。

"水平":选中该单选按钮时,标注文字水平放置。

"与尺寸线对齐":选中该单选按钮时,标注文字方向与尺寸线平行。

"ISO 标准":选中该单选按钮时,标注文字按 ISO 标准放置。当文字在尺寸界线之内时,其方向与尺寸线一致,而在尺寸界线之外时将水平放置。

(4)"调整"选项卡

根据国家绘图标准和具体绘图需要分别设置标注文字、箭头、引线和尺寸线的放置,如图 10.11 所示。

①"调整选项(F)"选项区:当尺寸界线之间没有足够的空间同时放置尺寸文字和箭头时,确定应首先从尺寸界线之间移出的对象。

"文字或箭头(最佳效果)"单选按钮:按最佳效果自动移出文字或箭头。

"箭头"单选按钮:首先移出箭头。

"文字"单选按钮:首先移出文字。

"文字和箭头"单选按钮:文字和箭头都移出。

"文字始终保持在尺寸界线之间"单选按钮:将文字始终保持在尺寸界线之间。

"或不能放在尺寸界线内,则消除箭头"复选框:控制是否显示箭头。

②"文字位置"选项区:用于设置当文字不在默认位置时的位置。

③"标注特征比例"选项区:用于设置标注尺寸的特征比例,此比例可以影响大小,如文字

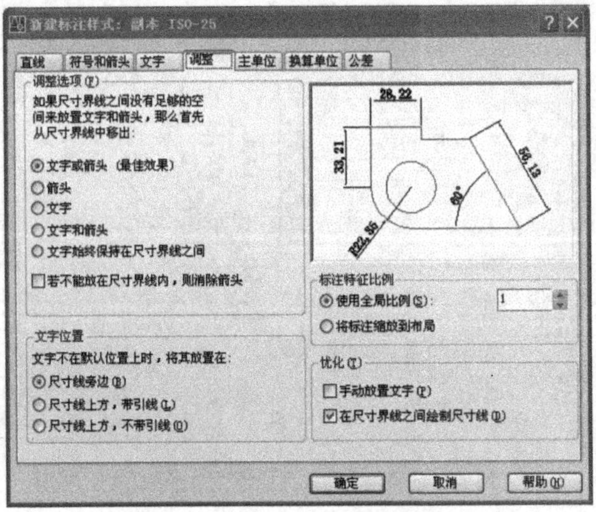

图 10.11 "调整"选项卡

高度和箭头大小,还可影响偏移,如尺寸界线原点偏移。

"使用全局比例(S)"输入框:可以对全部尺寸设置缩放比例,但不改变尺寸的测量值。

"将标注缩放到布局":根据当前模型空间视口与图纸空间之间的关系设置比例。

④"优化"选项区:选择适当的位置绘制尺寸线和文字。

"手动放置文字(P)"复选框:选中该复选框,则忽略标注文字的水平设置,标注时将文字放在用户指定的位置。

"在尺寸界线之间绘制尺寸线(D)"复选框:选中该复选框,当箭头放在尺寸界线之外时,在尺寸界线之间绘制尺寸线。

(5)"主单位"选项卡

根据国家绘图标准和具体绘图需要分别设置主标注单位的格式和精度,标注文字的前缀和后缀,如图 10.12 所示。

①"线性标注"选项区:用于设置线性标注的格式和精度。

②"测量单位比例"选项区:用于确定测量时的缩放系数。

③"消零"选项区:用于控制不输出前导零和后续零以及零英尺和零英寸部分。

④"角度标注"选项区:用于显示和设置角度标注的当前角度格式。

(6)"换算单位"选项卡

根据国家绘图标准和具体绘图需要分别设置标注测量值中换算单位的显示并设置其格式和精度,如图 10.13 所示。

①"显示换算单位(D)"复选框:选中该复选框,以下各项才有效。标注尺寸时,AutoCAD将根据此处的设置显示相应的换算单位标注。

②"换算单位"选项区:用于显示和设置除角度之外的所有标注类型的当前换算单位格式。

③"位置"选项区:用于设置换算单位的放置位置。

(7)"公差"选项卡

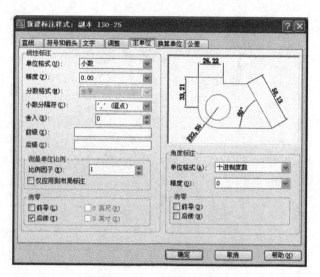

图 10.12 "主单位"选项卡

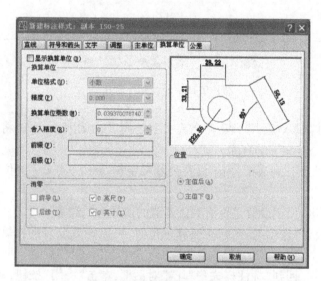

图 10.13 "换算单位"选项卡

根据国家绘图标准和具体绘图需要分别设置标注文字中公差的格式和显示,如图 10.14 所示。

①"公差格式"选项区:用于设置主单位的公差格式,提供了公差方式、精度、上偏差、下偏差、高度比例和垂直位置六个选项。

"方式(M)"下拉列表框:用于设置以何种形式标注公差,如图 10.15 所示为公差标注的方式示例。

"精度(P)"下拉列表框:用于设置尺寸公差的精度。

"上偏差(V)"和"下偏差(W)"输入框:用于设置尺寸的上偏差和下偏差。其中,默认的下偏差值为负值,数值前自动添加"-"号。如果要使下偏差值为正值,则在输入下偏差之前,应输入"-"号。

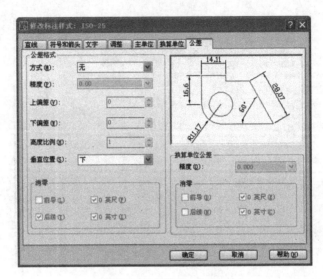

图 10.14 "公差"选项卡

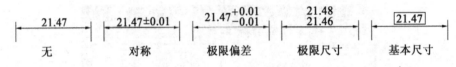

图 10.15 公差标注的方式

"高度比例(H)"输入框:用于设置公差文字的高度比例因子,系统将该比例因子与尺寸文字高度之积作为公差文字的高度。

"垂直位置(S)"下拉列表框:用于设置公差文字相对于尺寸文字的位置,可以选择"上"、"中"、"下"三种方式。

②"消零"选项区:用于设置是否消除公差值的前导和后续零。

③"换算单位公差"选项区:当标注换算单位时,可以设置公差的换算单位的精度是否消零。

单击"确定"按钮,回到"标注样式管理器"对话框,单击"关闭"按钮,完成标注样式设置。

6. "修改(M)"按钮

单击"修改(M)"按钮,弹出"修改标注样式"对话框,从中可以修改现有的标注样式,具体操作方式与新建标注样式相同,如图 10.16 所示。

7. "替代(O)"按钮

选定当前标注样式,单击"替代(O)"按钮,显示"替代当前样式"对话框,从中可以设置该样式的替代样式,如图 10.17 所示。具体操作方式与新建标注样式相同。

8. "比较(C)"按钮

单击"比较(C)"按钮,弹出"比较标注样式"对话框,从中可以比较两个标注样式,找出它们的不同之处或者列出标注样式的所有特性,如图 10.18 所示。

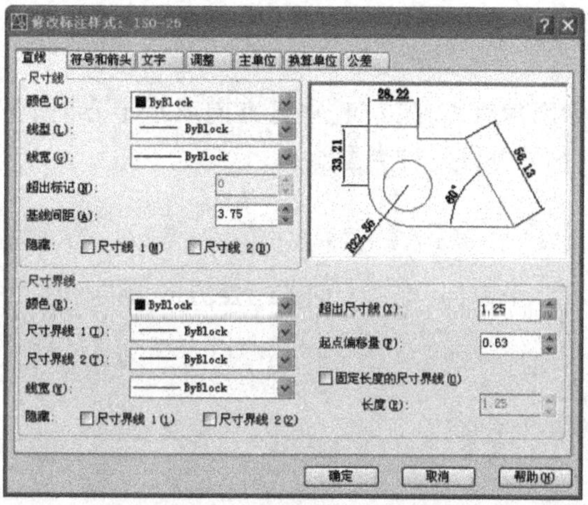

图 10.16 “修改标注样式”对话框

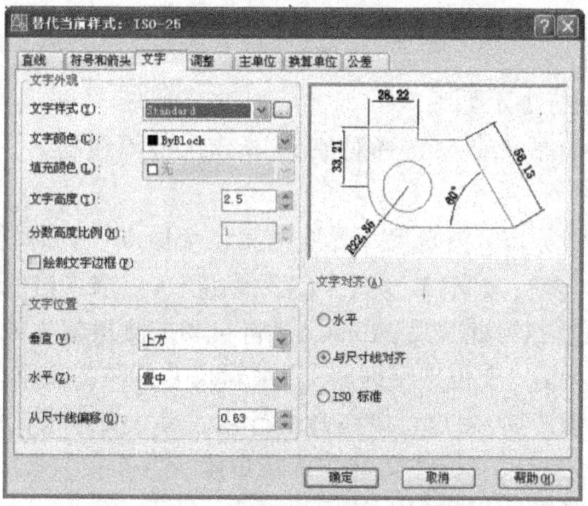

图 10.17 “替代当前样式”对话框

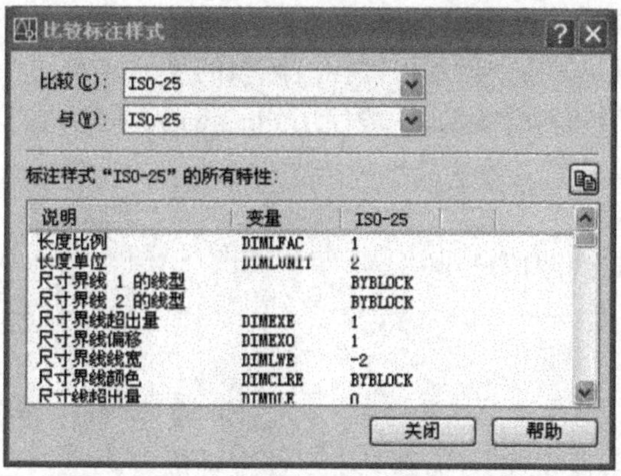

图 10.18 “比较标注样式”对话框

10.2 线性标注

线性标注指标注图形对象在水平方向、垂直方向或指定方向上的尺寸,分为水平尺寸标注、垂直尺寸标注和旋转尺寸标注三种类型。

10.2.1 功能

用于创建图形对象在水平方向、垂直方向或指定方向上的标注尺寸。

10.2.2 调用

菜单栏:"标注"菜单→"线性"。

命令行:DIMLINEAR。

工具栏:单击"标注"工具栏中的"线性"标注按钮 。

10.2.3 格式

执行命令:_dimlinear。

执行该命令后,命令行提示如下:

指定第一条尺寸界线原点或 <选择对象>:指定尺寸界线的第一个原点或回车选择标注对象。

指定第二条尺寸界线原点:指定尺寸界线的第二个原点;当选择标注对象时,无此步骤。

指定尺寸线位置或[多行文字(M)/文字(T)/角度(A)/水平(H)/垂直(V)/旋转(R)]:

(1)指定尺寸线位置:执行此步后,AutoCAD 将自动按测量值生成标注文字。

(2)多行文字(M):利用"在位文字编辑器"编辑尺寸标注的文字。

(3)文字(T):执行该选项,用户直接在命令行输入尺寸文本来代替测量值。

(4)角度(A):用于设置尺寸标注文字的旋转角度。

(5)水平(H):用于绘制水平方向上的标注文字。

(6)垂直(V):用于绘制垂直方向上的标注文字。

(7)旋转(R):用于标注角度倾斜的文字。

值得一提的是,dimlinear 命令虽然可以标注倾斜的尺寸文字,但一般只用它标注垂直和水平方向的线型对象。对于倾斜的线型,一般使用 dimaligned 命令进行标注。

10.2.4 应用实例

标注如图 10.19 所示的图形尺寸。

具体操作如下:

(1)标注直线 P1P2。

命令:_dimlinear   //启用"线性"标注命令。

指定第一条尺寸界线原点或 <选择对象>:(鼠标取点)

                              //拾取 P1 点。

指定第二条尺寸界线原点:(鼠标取点) //拾取 P2 点。

指定尺寸线位置或[多行文字(M)/文字(T)/角度(A)/水平(H)/垂直(V)/旋转(R)]:

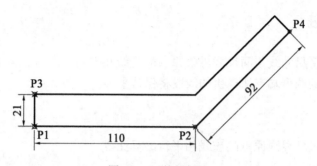

图 10.19　线性标注

	（鼠标取点）
	//指定尺寸线位置。
标注文字 = 110	//完成线性标注。

（2）标注直线 P1P3。

命令：　　　　　　　　　　　//回车继续"线性"标注命令。

指定第一条尺寸界线原点或 ＜选择对象＞:(鼠标取点)

　　　　　　　　　　　　　　//拾取 P1 点。

指定第二条尺寸界线原点:(鼠标取点) 拾取 P3 点。

指定尺寸线位置或[多行文字(M)/文字(T)/角度(A)/水平(H)/垂直(V)/旋转(R)]:

V

　　　　　　　　　　　　　　//选择"垂直"线性标注。

指定尺寸线位置或［多行文字(M)/文字(T)/角度(A)]:

　　　　　　　　　　　　　　//指定尺寸线位置。

标注文字 = 21　　　　　　　　//完成线性标注。

（3）标注直线 P2P4。

命令：　　　　　　　　　　　//回车继续"线性"标注命令。

指定第一条尺寸界线原点或 ＜选择对象＞:(鼠标取点)

　　　　　　　　　　　　　　//拾取 P2 点。

指定第二条尺寸界线原点:(鼠标取点) //拾取 P4 点。

指定尺寸线位置或[多行文字(M)/文字(T)/角度(A)/水平(H)/垂直(V)/旋转(R)]:

R

　　　　　　　　　　　　　　//选择"旋转"线性标注。

指定尺寸线位置或［多行文字(M)/文字(T)/角度(A)]:45

　　　　　　　　　　　　　　//输入旋转角度45°。

指定尺寸线位置或[多行文字(M)/文字(T)/角度(A)/水平(H)/垂直(V)/旋转(R)]:
(鼠标取点)

标注文字 = 92　　　　　　　　//完成线性标注。

10.3 对齐标注

对齐标注是指将尺寸线与两尺寸界限原点的连线相平行。若标注对象是圆弧,则尺寸标注的尺寸线与圆弧的两个端点所产生的线段将保持平等。

10.3.1 功能

用于创建与两尺寸界限原点的连线相平行的标注线。

10.3.2 调用

菜单栏:"标注"菜单→"对齐"。

命令行:DIMALIGND。

工具栏:单击"标注"工具栏中的"对齐"标注按钮 ↖。

10.3.3 格式

执行命令:_dimaligned。

执行该命令后,命令行提示如下:

指定第一条尺寸界线原点或 <选择对象>:指定尺寸界线的第一个原点或回车选择标注对象。

指定第二条尺寸界线原点:指定尺寸界线的第二个原点;当选择标注对象时,无此步骤。该命令创建了无关联的标注。

指定尺寸线位置或[多行文字(M)/文字(T)/角度(A)]:用鼠标取点指定尺寸线合适位置,完成标注。

(1)多行文字(M):执行该选项,弹出"在位文字编辑器"对话框,用户可以利用该对话框输入尺寸文本。

(2)文字(T):执行该选项,用户输入尺寸文本来代替测量值。

(3)角度(A):用于确定尺寸文本的旋转角度。

10.3.4 应用实例

在如图10.22所示的图形中,P2点到P4点的尺寸可以使用对齐标注。具体操作如下:

命令:_dimaligned   //启用"对齐"标注命令。

指定第一条尺寸界线原点或 <选择对象>:(鼠标取点)

              //拾取P2点。

指定第一条尺寸界线原点:(鼠标取点) //拾取P4点。

创建了无关联的标注。   //系统自运行。

指定尺寸线位置或[多行文字(M)/文字(T)/角度(A)]:(鼠标取点)

              //在合适位置指定一点。

标注文字=92   //完成对齐尺寸标注。

10.4 基线标注

基线标注是以同一尺寸界线为基准的多个标注。创建基线标注之前,必须先创建线性、对齐或角度标注。系统自当前任务的最近创建的标注中,以增量方式创建基线标注。

10.4.1 功能

从上一个或选定标注的基线作连续的线性、角度或坐标标注,用于完成自同一基线处测量的多个标注。

10.4.2 命令执行方式

菜单栏:"标注"菜单→"基线"。

命令行:DIMBASELINE。

工具栏:单击"标注"工具栏中的"基线"标注按钮。

10.4.3 操作过程

执行命令:_dimbaseline。

执行该命令后,命令行提示如下:

指定第二条尺寸界线原点或［放弃(U)/选择(S)］ <选择>:用鼠标取点选择第二条尺寸界线原点。

(1)放弃(U):用于取消上一次操作。

(2)选择(S):用于选择另外一条尺寸界线进行基线标注。

标注文字 = ( ):系统自动输入测量值。

指定第二条尺寸界线原点或［放弃(U)/选择(S)］ <选择>:按 Enter 键完成基线标注。

选择基准标注:按 Enter 键完成基线标注。

10.4.4 应用实例

标注如图10.20所示的图形尺寸。

具体操作如下:

(1)标注直线 P1P2。

命令:_dimlinear   //启用"线性"标注命令。

指定第一条尺寸界线原点或 <选择对象>:(鼠标取点)

    //拾取 P1 点。

指定第二条尺寸界线原点:(鼠标取点)   //拾取 P2 点。

指定尺寸线位置或［多行文字(M)/文字(T)/角度(A)/水平(H)/垂直(V)/旋转(R)］:(鼠标取点)

    //指定尺寸线位置。

标注文字 =43   //得到标注值,完成线性标注。

(2)标注直线 P1P3、P1P4。

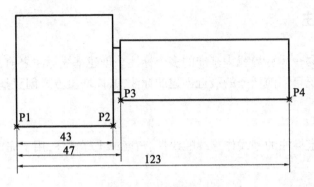

图 10.20　基线标注

命令：_ dimbaseline　　　　　　　　　　//启用"基线"标注命令。
指定第二条尺寸界线原点或［放弃(U)/选择(S)］＜选择＞:(鼠标取点)
　　　　　　　　　　　　　　　　　　　//拾取 P3 点。
标注文字 = 47　　　　　　　　　　　　//得到测量值。
指定第二条尺寸界线原点或［放弃(U)/选择(S)］＜选择＞:(鼠标取点)
　　　　　　　　　　　　　　　　　　　//拾取 P4 点。
标注文字 = 123　　　　　　　　　　　//得到测量值。
指定第二条尺寸界线原点或［放弃(U)/选择(S)］＜选择＞:
　　　　　　　　　　　　　　//按 Enter 键中止选择。
选择基准标注：　　　　　　　　　　//按 Enter 键完成基线标注。

10.5　连续标注

连续标注是首尾相连的多个标注。在创建连续标注之前,必须创建线性、对齐或角度标注。系统默认最后一次标注的边界线为基线,对图形对象进行连续标注。

10.5.1　功能

从上一个或选定标注的第二条尺寸界线作连续的线性、角度或坐标标注。

10.5.2　调用

菜单栏:"标注"菜单→"连续"。
命令行:DIMCONTINUE。
工具栏:单击"标注"工具栏中的"继续"标注按钮 ⊦⊦⊦。

10.5.3　格式

执行命令:_dimcontinue。
执行该命令后,命令行提示如下:
指定第二条尺寸界线原点或［放弃(U)/选择(S)］＜选择＞:用鼠标取点选择第二条尺

寸界线原点。

(1)放弃(U):用于取消上一次操作。

(2)选择(S):用于选择另外一条尺寸界线进行连续标注。

标注文字 = ( ):系统自动输入测量值。

指定第二条尺寸界线原点或［放弃(U)/选择(S)］＜选择＞:按 Enter 键中止选择。

选择连续标注:按 Enter 键完成连续标注。

10.5.4 应用实例

标注如图10.21所示的图形尺寸。

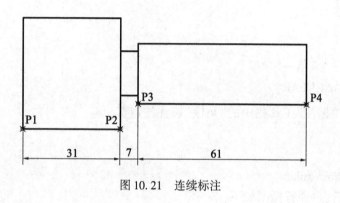

图10.21 连续标注

具体操作如下:

(1)标注直线 P1P2。

命令:_dimlinear　　　　　　　　　　//启用"线性"标注命令。

指定第一条尺寸界线原点或 ＜选择对象＞:(鼠标取点)

　　　　　　　　　　　　　　　　//拾取 P1 点。

指定第二条尺寸界线原点:(鼠标取点) //拾取 P2 点。

指定尺寸线位置或[多行文字(M)/文字(T)/角度(A)/水平(H)/垂直(V)/旋转(R)]:
(鼠标取点)

　　　　　　　　　　　　　　　　//指定尺寸线位置。

标注文字 = 31　　　　　　　　　　//得到标注值,完成线性标注。

(2)标注直线 P2P3、P3P4。

命令: _ dimcontinue　　　　　　　　//启用"连续"标注命令。

指定第二条尺寸界线原点或［放弃(U)/选择(S)］＜选择＞:(鼠标取点)

　　　　　　　　　　　　　　　　//拾取 P3 点。

标注文字 = 7　　　　　　　　　　　//得到测量值。

指定第二条尺寸界线原点或［放弃(U)/选择(S)］＜选择＞:(鼠标取点)

　　　　　　　　　　　　　　　　//拾取 P4 点。

标注文字 = 61　　　　　　　　　　//得到测量值。

指定第二条尺寸界线原点或［放弃(U)/选择(S)］＜选择＞:

//按 Enter 键中止选择。

选择基准标注: //按 Enter 键完成连续标注。

10.6 角度标注

角度标注用于测量圆、圆弧、两条非平行直线或三个点之间的角度。创建角度标注时,可以在指定尺寸线位置之前修改文字内容和对齐方式。

10.6.1 功能

创建角度标注。

10.6.2 调用

菜单栏:"标注"菜单→"角度"。

命令行:DIMANGULAR。

工具栏:单击"标注"工具栏中的"角度"标注按钮 。

10.6.3 格式

执行命令:_dimangular。

执行该命令后,命令行提示如下:

选择圆弧、圆、直线或 <指定顶点 >:

1. 选择圆弧

若选择标注对象为圆弧,系统提示:

指定标注弧线位置或 [多行文字(M)/文字(T)/角度(A)]:

(1)指定标注弧线位置:用鼠标在屏幕上取点,指示弧线的角度标注线的合适位置。

(2)多行文字(M):执行该选项,系统将弹出"在位文字编辑器",用户可以利用该对话框输入尺寸文本。

(3)文字(T):执行该选项,用户输入尺寸文本来代替测量值。

(4)角度(A):用于确定尺寸文本的旋转角度。

2. 选择圆

若选择标注对象为圆,系统提示:

指定角的第二个端点:用鼠标取点确定标注角的第二个端点。

指定标注弧线位置或 [多行文字(M)/文字(T)/角度(A)]:在屏幕上合适位置取点,确定角度标注线的位置。

3. 选择直线

若选择标注对象为直线,系统提示:

选择第二条直线:选择第二条直线对象。

指定标注弧线位置或 [多行文字(M)/文字(T)/角度(A)]:在屏幕上合适位置取点,确定角度标注线的位置。

4. 指定顶点

若按 Enter 键,执行"指定顶点"选项,系统提示:

指定角的顶点:用鼠标取点指定角的顶点。

指定角的第一个端点:用鼠标取点指定角的第一个端点。

指定角的第二个端点:用鼠标取点指定角的第二个端点。

指定标注弧线位置或[多行文字(M)/文字(T)/角度(A)]:在屏幕上合适位置取点,确定角度标注线的位置。

标注文字 = (　　　):系统自动输入测量值,完成角度标注。

10.6.4　应用实例

标注如图 10.22 所示的图形尺寸。

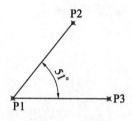

图 10.22　角度标注

具体操作如下:

命令:_dimangular　　　　　　　　　　//启用"角度"标注命令。

选择圆弧、圆、直线或<指定顶点>:(点选直线 P1P2)

　　　　　　　　　　　　　　　　　//拾取直线 P1P2。

选择第二条直线:(点选直线 P1P3)　　//拾取直线 P1P3。

指定标注弧线位置或[多行文字(M)/文字(T)/角度(A)]:(鼠标取点)

　　　　　　　　　　　　　　　　　//指定角度线位置。

标注文字 =51　　　　　　　　　　　//得到标注值,完成角度标注。

10.7　直径标注

直径标注是用来标注圆或圆弧的直径。

10.7.1　功能

标注圆或圆弧的直径。

10.7.2　调用

菜单栏:"标注"菜单→"直径"。

命令行:DIMDIAMETER。

工具栏:单击"标注"工具栏中的"直径"标注按钮 。

10.7.3 格式

执行命令:_dimdiameter。

执行该命令后,命令行提示如下:

选择圆弧或圆:用鼠标选取要标注的圆弧或圆。

标注文字 = ( ):系统自动输入测量值。

指定尺寸线位置或 [多行文字(M)/文字(T)/角度(A)]:

(1)指定尺寸线位置:用鼠标在屏幕上取点,指示标注线的合适位置。

(2)多行文字(M):执行该选项,系统将弹出"在位文字编辑器",用户可以利用该对话框输入尺寸文本。

(3)文字(T):执行该选项,用户输入尺寸文本来代替测量值。

(4)角度(A):用于确定尺寸文本的旋转角度。

10.7.4 应用实例

标注如图 10.23 所示的图形尺寸。

具体操作如下:

命令:_dimdiameter　　　　　　　　　//启用"直径"标注命令。

选择圆弧或圆:(用鼠标在圆上选取一点)//拾取圆对象。

标注文字 = 46　　　　　　　　　　　//得到标注直径。

指定尺寸线位置或 [多行文字(M)/文字(T)/角度(A)]:(拖动鼠标,在合适位置取点)

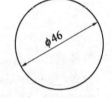

　　　　　　　　　　　　//指定标注线位置,完成　　图 10.23　直径标注
　　　　　　　　　　　　直径标注。

10.8　半径标注

10.8.1 功能

标注圆或圆弧的半径。

10.8.2 调用

菜单栏:"标注"菜单→"半径"。

命令行:DIMRADIUS。

工具栏:单击"标注"工具栏中的"半径"标注按钮 。

10.8.3 格式

执行命令:_dimradius。

执行该命令后,命令行提示如下:

选择圆弧或圆:用鼠标选取要标注的圆弧或圆。

标注文字 =( ):系统自动输入测量值。

指定尺寸线位置或［多行文字(M)/文字(T)/角度(A)］:

(1)指定尺寸线位置:用鼠标在屏幕上取点,指示标注线的合适位置。

(2)多行文字(M):执行该选项,系统将弹出"在位文字编辑器",用户可以利用该对话框输入尺寸文本。

(3)文字(T):执行该选项,用户输入尺寸文本来代替测量值。

(4)角度(A):用于确定尺寸文本的旋转角度。

10.8.4 应用实例

图10.24 半径标注

标注如图10.24所示的图形尺寸。

具体操作如下:

命令:_dimradius   //启用"半径"标注命令。

选择圆弧或圆:(用鼠标在圆上选取一点)//拾取圆对象。

标注文字 = 23   //得到标注半径。

指定尺寸线位置或［多行文字(M)/文字(T)/角度(A)］:(拖动鼠标,在合适位置取点)

//指定标注线位置,完成半径标注。

10.9 引线标注

引线型尺寸标注是使用引线将文本注释与特征连接起来。引线可以是折线,也可以是样条曲线;引线的起始端可以有箭头,也可以没有箭头。注释文本一般注写在引线的末端。

10.9.1 功能

用于创建带有一个或多个引线及多种格式的注释文字。

10.9.2 调用

菜单栏:"标注"菜单→"引线"。

命令行:QLEADER。

工具栏:单击"标注"工具栏中的"快速引线"标注按钮 。

10.9.3 格式

执行命令:_qleader。

执行该命令后,命令行提示如下:

指定第一个引线点或［设置(S)］<设置>:

1. 指定第一个引线点

用鼠标在屏幕上指定一点作为第一个引线点,命令行继续提示:

指定下一点:用鼠标在屏幕上指定第二个引线点。

指定下一点:用鼠标在屏幕上指定第三个引线点。

指定文字宽度 <0>:输入数字指定文字宽度,按 Enter 键确认默认宽度。

输入注释文字的第一行 <多行文字(M)>:

(1)输入注释文字的第一行:直接在命令行输入注释文字。

(2)<多行文字(M)>:执行该选项,系统将弹出"在位文字编辑器",用户可以利用该对话框输入尺寸文本。

2.[设置(S)]

用于设置引线标注的格式。执行该选项,系统将弹出"引线设置"对话框,用户在该对话框中设置引线相应格式。下面就每个选项卡单独进行说明。

(1)"注释"选项卡:其内容如图10.25所示。

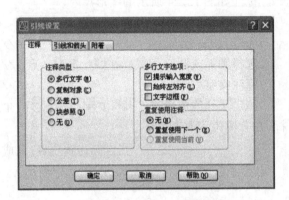

图10.25 "注释"选项卡

①"注释类型"选项组:设置引线标注的类型。

②"多行文字选项"选项组:设置多行文字的格式。

③"重复使用注释"选项组:确定是否重复使用注释。

(2)"引线和箭头"选项卡:设置引线和箭头的格式,其内容如图10.26所示。

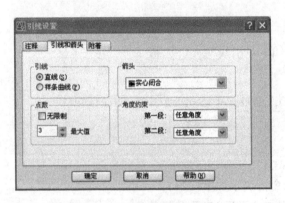

图10.26 "引线和箭头"选项卡

①"引线"选项组:确定引线是直线还是样条曲线。

②"点数"选项组:设置引线端点数的最大值。

③"箭头"下拉列表框:设置引线起点处的箭头样式。

④"角度约束"选项组:对第一和第二段引线设置角度约束,从相应的下拉列表框中选择

即可。

（3）"附着"选项卡：确定多行文字注释相对于引线终点的位置，其内容如图 10.27 所示。

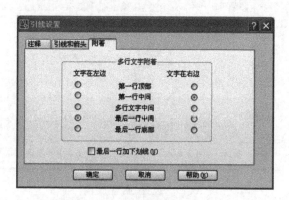

图 10.27　"附着"选项卡

①"多行文字附着"选项组：根据文字在引线的左边或右边分别通过相应的单选按钮进行设置。

②"最后一行加下画线"复选框：确定是否给文字注释的最后一行加下画线。

10.9.4　应用实例

标注如图 10.28 所示的图形尺寸。

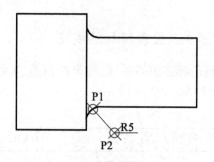

图 10.28　引线标注

具体操作如下：

命令：qleader　　　　　　　　　　　　　　//启用"引线"标注命令。

指定第一个引线点或［设置(S)］＜设置＞：　　//按 Enter 键弹出"引线设置"对话框，

　　　　　　　　　　　　　　　　　　　　　设置"附着"选项卡，如图 10.29 所示。

命令及操作：单击"附着"选项卡的"确定"按钮　　//完成"附着"选项设置。

指定第一个引线点或［设置(S)］＜设置＞：(鼠标取点)

　　　　　　　　　　　　　　　　　　　　　//点选 P1。

指定下一点：(鼠标取点)　　　　　　　　　　//点选 P2。

指定文字宽度　＜0＞：　　　　　　　　　　//按 Enter 键响应默认值。

输入注释文字的第一行　＜多行文字(M)＞：：R5　　//输入标注值。

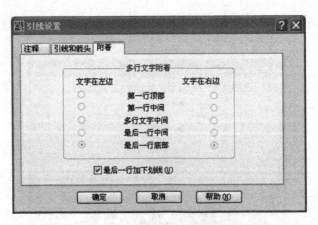

图 10.29 设置"附着"选项卡

输入注释文字的下一行： //按 Enter 键完成引线标注。

10.10 标注形位公差

在机械设计中,为了满足机械零件的互换性和使用性能的要求,《机械制图》国家标准对零件制定了形位公差。形位公差定义图形的形状、轮廓、方向、位置及跳动等相对精确几何图形的最大允许误差,它们指定了机械零件实现其正确功能所要求的精确度。绘制机械图时,往往需要标注零件的形位公差。

10.10.1 形位公差标注形式及公差符号的意义

在 AutoCAD 中,形位公差的标注由指引线、特征控制框、形位公差符号、形位公差值以及基准代号等组成,如图 10.30 所示。

图 10.30 形位公差的组成

表 10.1 列出了形位公差各符号的意义。

10.10.2 标注形位公差

有两种方式可以标注形位公差,带引线的或不带引线的。带引线的形位公差使用前述的"引线"标注,使用"公差"标注的是不带引线的形位公差。

1. 调用

菜单栏:"标注"菜单→"公差"。

表10.1　　　　　　　　　　形位公差符号意义

符　号	名　　称	符　号	名　　称
⊕	定位	⌒	平面轮廓
◎	同心/同轴	⌒	直线轮廓
⊜	对称	↗	圆跳动
//	平等	↗↗	全跳动
⊥	垂直	∅	直径
∠	角	Ⓜ	最大包容条件(MMC)
⌖	柱面性	Ⓛ	最小包容条件(LMC)
▱	平坦度	Ⓢ	不考虑特征条件(RFS)
○	圆或圆度	Ⓟ	投影公差
—	直线度		

命令行：TOLERANCE。

工具栏：单击"标注"工具栏中的"公差"标注按钮 ⊞。

2. 格式

执行命令：_tolerance。

执行该命令后，系统弹出"形位公差"对话框，利用该对话框可以设置公差的符号、值及基准参照等参数，如图10.31所示。

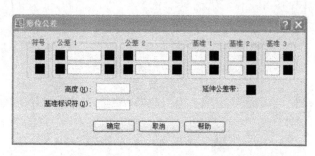

图 10.31　"形位公差"对话框

该对话框中各选项含义如下：

（1）"符号"选项区：单击该列的黑色框▇，将打开"特征符号"对话框，如图10.32所示。在该对话框中，用户可以选择所需要的形位公差符号。

（2）"公差1"和"公差2"选项区：用户在相应的输入框中输入公差值。单击该列前面的黑色框▇，将在该公差值之前加直径符号 Φ；单击该列后面的黑色框▇，将打开"附加符号"对话框，如图10.33所示，用来为公差选择包容条件。

（3）"基准1"、"基准2"和"基准3"选项区：用来设置公差基准和相应的包容条件。

（4）"高度（H）"输入框：用于设置投影公差带的值。投影公差带控制固定垂直部分延伸区的高度变化，并以位置公差控制公差精度。

（5）"基准标示符（D）"输入框：用于创建由参照字母组成的基准标识符号。

（6）"延伸公差带"选项：单击后面的黑色框▇，可以设置是否添加延伸公差带。

图 10.32 "特征符号"对话框

图 10.33 "附加符号"对话框

按照《机械制图》国家标准,在"形位公差"对话框内设置公差的符号、值和基准。

输入公差位置:鼠标单击指定公差位置,结束形位公差标注。

3. 利用"引线"命令标注完整的形位公差

要标注完整的形位公差,可按以下步骤进行操作:

命令:qleader　　　　　　　　　　　　//启用"引线"标注命令。

指定第一个引线点或［设置(S)］＜设置＞:　//按 Enter 键弹出"引线设置"对话框,设置"注释"选项卡的"注释类型"为"公差",如图 10.34 所示。

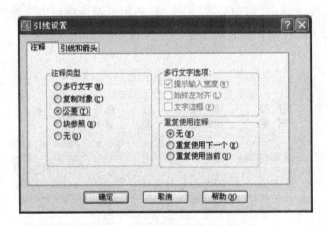

图 10.34 设置"注释"选项卡

命令及操作:单击"注释"选项卡的"确定"按钮　//完成"注释"选项设置。

指定第一个引线点或［设置(S)］＜设置＞:(鼠标取点)

　　　　　　　　　　　　　　　　　//指定第一个引线点。

指定下一点:(鼠标取点)　　　　　　　//指定第二个引线点。

指定下一点:(鼠标取点)　　　　　　　//指定第三个引线点。

系统弹出如图 10.31 所示的"形位公差"对话框,要求用户确定形位公差类型及其他参数,之后按系统提示执行相应操作即可。

10.10.3 应用实例

标注如图 10.35 所示的形位公差。

具体操作如下:

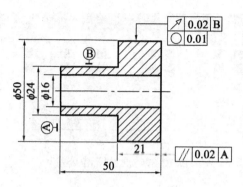

图 10.35 形位公差

命令:qleader   //启用"引线"标注命令。

指定第一个引线点或［设置(S)］<设置>：   //按 Enter 键弹出"引线设置"对话框,设
                                          置"注释"选项卡,如图 10.34 所示。

命令及操作:单击"注释"选项卡的"确定"按钮   //完成"注释"选项设置。

指定第一个引线点或［设置(S)］<设置>:拾取点

                                          //点选引线第一点。

指定下一点:(鼠标取点)   //点选引线第二点。

指定下一点:(鼠标取点)   //点选引线第三点。

系统弹出"形位公差"对话框,在该对话框内输入相应的公差符号和公差值,如图 10.36
所示。

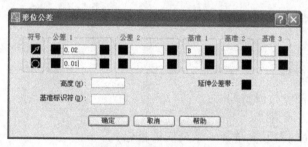

图 10.36 设置"形位公差"

单击"确定"按钮,完成一个形位公差的标注。

命令: //按 Enter 键继续"引线"标注。

指定第一个引线点或［设置(S)］<设置>:(鼠标取点)

                                          //点选引线第一点。

指定下一点:(鼠标取点)   //点选引线第二点。

指定下一点: //按 Enter 键完成引线。

系统弹出"形位公差"对话框,在该对话框内输入相应的公差符号和公差值,如图 10.37
所示。

单击"确定"按钮,完成形位公差的标注。

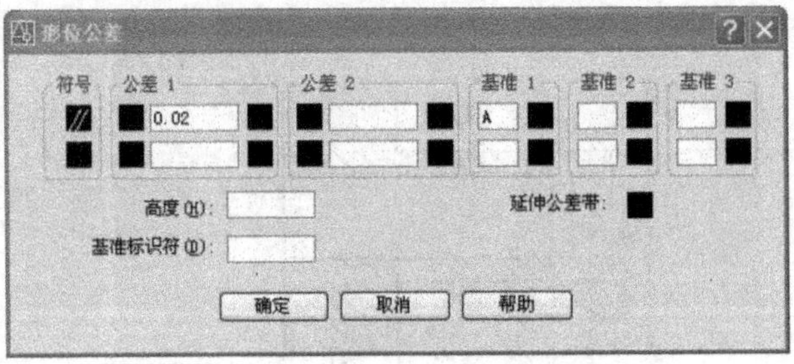

图 10.37　设置"形位公差"

10.11　快速标注

使用快速标注,可以用来创建连续、基线、对齐等类型标注,可以一次标注多个对象或者编辑现有标注,大大加快了尺寸标注过程,极大地提高了工作效率。

10.11.1　功能

一次标注一系列尺寸。

10.11.2　调用

菜单栏:"标注"菜单→"快速标注。"

命令行:QDIM。

工具栏:单击"标注"工具栏中的"快速标注"标注按钮 。

10.11.3　格式

执行命令:_qdim。

执行该命令后,命令行提示如下:

关联标注优先级 = 端点

选择要标注的几何图形:(选择一系列实体目标)。

选择要标注的几何图形:(按 Enter 键结束选择)。

指定尺寸线位置或[连续(C)/并列(S)/基线(B)/坐标(O)/半径(R)/直径(D)/基准点(P)/编辑(E)/设置(T)]<连续>:

(1)连续(C):标注一系列连续尺寸。

(2)并列(S):创建一系列对称性交错标注。所谓对称性交错尺寸,是指一组由中间向左、右两侧对称标注且尺寸文本依次左右相互错开的尺寸,如图 10.38 所示。

(3)基线(B):创建一系列基线标注尺寸,如图 10.39 所示。

(4)坐标(O):创建一系列坐标尺寸。

(5)半径(R):创建一系列半径尺寸。

(6)直径(D):创建一系列直径尺寸。

(7)基准点(P):为基线标注和坐标标注设置新的基点或原点。输入"P"并回车执行该选项后,命令行提示:

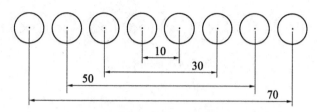

图 10.38 创建并列尺寸

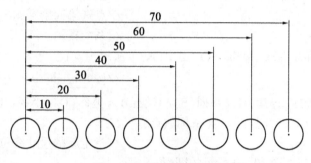

图 10.39 创建基线尺寸

选择新的基准点：(要求用户选择新的基准点)。

指定尺寸线位置或[连续(C)/并列(S)/基线(B)/坐标(O)/半径(R)/直径(D)/基准点(P)/编辑(E)/设置(T)]＜连续＞：(要求用户确定当前标注方式下的尺寸线位置或选取某个选项)。

(8)编辑(E)：通过添加或删除尺寸标注点来编辑一系列尺寸。

如图 10.40 所示为删除了第二个、第四个圆的定位尺寸标注点后的连续标注效果。

操作步骤如下：

命令：_qdim   //启用"快速标注"命令。

关联标注优先级 = 端点   //系统自运行。

选择要标注的几何图形：指定对角点：找到 8 个 //框选标注对象。

选择要标注的几何图形：   //按 Enter 键确认对象选择。

指定尺寸线位置或[连续(C)/并列(S)/基线(B)/坐标(O)/半径(R)/直径(D)/基准点(P)/编辑(E)/设置(T)]＜连续＞：e

            //选择"编辑(E)"选项。

效果如图 10.41 所示,叉号表示尺寸标注点。

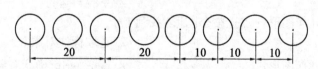

图 10.40 编辑尺寸标注点

指定要删除的标注点或 [添加(A)/退出(X)] ＜退出＞：(鼠标取点)

        //点选第二个圆(从左至右)的" ×"

图 10.41　尺寸标注点

　　　　　　　　　　　　　　　　　　　　符号。

已删除一个标注点　　　　　　　　　　　//系统提示。
指定要删除的标注点或［添加(A)/退出(X)］<退出>:(鼠标取点)
　　　　　　　　　　　　　　　　　　　　//点选第四个圆的"×"符号。
已删除一个标注点　　　　　　　　　　　//系统提示。
指定要删除的标注点或［添加(A)/退出(X)］<退出>:
　　　　　　　　　　　　　　　　　　　　//按 Enter 键中止选择。
指定尺寸线位置或[连续(C)/并列(S)/基线(B)/坐标(O)/半径(R)/直径(D)/基准点
(P)/编辑(E)/设置(T)]　<连续>:(鼠标取点)
　　　　　　　　　　　　　　　　　　　　//指定新的尺寸线位置。
　　操作完毕,即得到如图 10.39 所示的图形。
　　(9)设置(T):为尺寸界线原点设置默认对象捕捉。
　　选择相应的选项,并指定尺寸线的位置,完成"快速标注"操作。

10.11.4　应用实例

　　快速标注如图 10.42 所示的图形尺寸。

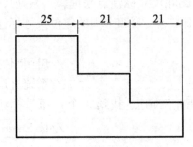

图 10.42　快速连续标注尺寸

　　操作步骤如下:
　　命令:_qdim　　　　　　　　　　　　　//启用"快速标注"命令。
　　关联标注优先级 = 交点　　　　　　　//系统自运行。
　　选择要标注的几何图形:(点选整个图形)找到 1 个
　　　　　　　　　　　　　　　　　　　　//选取标注对象。
　　选择要标注的几何图形:　　　　　　　//按 Enter 键确认对象选择。
　　指定尺寸线位置或[连续(C)/并列(S)/基线(B)/坐标(O)/半径(R)/直径(D)/基准点
(P)/编辑(E)/设置(T)]　<连续>:(鼠标取点)
　　　　　　　　　　　　　　　　　　　　//拖动鼠标,指定尺寸线位置。
　　完成如图 10.42 所示的快速连续标注。

10.12　编辑尺寸标注

编辑尺寸标注主要包括修改尺寸标注样式、调整标注位置、改变尺寸文本的数值和特性等。

10.12.1　利用"编辑标注"命令编辑尺寸标注

1. 功能

用于修改一个或多个尺寸标注对象上的文字内容、方向、位置以及倾斜尺寸界线。

2. 调用

菜单栏:"标注"菜单→"倾斜"。

命令行:DIMEDIT。

工具栏:单击"标注"工具栏中的"编辑标注"命令按钮 。

3. 格式

执行命令:_dimedit。

执行该命令后,命令行提示如下:

输入标注编辑类型［默认(H)/新建(N)/旋转(R)/倾斜(O)］ ＜默认＞:要求输入标注编辑类型或者选择合适的选项进行编辑。

各选项含义说明如下:

(1)默认(H):将尺寸文本按标注样式所定义的缺省位置、方向重新放置。

(2)新建(N):选择此选项,系统将利用"在位文字编辑器"修改标注文字的内容。

(3)旋转(R):旋转所选择的尺寸文本。

(4)倾斜(O):调整尺寸界线的倾斜角度,使其不再于尺寸线垂直。常用于标注锥形图形。

选择编辑尺寸标注对象,依据提示完成尺寸标注的编辑操作。

10.12.2　应用实例

修改如图 10.43 所示的尺寸标注,将(a)图中尺寸 38 修改为(b)图中倾斜标注。

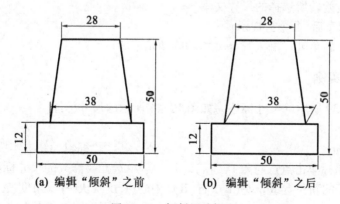

图 10.43　倾斜尺寸标注

操作步骤如下：

命令：_dimedit　　　　　　　　　　　　　　//启用"编辑标注"命令。

输入标注编辑类型［默认(H)/新建(N)/旋转(R)/倾斜(O)］＜默认＞：o

　　　　　　　　　　　　　　　　　　　　　//选择"倾斜"选项。

选择对象：(点选要编辑的尺寸)找到1个　　　//选取编辑对象。

选择对象：　　　　　　　　　　　　　　　　//按 Enter 键完成对象选择。

输入倾斜角度（按 ENTER 表示无)：45　　　//输入倾斜角度45°

得到如图10.46(b)所示效果。

10.12.3　利用"编辑标注文字"命令调整标注文字的位置

1. 功能

更改尺寸文本的位置及倾斜角度。

2. 调用

命令行：DIMTEDIT。

工具栏："标注"工具栏中的"编辑标注"命令按钮 ▱。

3. 格式

执行命令：_dimtedit。

执行该命令后，命令行提示如下：

选择标注：(选择要修改的尺寸标注)。

指定标注文字的新位置或［左(L)/右(R)/中心(C)/默认(H)/角度(A)］：(确定尺寸文本的位置)。

各选项含义说明如下：

(1)左(L)：更改尺寸文本，使其沿尺寸线左对齐。

(2)右(R)：更改尺寸文本，使其沿尺寸线右对齐。

注意："左(L)"和"右(R)"两选项仅适合于线性型、径向型尺寸标注，对其他类型的尺寸标注不起作用。

(3)中心(C)：使所选的尺寸文本居中对齐。

(4)默认(H)：将尺寸文本按"尺寸样式"所定义的缺省位置、方向重新放置。

(5)角度(A)：旋转所选择的尺寸文本。

输入"A"并回车后，命令行提示：

指定标注文字的角度：(输入尺寸文本的旋转角度即可)。

10.12.4　应用实例

修改如图10.39所示的尺寸标注为如图10.44所示的尺寸标注。

操作步骤如下：

命令：_dimtedit　　　　　　　　　　　　　//启用"编辑标注文本"命令。

选择标注：(鼠标单击点选对象)　　　　　　//选择要修改的尺寸标注。

指定标注文字的新位置或［左(L)/右(R)/中心(C)/默认(H)/角度(A)］：L

　　　　　　　　　　　　　　　　　　　　//选取左对齐选项。

命令：　　　　　　　　　　　　　　　　　//回车继续"编辑标注文本"。

选择标注：(鼠标单击点选对象)　　　　　　//选择要修改的尺寸标注。

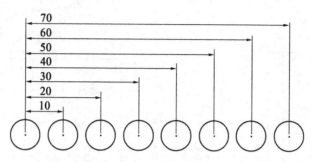

图 10.44　尺寸文本沿尺寸线左对齐

指定标注文字的新位置或［左(L)/右(R)/中心(C)/默认(H)/角度(A)］:L

重复使用"编辑标注文本"命令,得到如图 10.44 所示的效果。

10.12.5　利用"标注更新"命令编辑标注

1. 功能

使某个已标注的尺寸按当前尺寸标注样式所定义的形式进行更新。

2. 调用

菜单栏:"标注"菜单→"更新"。

命令行:DIMSTYLE。

工具栏:单击"标注"工具栏中的"标注更新"命令按钮 🖽 。

3. 格式

执行命令:_dimstyle。

执行该命令后,命令行提示如下:

当前标注样式:ISO-25。

输入标注样式选项［保存(S)/恢复(R)/状态(ST)/变量(V)/应用(A)/?］ <恢复>:

_apply。

选择对象:(鼠标单击点选对象)找到 1 个。

完成标注更新。

10.12.6　利用"对象特性"管理器  编辑尺寸标注

用户可以通过"对象特性"管理器对话框,更改、编辑尺寸标注的相关参数。

操作方法为:选择将要修改的某个尺寸标注,再单击"对象特性"

管理器 按钮,系统弹出如图 10.45 所示的"特性"对话框。

在该对话框中,用户可根据需要更改相关设置。

10.13　练习题

根据给定尺寸绘制零件图形,并标注尺寸。

1. 螺钉

2. 吊钩

图 10.45　"特性"对话框

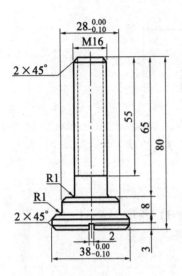

图 10.46　练习题 10-1

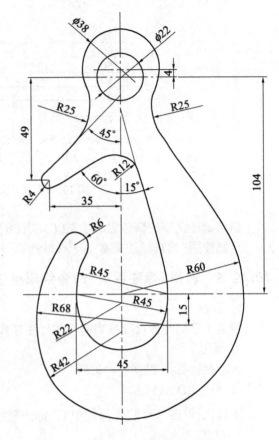

图 10.47　练习题 10-2

3. 传动轴

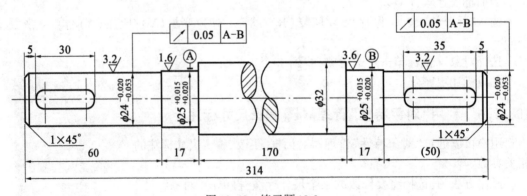

图 10.48　练习题 10-3

第11章 图块、外部引用及设计中心

块是一个或多个图形对象所构成的图形对象集合,在图形中显示为一个单一对象。使用块定义对象,可以减少重复操作,易于修改,便于用户建立自己的图形库,不仅可以节省绘图时间,还可以节约储存空间。

11.1 创建与引用图块

11.1.1 块与块文件

定义块的方式有两种:第一种命令方式是BLOC,此命令定义的块只能在当前定义块的图形文件中使用;第二种命令方式是WBLOCK,能够将块定义为块文件,任何图形文件都可以使用。

11.1.2 创建图块

1. 功能

从选定对象创建仅在本图中适用的块定义。

2. 调用

菜单栏:"绘图"→"块"→"创建"。

命令行:BLOCK 或 B。

工具栏:单击"绘图"工具栏中的"创建块"命令按钮 。

3. 格式

执行命令:_block 或 b。

执行该命令后,系统弹出"块定义"对话框,如图11.1所示。

在"名称(A)"下拉列表框中,输入需要建立的块名或选择需重新定义的块名。块名可以包括字母、数字、空格和其他特殊字符。如果将系统变量extnames设置为1,块名最长不得超过255个字符。

各选项区含义说明如下:

(1)"基点"选项区:指定块的插入基点,默认值是(0,0,0)。可以直接输入基点的 X、Y、Z 值,也可以单击"拾取点(K)"前方的"拾取插入基点"按钮 ,用鼠标直接在

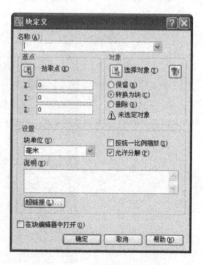

图11.1 "块定义"对话框

绘图区拾取块的特征点作为插入点,以便于块的准确定位。

(2)"对象"选项区:指定新块中要包含的对象,以及创建块之后如何处理这些对象。

①"保留(R)"、"转换为块(C)"和"删除(D)"单选项:定义块对象的同时选择是保留还是删除选定的对象,或者是将它们转换成块对象。

②"选择对象(T)"按钮 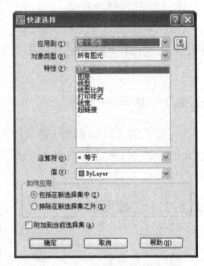:单击该按钮,切换到作图屏幕,选择要定义为块的图形对象后回车,返回对话框。

③"快速选择"按钮 :单击该按钮,系统弹出"快速选择"对话框,利用该对话框可以定义选择集,如图11.2所示。

(3)"设置"选项区:指定块的设置,包括块参照插入单位、是否按照统一比例缩放、是否可以分解块、指定块的说明以及将某个超链接与块定义相关联。

(4)"在块编辑器中打开(O)"复选框:选中该复选框,单击"确定"按钮,系统弹出"块编辑器"窗口,如图11.3所示。块编辑器包含一个特殊的编写区域,在该区域中可以像在绘图区中一样绘制和编辑几何图形。在该编辑器中用户还可以定义块的动态行为,添加自定义特性和动态行为的参数和动作。

该窗口中各选项含义说明如下:

①"编辑或创建块定义"按钮 :单击该按钮,系统弹出"编辑块定义"对话框,如图11.4所示。利用该对话框可以从图形中保存的块定义列表中选择要在块编辑器中编辑的块定义,也可以输入要在块编辑器中创建的新块定义的名称。

②"保存块定义"按钮 :单击该按钮,可以保存定

图11.2 "快速选择"对话框

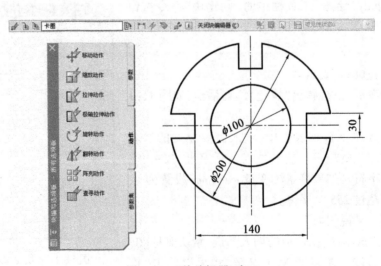

图11.3 "块编辑器"窗口

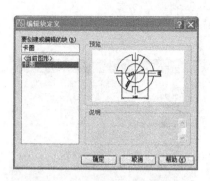

图 11.4　"编辑块定义"对话框

义的块。

③"将块另存为"按钮 ：单击该按钮，系统弹出"将块另存为"对话框，如图 11.5 所示。利用该对话框用户可以将图块以其他名称另外存储。

④"编写选项板"按钮 ：单击该按钮，关闭"块编写选项板"；再次单击该按钮，打开"块编写选项板"。

⑤"定义属性"按钮 ：单击该按钮，系统弹出"属性定义"对话框，如图 11.6 所示。利用该对话框可以定义块的属性值。

图 11.5　"将块另存为"对话框

图 11.6　"属性定义"对话框

单击按钮 关闭块编辑器(C) ，完成块定义。

11.1.3　创建块文件

用 BLOCK 命令创建的图块只能在当前图形中被调用，要想定义的图块在多个图形中被调用，必须创建块文件。

1. 功能

创建块文件。

2. 调用

命令行：WBLOCK 或 W。

3. 格式

执行命令:_wblock 或 w。

执行该命令后,系统弹出"写块"对话框,如图 11.7 所示。

图 11.7 "写块"对话框

该对话框中各选项含义说明如下:

(1)"源"选项区:指定块或对象,将其保存为块文件并指定插入点。

①"块(B)"单选按钮:指定要保存为文件的现有块,或者从列表中选择名称。

②"整个图形(E)"单选按钮:选择当前图形作为一个块。

③"对象(O)"单选按钮:选择对象保存为块文件并设置其插入点。

④"基点"选项区:指定块的基点,默认值是(0,0,0)。

⑤"对象"选项区:设置用于创建块的对象上的块创建的效果。

(2)"目标"选项区:指定文件的新名称和新位置以及插入块时所用测量单位。

①"文件名和路径(F)":在下拉列表框中输入或从列表中指定文件的新名称和新位置,按其后的[...]按钮可以浏览图形文件夹。

②"插入单位(U)"下拉列表框:指定从设计中心拖动新文件并将其作为块,插入到使用不同单位的图形中时自动缩放所使用的单位值。

单击"确定"按钮,文件块保存完毕。

11.1.4 动态块定义

图块常用来绘制重复出现的图形。如果图形略有区别,就需要定义不同的图块,或者需要分解图块来编辑其中的几何图形。在 AutoCAD2006 中,新增了功能强大的动态图块功能。动态块中定义了一些自定义特性,可用于在位调整块,而无需重新定义该块或插入另一个块。

1. 功能

编辑并创建图块,给图块加入参数和动作,使其成为动态图块。

2. 调用

菜单栏:"工具"→"块定义"。

命令行:BEDIT。

工具栏:单击"标准"工具栏的"块编辑器"按钮 。

3. 格式

执行命令：_bedit。

执行该命令后，系统弹出"编辑块定义"对话框，如图11.8所示。

图11.8 "编辑块定义"对话框

在该对话框中，在"要创建或编辑的块（B）"输入框中输入或从其下列表中选择图块的名称，单击"确定"按钮，屏幕进入如图11.3所示的"块编辑器"窗口。

11.1.5 应用实例

创建一个名为"双人床"的动态块。

说明：要成为动态块的块，至少必须包含一个参数以及一个与该参数关联的动作。下面以拉伸为例，介绍动态块的定义过程。

（1）创建一个名为"双人床"的图块。

命令：_ b   //启用"创建块"命令。

系统弹出"块定义"对话框，单击"拾取点（K）"前面的"拾取插入基点"图标，命令行提示：

指定插入基点：（鼠标取点）   //拾取双人床下边缘中点。

系统回到"块定义"对话框。单击"选择对象（T）"前面的"选择对象"图标，命令行提示：

选择对象：（鼠标框选对象）指定对角点：找到 8 个

                                                    //框选全部对象。

选择对象：   //按Enter键完成对象选择。

系统回到"块定义"对话框，如图11.9所示。

单击"确定"按钮，完成名为"双人床"的块定义。

（2）创建动态块。

命令：bedit   //启用"编辑块定义"命令。

系统弹出"编辑块定义"对话框，选择"双人床"作为当前"要创建或编辑的块（B）"，如图11.10所示。

单击"确定"按钮，系统弹出"块编辑器"对话框，如图11.11所示。

从图中可以看出，它由两部分组成：一是"块编写选项板"，通过该选项板，可以给图块加入参数和动作，使其成为动态图块。其中，"参数"定义了自定义特性，并为块中的几何图形指

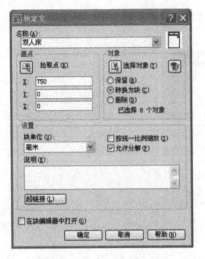

图 11.9　定义"双人床"块

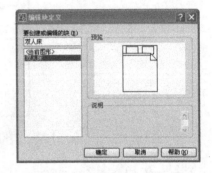

图 11.10　编辑"双人床"块

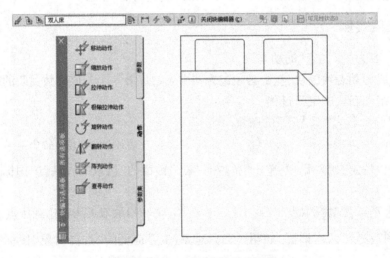

图 11.11　"双人床"的块编辑器

定了位置、距离和角度。而"动作"定义了在修改块时动态块参照的几何图形如何移动和改变。将动作添加到块中时，必须将它们与参数和几何图形关联。另一部分是一个特殊的编写区域，在该区域中可以完成对原图块的绘制和编辑工作。

命令及操作：单击"块编写选项板"中的"参数"选项卡，单击"创建线性参数"按钮 线性参数，命令行提示如下：

指定起点或［名称（N）/标签（L）/链（C）/说明（D）/基点（B）/选项板（P）/值集（V）］：
（鼠标取点）
　　　　　　　　　　　　　　　　　　　　　//单击床左下角点。
指定端点：（鼠标取点）　　　　　　　　　//单击床右下角点。
指定标签位置：（鼠标取点）　　　　　　　//在屏幕上合适位置选取一点。

此时将出现"距离"标签，同时标签的附近出现一个黄色的 ! 符号，提示此参数没有与参数的夹点相关联的动作,如图11.12所示。

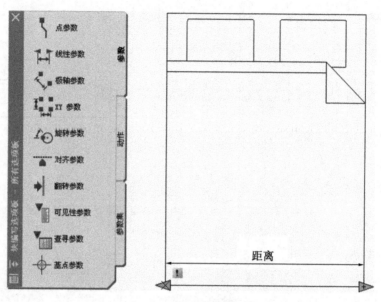

图 11.12　创建"线性参数"

命令及操作:选择该线性参数,单击鼠标右键,然后单击"夹点显示",选择夹点数为1,将该参数改为仅显示一个夹点。

命令及操作:单击"块编写选项板"中的"动作"选项卡,单击"创建拉伸动作"按钮

拉伸动作,命令行提示如下:

选择参数:　　　　　　　　　　　　　　　//单击参数"距离"。

指定要与动作关联的参数点或输入[起点(T)/第二点(S)]<第二点>:点选一点
　　　　　　　　　　　　　　　　　　　　//单击"距离"的参数点。

指定拉伸框架的第一个角点或[圈交(CP)]:(点选一点)
　　　　　　　　　　　　　　　　　　　　//在床的外部、上中点附近点选一点。

指定对角点:(点选一点)　　　　　　　　　//在床的外部、右下角点附近点选一点。

指定要拉伸的对象:(点选一点)　　　　　　//单击床外部的右上角点。

选择对象:指定对角点:找到9个　　　　　//单击床下边中点。

效果如图11.13所示,其中外虚线框为拉伸框架的范围,内虚线框为要拉伸的对象的范围。

继续以上的命令及操作:

选择对象:　　　　　　　　　　　　　　　//按 Enter 键完成对象选择。

指定动作位置或[乘数(M)/偏移(O)]:(点选一点)
　　　　　　　　　　　　　　　　　　　　//在屏幕上合适位置点选一点。

完成动态块的定义,效果如图11.14所示。

命令及操作:单击"保存块定义"按钮 ,单击 关闭块编辑器(C) 按钮,系统退回到 Auto-CAD 的绘图屏幕状态。

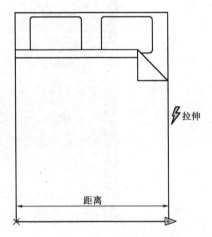

图 11.13　指定拉伸对象及范围　　　　　　图 11.14　定义动态块的动作

11.1.6　插入图块

已经定义的图块可以以任意比例插入到图形的任何位置。

1. 功能

将已经定义的块或块文件插入到当前图形中。

2. 调用

菜单栏:"插入"→"块"。

命令行:INSERT 或 I。

工具栏:单击"绘图"工具栏中的"插入块"命令按钮 。

3. 格式

执行命令:_insert 或 i。

执行该命令后,系统弹出"插入"对话框,如图 11.15 所示。

该对话框中各选项含义说明如下:

(1)"名称(N)"下拉列表框:在下拉列表中输入或选择块的名称。

(2)"插入点"选项区:指定块的插入点,插入图块时该点与图块的基点生命。可以在屏幕上指定该点,也可以通过下面的文本框输入该点的坐标值。

(3)"缩放比例"选项区:确定图块插入时的缩放比例。图块被插入到当前图形中时,可以按任意比例放大或缩小。可以直接在文本框中输入 X、Y、Z 三个方向的缩放比例,也可以勾选"在屏幕上指定(E)"。如果希望 X、Y、Z 三个方向以相同的比例系数缩放,则可在"统一比例(U)"前打勾。

(4)"旋转"选项区:确定图块插入时的旋转角度。可以角度文本框中直接输入旋转角度,也可以勾选"在屏幕上指定(C)"到作图屏幕中确定。

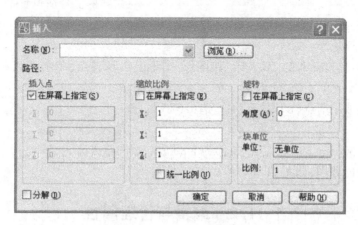

图 11.15　"插入"对话框

(5)"块单位"选项区:显示有关块的单位信息。

(6)"分解(D)"复选框:选取此复选框,插入到图形中的块中的对象分解成各自独立的对象,反之将作为一个整体插入到当前图形中。

11.1.7　应用实例

将 11.1.5 节中的"双人床"插入到图形中。

具体操作步骤如下:

(1)插入"双人床"图块。

命令:_ i　　　　　　　　　　　　　　//启用"插入块"命令。

系统弹出"插入"对话框,单击 浏览(B)... ,选择块文件"双人床"。

如图 11.16 所示。

图 11.16　插入"双人床"块

单击"确定"按钮,命令行提示:

指定插入点或 [基点(B)/比例(S)/X/Y/Z/旋转(R)/预览比例(PS)/PX/PY/PZ/预览旋转(PR)]:(单选一点)

//在屏幕上合适位置指定一点。

完成图块插入。

(2)启用动态块。

命令及操作:单击插入的"双人床"块图形,图形上出现夹点,单击参数夹点,命令行出现提示:

指定点位置或［基点(B)/放弃(U)/退出(X)］:300

　　　　　　　　　　　　　　　　　　　//输入拉伸距离。

即将宽为1 500mm的"双人床"拉伸为1 800mm宽的双人床。

完成动态块的调用,如图11.17所示。

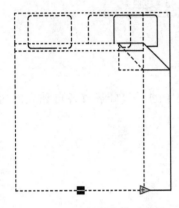

图11.17　选择并拉伸动态块

11.2　编辑与管理属性

属性是从属于块的文本信息,是块的重要组成部分。当插入带属性的块时,用户可以交互地输入块的属性。块的属性不同于一般的文本对象,它有如下几个方面的特点:

(1)块的属性包含属性标记和属性值两个方面内容。

(2)在定义块时,要先定义块的属性,具体设置包括属性标记、属性提示、属性的默认值、属性的显示格式(在图中是否可见)、属性在图中的位置等。

(3)属性定义后,以属性标记在图中显示,插入块后以属性值显示。插入块时,系统提示用户输入属性值。

(4)属性定义后,在定义块时将它与图形对象共同选择为块的对象。如果要同时使用几个属性,应先定义这些属性,然后把它们包括在同一个块中。

(5)在插入块时,AutoCAD通过属性提示要求用户输入属性值(也可以用默认值)。如果属性值在属性定义时规定为常量,AutoCAD则不询问属性值。

(6)块插入后,可以对块的属性进行编辑提取,也可以把属性单独提取出来写入文件,以便在统计、制表或其他数据分析程序中使用。

11.2.1　定义块的属性

1. 功能

创建块的属性定义。

2. 调用

菜单栏:"绘图"→"块"→"定义属性"。

命令行:ATTDEF。

3. 格式

执行命令:_attdef。

执行该命令后,系统弹出如图11.6所示的"属性定义"对话框。

该对话框中各选项含义说明如下:

(1)"模式"选项区:用于在图形中插入块时设置与块关联的属性值选项,包括四个复选框。

①"不可见(I)"复选框:指定插入块时不显示或打印属性值。

②"固定(C)"复选框:选中该复选框,属性为定值,该定值由此对话框的"值(L)"文本编辑框给定,插入块时属性值不发生变化。

③"验证(V)"复选框:插入块时提示验证属性值是否正确。

④"预置(P)"复选框:当插入包含预置属性值的块时,将属性设置为默认值。

(2)"属性"选项区:用于设置属性数据。

①"标记(T)"文本框:标记图形中每次出现的属性。用户必须输入属性标记,此项不能为空,也不能输入空格。

②"提示(M)"文本框:指定在插入包含该属性定义的块时显示的提示。

③"值(L)"文本框:设置默认的属性值。

(3)"插入点"选项区:指定属性位置。输入坐标值或者选中"在屏幕上指定(O)"复选框,并使用定点设备根据与属性关联的对象指定属性的位置。

(4)"文字选项"选项区:设置属性文字的对齐方式、文字样式、文字高度和旋转角度。

(5)"锁定块中的位置(K)"复选框:锁定块参照中属性的位置。

值得注意的是,在动态块中,由于属性的位置包括在动作的选择集中,因此必须将其锁定。

11.2.2 应用实例

创建并插入如图11.18所示的"标题栏"属性块文件,定义"比例"、"图号"、"单位名称"、"数量"、"产品名称"、"材料"、"日期"的属性值。

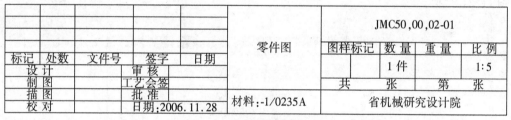

图11.18 "标题栏"属性块

具体制作步骤如下:

(1)绘制标题栏。

命令及操作:利用"表格"命令绘制好除属性值以外的标题栏并向表格里注写文字,如图11.19所示。

图11.19 绘制"标题栏"

（2）设置文字样式。

命令及操作：单击"文字"工具栏中的"文字样式"按钮 ，弹出"文字样式"对话框，默认样式名为 Standard，选择字体名为"仿宋_GB2312"，其他设置保持不变，如图 11.20 所示。

图 11.20　设置"文字样式"

（3）定义块的属性。

命令：_ attdef　　　　　　　　　　　　　　//启用"定义属性"命令。

执行该命令后，系统弹出"属性定义"对话框。首先定义"产品名称"的属性值，参数设置如图 11.21 所示。

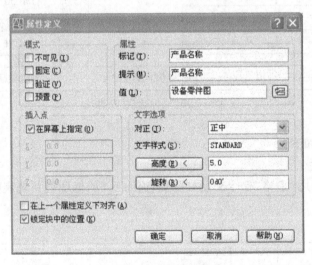

图 11.21　定义块的属性

单击"确定"按钮，命令行提示如下：

指定起点：（鼠标取点）　　　　　　　　//拾取属性"产品名称"在屏幕上的插入点。

完成"产品名称"属性的定义。

同理，定义"比例"、"图号"、"单位名称"、"数量"、"产品名称"、"材料"、"日期"的属性值。其中,设置"比例"、"数量"、"材料"和"日期"的文字高度为3.5,"材料"和"日期"的文字对正方式为"左"对正。

完成全部属性定义后的效果如图11.22所示。

					产品名称	图号			
						图样标记	数量	重量	比例
标记	处数	文件号	签字	日期			数量		比例
设计			审核			共 张		第 张	
制图			工艺会签						
描图			批准		材料:材料	单位名称			
校对			日期:日期						

图11.22 完成属性定义

(4)创建属性块文件。

命令:_ w   //启用"写块"命令。

系统弹出"写块"对话框,单击"拾取点(K)"前面的"拾取插入基点"图标 ,命令行提示:

指定插入基点:(鼠标取点)   //拾取标题栏右下角点。

系统回到"写块"对话框。单击"选择对象(T)"前面的"选择对象"图标 ,命令行提示:

选择对象:(鼠标框选对象)指定对角点:找到 27 个

//框选全部对象。

选择对象: //按 Enter 键完成对象选择。

系统回到"写块"对话框,在"文件名和路径(F)"文本输入框中输入块名为"标题栏",如图11.23所示。

图11.23 创建块文件

单击"确定"按钮,完成名为"标题栏"的属性块的创建。

(5)插入块文件"标题栏"。

命令:_ i   //启用"插入块"命令。

系统弹出"插入"对话框,单击 浏览(B)... 按钮,选择上面创建的块文件"标题栏",如图 11.24 所示。

图 11.24　插入块文件"标题栏"

单击"确定"按钮,命令行提示:

指定插入点或［基点(B)/比例(S)/X/Y/Z/旋转(R)/预览比例(PS)/PX/PY/PZ/预览旋转(PR)］:(鼠标取点)

　　　　　　　　　　　　　　　　　　　　　//在屏幕合适位置拾取一点。

系统弹出"输入属性"对话框,依次输入属性值,效果如图 11.25 所示。

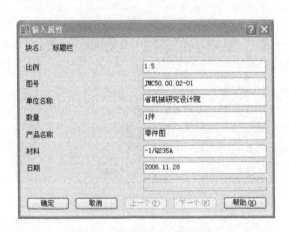

图 11.25　输入块的属性值

单击"确定"按钮,完成属性块"标题栏"的插入。

11.2.3　编辑属性文字

在将属性赋予图块之前,用户如果认为属性定义不合适,可以通过 ddedit 命令对属性的标志、提示及初始值等进行修改。

1. 功能

修改属性定义。

2. 调用

菜单栏："修改"→"对象"→"文字"→"编辑"。

命令行：DDEDIT。

3. 格式

执行命令：_ddedit。

执行该命令后，命令行提示：

选择注释对象或［放弃(U)］:(用鼠标点选需重新定义的属性对象)。

系统弹出如图11.26所示的"编辑属性定义"对话框，利用该对话框用户可以对属性定义文字进行修改。

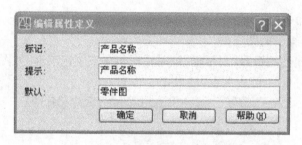

图11.26　"编辑属性定义"对话框

11.2.4　编辑图块属性

当属性被定义到图块中，用户可以对属性进行编辑。图块属性编辑包括一般属性编辑和增强属性编辑。

1. 一般属性编辑

在命令行输入attedit，根据命令行提示"选择块参照"选择需要修改属性的图块，系统弹出"编辑属性"对话框，用户可以对此对话框中的属性值进行修改，如图11.27所示。

2. 增强属性编辑

（1）功能

编辑图块中的属性定义。

（2）调用

菜单栏："修改"→"对象"→"属性"→"单个"。

命令行：EATTEDIT。

工具栏：单击"修改Ⅱ"工具栏中的"编辑属性"按钮　。

快捷键：双击需编辑属性的图形块。

当然，最方便的应该是双击属性块。

（3）格式

执行命令：_ eattedit。

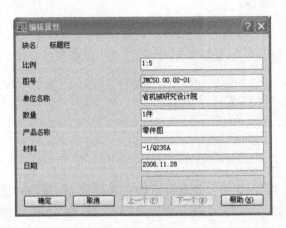

图 11.27 "编辑属性"对话框

执行该命令后,命令行提示:

选择块:(选择需编辑的图块)。

系统弹出"增强属性编辑器"对话框,该对话框包含三个选项卡,如图 11.28 所示。

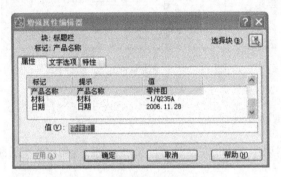

图 11.28 "增强属性编辑器"对话框

各选项卡含义说明如下:

①"属性"选项卡:显示指定给每个属性的标记、提示和值。使用"属性"选项卡可以选择属性并修改其值,如图 11.28 所示。

②"文字选项"选项卡:列出了定义属性文字在图形中显示方式的特性,如图 11.29 所示。

图 11.29 "文字选项"选项卡

③"特性"选项卡：显示属性图层、线型、颜色、线宽和打印样式特性，如图11.30所示。

图11.30 "特性"选项卡

11.2.5 管理属性

图块属性管理器是对图形中属性块进行管理的工具，使用该工具可以修改图块中各属性的值并确定该值是否可见，修改属性所在的图层以及属性的颜色、线宽和线型等。

1. 命令执行方式

菜单栏："修改"→"对象"→"属性"→"块属性管理器"。

命令行：BATTMAN。

工具栏：单击"修改Ⅱ"工具栏中的"块属性管理器"按钮 。

2. 功能

修改图块中的属性定义。

3. 操作过程

执行命令：_battman。

执行该命令后，系统弹出"块属性管理器"对话框，通过该对话框可以统一管理图形中的块属性，如图11.31所示。

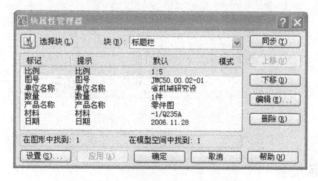

图11.31 "块属性管理器"对话框

该对话框中各选项含义说明如下：

(1)"选择块(L)"按钮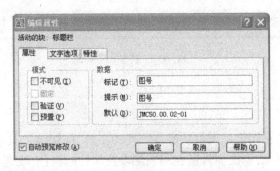:单击该按钮,系统切换到绘图区选择需要编辑的属性块,或者在"块(B)"下拉列表中选择需要编辑的属性块。

(2)"同步(Y)":更新具有当前定义的属性特性的选定块的全部实例。

(3)"上移(U)":选定一个属性标签,单击该按钮,该属性将在提示序列中向上移动一列。

(4)"下移(D)":选定一个属性标签,单击该按钮,该属性将在提示序列中向下移动一列。

(5)"编辑(E)":单击该按钮,系统弹出如图 11.32 所示的"编辑属性"对话框,该对话框包含三个选项卡,分别用于编辑属性的各种设置,包括可见性、标记、提示、默认、字体、对齐方式、图层及线型等。

图 11.32 "编辑属性"对话框

(6)"删除(R)":选定一个属性标签,单击该按钮,将在提示序列中删除此属性。

(7)"设置(S)":单击该按钮,系统弹出如图 11.33 所示的"设置"对话框,通过该对话框用户可以设置需要编辑的属性,包括属性标记、提示和文本属性等。

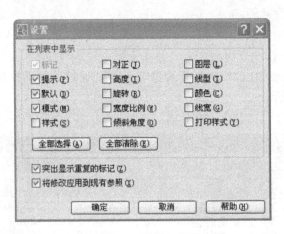

图 11.33 "设置"对话框

11.2.6 属性显示控制

属性的显示状态是可以改变的,控制属性显示状态的操作具体如下:

在菜单栏,单击"视图"→"显示"→"属性显示",显示出三种选择项:普通(N)、开(O)、关(F)。用户可以根据需要进行选择。各选项的具体含义如下:

普通(N):恢复成原定义的状态。

开(O):所有属性均可见。

关(F):所有属性均不可见。

11.3 使用外部参照

AutoCAD 将外部参照作为一种块定义类型,但外部参照与块有一些重要区别。将图形作为块参照插入时,它存储在图形中,但并不随原始图形的改变而更新。将图形作为外部参照附着时,会将该参照图形链接至当前图形;打开外部参照时,对参照图形所作的任何修改都会显示在当前图形中。一个图形可以作为外部参照同时附着到多个图形中;反之,也可以将多个图形作为外部参照附着到单个图形。用于定位外部参照的已保存路径可以是绝对(完全指定)路径,也可以是相对(部分指定)路径,或者没有路径。

11.3.1 引用外部参照

1. 功能

将图形文件以外部参照的形式插入到当前图形中。

2. 调用

菜单栏:"插入"→"外部参照"。

命令行:XATTACH 或 XA。

工具栏:单击"参照"工具栏中的"外部参照"按钮。

3. 格式

执行命令:_xa。

执行该命令后,系统弹出"选择参照文件"对话框,在该对话框中选择需要插入到当前图形中的外部参照图块,如图 11.34 所示。

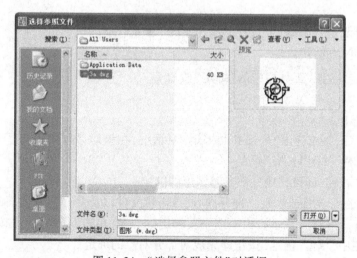

图 11.34 "选择参照文件"对话框

单击该对话框的"打开(O)"按钮,系统弹出"外部参照"对话框,在该对话框中进行参数设置,完成外部参照的建立,如图 11.35 所示。

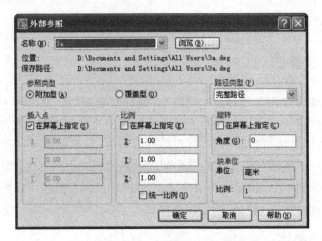

图 11.35 "外部参照"对话框

在"外部参照"对话框中的"参照类型"下,选择"附加型"。"附加型"包含所有嵌套的外部参照。

指定插入点为"在屏幕上指定",以使用定点设备、指定缩放比例和旋转角度。

单击"确定"按钮,插入外部参照图形。

11.3.2 绑定外部参照

绑定外部参照可以使已经附着的外部参照成为图形的永久的组成部分,也可以只绑定图形中的部分元素,以免有些内容会随着参照的重载而丢失。

1. 功能

使已经附着的外部参照成为图形的永久的组成部分。

2. 调用

菜单栏:"修改"→"对象"→"外部参照"→"绑定"。

命令行:XBIND 或 XB。

工具栏:单击"参照"工具栏中的"绑定"按钮 。

3. 格式

执行命令:_xb。

执行该命令后,系统弹出"外部参照绑定"对话框,在该对话框中列出了当前图形文件已有的外部参照文件,如图 11.36 所示。

单击"确定"按钮,即可完成外部参照图形的绑定。

要绑定某个图形文件或者某一部分内容,点击该文件以及文件列表前面的" + "号显示出文件的全部条目。在"外部参照"栏中选中要绑定的对象,单击"添加(A)"按钮,该对象出现在"绑定定义"栏中,单击"确定"按钮即完成对部分对象的绑定。

11.3.3 编辑外部参照

在处理外部引用图形时,用户可以使用外部引用编辑功能,向指定的工作集添加或删除对

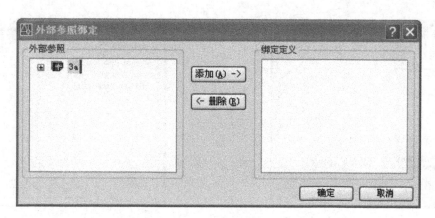

图 11.36　"外部参照绑定"对话框

象。编辑外部参照的工具栏如图 11.37 所示。

利用此工具栏不仅可以完成对外部参照图形
本身的修改,还可以将当前图形中其他图形加入到
外部参照中,并将所作的修改保存或放弃。

图 11.37　"参照编辑"工具栏

(1)"在位编辑参照" <img> :等同于在命令行输
入 refedit。

选择该按钮,命令行提示:

选择参照:(选择要编辑的外部参照图形)。

系统弹出"参照编辑"对话框,如图 11.38 所示。

该对话框包含两个选项卡:

①"标识参照"选项卡:用于为标识要编辑的参照提供视觉帮助并控制选择参照的方式。

a."参照名(R)"选项区:选择要编辑的参照名称。

b."路径"选项区:显示选定参照的文件位置。如果选定参照是一个块,则不显示路径。

"自动选择所有嵌套的对象(A)"单选按钮:选定参照中的所有对象,将自动包括在参照
编辑任务中。

"提示选择嵌套的对象(P)"单选按钮:系统关闭"参照编辑"对话框,进入参照编辑状态
后,系统将提示用户在要编辑的参照中选择特定的对象。

②"设置"选项卡:用于为编辑参照提供选项,如图 11.39 所示。

(2)"添加到工作集"按钮 <img> 和"从工作集删除"按钮 <img> :向工作集中添加或删除当前图
形中的其他图形对象。

(3)"关闭参照"按钮 <img> 和"保存参照编辑"按钮 <img> :对"参照编辑"对话框中所作的修改
进行保存或放弃操作。

11.3.4　管理外部参照

外部参照管理器可以管理当前图形中的所有外部参照图形。在外部参照管理器中显示了
每个外部参照的状态及它们之间的关系。

1. 功能

图 11.38 "参照编辑"对话框

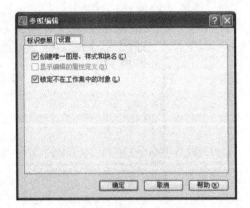

图 11.39 "设置"选项卡

使已经附着的外部参照成为图形的永久的组成部分。

2. 调用

菜单栏:"插入"→"外部参照管理器"。

命令行:XREF 或 XR。

工具栏:单击"参照"工具栏中的"外部参照管理器"按钮 。

3. 格式

执行命令:_xr。

如果当前文件中有外部参照图形,执行该命令后,系统弹出"外部参照管理器"对话框,外部参照文件名以列表图形式或树状图形式在外部参照管理器中显示,如图 11.40 所示。

图 11.40 "外部参照管理器"对话框

该对话框中的各项含义如下:

(1)"附着(A)"按钮:用于将外部图形与当前图形链接。单击该按钮,弹出如图 11.35 所示的"外部参照"对话框,可以引用外部参照图形。

(2)"拆离(D)"按钮:用于将外部参照从当前图上删除。执行拆离操作后,将删除外部参照的所有副本,并且清除外部参照的定义。

（3）"重载（R）"按钮：如果外部参照图形被修改，可以使用"重载"按钮更新外部参照图形。

（4）"卸载（U）"按钮：用于卸掉当前图形中不再使用的外部参照图形。

（5）"绑定（B）"按钮：用于将外部参照图形绑定到当前图形上，使之真正成为图形的一部分。

（6）"打开（E）"按钮：用于将选中的外部参照文件打开。

（7）"保存路径（P）"按钮：用于将"发现外部参照于"文本框中显示的路径保存到当前选中的外部参照文件中。

11.4　AutoCAD 设计中心

通过设计中心，用户可以在图形中插入图块、图层、外部参照和图案填充，可以将位于用户的计算机上、网络位置或网站上的图形中的任何内容拖动到当前图形中，也可以将图形、图块和填充拖动到工具选项板上。利用设计中心的符号库可以方便地绘图，并且可以向符号库中添加符号，对符号库进行扩充。

AutoCAD 设计中心的主要功能如下：

（1）浏览用户计算机、网络驱动器和 Web 页上的图形内容（例如图形或符号库）。

（2）在定义表中查看图形文件中命名对象（例如块和图层）的定义，然后将定义插入、附着、复制和粘贴到当前图形中。

（3）更新块定义。

（4）创建指向常用图形、文件夹和 Internet 网址的快捷方式。

（5）向图形中添加内容（例如外部参照、块和填充）。

（6）在新窗口中打开图形文件。

（7）将图形、块和填充拖动到工具选项板上以便于访问。

11.4.1　打开 AutoCAD 设计中心

1. 功能

打开功能强大的绘图资源管理器——设计中心。

2. 调用

菜单栏："工具"→"设计中心"。

命令行：ADCENTER。

工具栏：单击"标准"工具栏中的"设计中心"按钮 ▦。

快捷键：$\boxed{\text{Ctrl}}$ +2。

3. 格式

执行命令：_adcenter。

执行该命令后，系统弹出"设计中心"对话框，如图 11.41 所示。

"设计中心"窗口分为两部分，左边为树状图，右边为内容区。可以在树状图中浏览内容的源，在内容区显示内容，也可以在内容区中将项目添加到图形或工具选项板中。

（1）"设计中心"窗口左侧的树状图和四个设计中心选项卡，可以帮助用户查找内容并将

图 11.41 "设计中心"对话框

内容加载到内容区中。

①"文件夹"选项卡:"文件夹"选项卡显示导航图标的层次结构,包括网络和计算机、Web地址 (URL)、计算机驱动器、文件夹、图形及相关的支持文件、外部参照、布局、填充样式和命名对象,包括图形中的块、图层、线型、文字样式、标注样式和打印样式。

②"打开的图形"选项卡:显示当前已打开图形的列表。单击某个图形文件,然后单击列表中的一个定义表,可以将图形文件的内容加载到内容区中。

③"历史记录"选项卡:显示设计中心中以前打开的文件列表。双击列表中的某个图形文件,可以在"文件夹"选项卡中的树状视图中定位此图形文件,并将其内容加载到内容区中。

④"联机设计中心"选项卡:提供联机设计中心 Web 中的内容,包括块、符号库、制造商内容和联机目录。此功能的实现需要链接到 Internet。

(2)窗口顶部的工具栏控制树状图和内容区域中信息的浏览和显示。各按钮功能如下:

①"加载"按钮：单击此按钮,将弹出"加载"对话框,如图 11.42 所示。在该对话框中选择要查看的图形文件后,单击"打开(O)"按钮,AutoCAD 便将图形中的内容加载到内容显示窗口,并在树状视图窗口中定位该文件。

图 11.42 "加载"对话框

②"上一页"按钮 ：单击该按钮，可以返回到历史纪录列表中最近一次的位置，或者单击向下箭头，从下拉列表中选择要返回到的位置。

③"下一页"按钮 ：单击该按钮，可以前进到历史纪录列表中下一次的位置，或者单击向下箭头，从下拉列表中选择要前进到的位置。

④"上一级"按钮 ：显示当前选项的上一级选项的内容。

⑤"搜索"按钮 ：单击此按钮，将弹出"搜索"对话框，如图11.43所示。

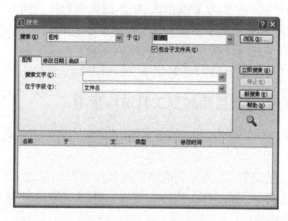

图11.43 "搜索"对话框

通过使用该对话框，可以查找包含指定块、文本样式、尺寸标注样式、图层、布局、外部参照或线型的图形。该图形可以从"搜索（K）"下拉列表中选择，或者按对话框中的三个选项卡建立查询。

a. "图形"选项卡：可以指定所要搜索的名称和该名称所在的位置。

b. "修改日期"选项卡：查找在某个特定时间创建或修改的内容。

c. "高级"选项卡：指定附加的搜索系数，包括要搜索内容所包含的某些部分及其值和定义，还可以指定所要搜索文件的大小范围。

⑥"收藏夹"按钮 ：单击此按钮，在内容区显示"收藏夹"文件夹的内容。"收藏夹"文件夹包含了经常访问的项目的快捷键，方便用户的管理和下次使用。

⑦"主页"按钮 ：单击此按钮，将设计中心返回到默认文件夹。

⑧"树状图切换"按钮 ：切换是否显示树状视图。

⑨"预览"按钮 ：切换是否显示所选项目的预览窗格。

⑩"说明"按钮 ：切换是否显示所选项目的说明窗格。

⑪"视图"按钮 ：提供内容区域中内容的不同显示格式，包括大图标、小图标、列表和详细信息。

11.4.2 利用设计中心打开图形

用户可以利用设计中心打开已有的图形，具体操作方法有：

（1）在设计中心内容区中的图形图标上单击鼠标右键，单击快捷菜单中的"在应用程序窗口中打开(O)"。

(2)按住 $\boxed{Ctrl}$ 键的同时,将图形图标从设计中心内容区拖动到绘图区域。

(3)将图形图标从设计中心内容区拖动到应用程序窗口绘图区域以外的任何位置(如果将图形图标拖动到绘图区域中,将在当前图形中创建块)。

11.4.3 利用设计中心插入图块

用户可以使用以下方法,在内容区中向当前图形添加内容:

(1)将某个项目拖动到某个图形的图形区,按照默认设置将其插入。

(2)在内容区中的某个项目上单击鼠标右键,将显示包含若干选项的快捷菜单。在该快捷菜单上单击"插入"命令,显示"插入"对话框,插入图块。

(3)鼠标右键双击图块,显示"插入"对话框,插入图块。

11.4.4 将设计中心中的项目添加到工具选项板中

用户可以将设计中心中的图形、块和图案填充添加到当前的工具选项板中,利用工具选项板插入图块。

方法1:在设计中心的内容区,将一个或多个项目拖动到当前的工具选项板中。

方法2:在设计中心树状图中,单击鼠标右键并从快捷菜单中创建当前文件夹、图形文件或块图标的新的工具选项板。

从工具选项板中添加图形时,如果将它们拖动到当前图形中,那么被拖动的图形将作为块被插入。

11.5 练习题

1. 利用块绘制图 11.44(尺寸自定)。

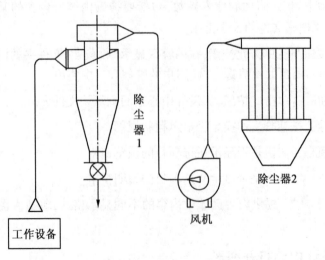

绘制并制作图块,块名为除尘器1、除尘器2和风机,并将其插入到如图所示的图形中。

图 11.44 练习题 11-1

2. 利用设计中心绘制图 11.45(缺省尺寸自定)。

1050
1500
1050
520
2100
1620
4500
2560
800
480
800
3160

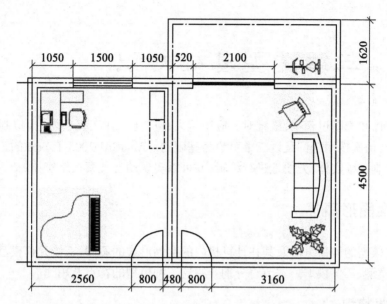

利用设计中心,将书桌、书柜、钢琴、沙发、摇椅和跑步机等图块插入到如图所示的图形中。

图 11.45　练习题 11-2

3. 利用块属性绘制填充表格。

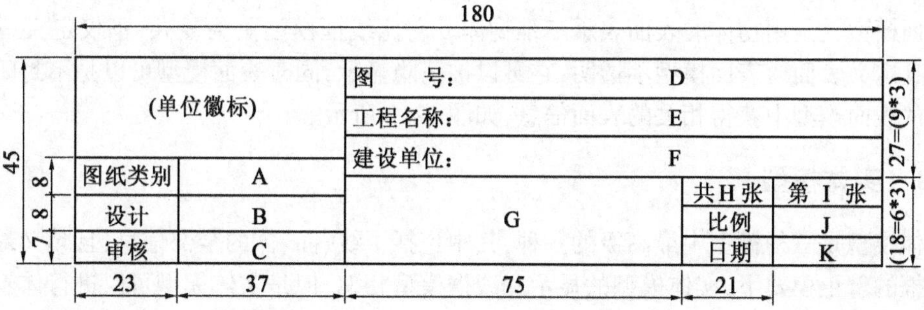

180
(单位徽标)
图　号:
D
工程名称:
E
建设单位:
F
图纸类别
A
设计
B
审核
C
G
共H张
第 I 张
比例
J
日期
K
45
8
8
7
27=(9*3)
(18=6*3)
23
37
75
21

图 11.46　练习题 11-3

第12章 三维造型基础知识

在工程设计和绘图过程中,三维对象应用越来越广泛。在工程领域,虚拟制造技术、工艺过程数值模拟、仿真技术等都是以三维对象为基础的。AutoCAD2005 有较强的三维功能,可以用多种方法绘制三维实体,方便地进行编辑,并可以实现动态观察三维实体。

12.1　三维图形概述

根据几何模型的构造方法及其在计算机内的存储形式的不同,三维几何模型分为三种:线框模型、表面模型、实体模型。本节将分别介绍这三种模型的特点及用途。

12.1.1　线框模型

线框模型就是用线(包括棱线和转向轮廓线)来表达三维实体。它是一个轮廓模型,线框模型中没有面,只有描绘对象边界的点、直线和曲线。由于构成线框模型的每个对象都必须单独绘制和定位,因此,使用这种方式创建模型比较耗时,如图 12.1 所示。

12.1.2　表面模型

表面模型就是用物体的表面表示三维物体。它比线框模型更为复杂,不仅定义三维对象的边而且定义表面。表面模型不透明,它可以被消隐显示,同时表面模型可以是不封闭的。用户可以从表面模型中获得相关的表面信息,如图 12.2 所示。

12.1.3　实体模型

实体模型是三种模型中最高级的一种,其中包括了线、面、体的全部信息,且歧义最少。在二维线框的着色模式下,实体模型的显示和线框模型相似,但是实体模型可以进行体着色和渲染,如图 12.3 所示。

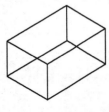

图 12.1　线框模型

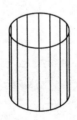

图 12.2　表面模型

图 12.3　实体模型

12.2 三维坐标系和坐标输入

在 AutoCAD 2006 中,有两种坐标系:一种是被称为世界坐标系(WCS)的固定坐标系;一种是被称为用户坐标系(UCS)的可移动坐标系。一般情况下,用户坐标系统与世界坐标系统是重合的,但在设计一些复杂的实体造型时,主要用用户坐标系。

12.2.1 世界坐标系

AutoCAD 默认的坐标系是世界坐标系。世界坐标系又叫通用坐标系或绝对坐标系,简称 WCS。世界坐标系是惟一的、固定不变的,它是所有用户坐标系的基准,不能被重新定义。世界坐标系如图 12.4 所示。

12.2.2 用户坐标系

AutoCAD 允许用户建立自己的坐标系——用户坐标系(UCS)。用户可将 UCS 的坐标原点放在任何位置,坐标可以倾斜任意角度。用户坐标系如图 12.5 所示。

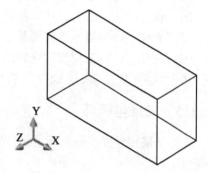

图 12.4 世界坐标系

1. 命令执行方式

菜单栏:"工具(T)"→"新建 UCS(W)"→"三点(3)"。

命令行:UCS。

工具栏:单击 UCS 工具栏的 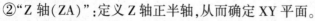。

2. 功能

定义用户坐标系,以改变坐标系的方向和倾斜度。

3. 操作过程

执行 UCS 命令后,命令行提示:

输入选项[新建(N)/移动(M)/正交(G)/上一个(P)/恢复(R)/保存(S)/删除(D)/应用(A)/?/世界(W)] <世界>:

4. 选项说明

(1)"新建(N)":在命令行输入"N"并回车,系统继续提示:指定新 UCS 的原点或[Z 轴(ZA)/三点(3)/对象(OB)/面(F)/视图(V)/X/Y/Z] <0,0,0>:

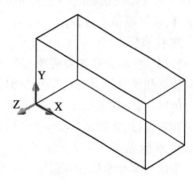

图 12.5 用户坐标系

①"指定新 UCS 的原点":移动当前 UCS 的原点到指定位置,保持其 X、Y 和 Z 轴方向不变,从而定义新的 UCS。

②"Z 轴(ZA)":定义 Z 轴正半轴,从而确定 XY 平面。

③"三点(3)":指定新 UCS 的原点、X 轴正方向所在的点、Y 轴正方向所在的点来确定 UCS,Z 轴由"右手定则"确定。

④"对象(OB)":指定一个三维对象作为新的 UCS 的坐标系,新的 UCS 的 XY 平面位于选择的对象上。

⑤"面(F)"：选定实体对象的一个面使其与 UCS 对齐。

⑥"视图(V)"：UCS 的原点保持不变,选择平行于屏幕的平面为 XY 平面来建立新的坐标系。

⑦"X/Y/Z"：绕指定的 X、Y 或 Z 轴来旋转当前 UCS。旋转 UCS 可以帮助用户在三维或旋转视图中指定点。"捕捉"、"栅格"和"正交"模式都将旋转以适应新的 UCS。

(2)"移动(M)"：通过移动 UCS 的坐标原点来设置 UCS。移动 UCS 可以使处理图形的特定部分变得更加容易。

(3)"正交(G)"：使用 AutoCAD 2006 预设的六个正交 UCS：俯视(T)、仰视(B)、主视(F)、后视(BA)、左视(L)、右视(R)。

(4)"上一个(P)"：按顺序最多恢复当前任务中以前使用过的 10 个坐标系。

(5)"恢复(R)"：定义 UCS 后,可以为其命名并在需要再次使用时将其恢复。

(6)"保存(S)"：把当前 UCS 按指定名称保存。

(7)"删除(D)"：当不再需要某个命名的 UCS 时,可以将其删除。

(8)"应用(A)"：应用当前视口的 UCS 到其他的视口。

(9)"世界(W)"：恢复 UCS 以便与 WCS 重合。

12.2.3 三维坐标系

无论是采用世界坐标系还是用户坐标系,都可以使用笛卡儿坐标、柱坐标或球坐标来定位空间点。

1. 笛卡儿坐标

在 AutoCAD 2006 中,利用 X、Y 和 Z 在空间上两两垂直构成笛卡儿坐标系,其原点默认为(0,0,0)。输入三维笛卡儿坐标值(X,Y,Z)类似于输入二维坐标值(X,Y)。但除了指定 X 和 Y 值外,还需要指定 Z 值。

2. 柱坐标

使用柱坐标来描述点需要三个参数：点在 XY 平面的投影到坐标原点的距离、点在 XY 平面的投影和坐标原点的连线与 X 轴正向的夹角、点的 Z 坐标值。其格式如下：

绝对坐标：投影长度 < 夹角大小,Z 坐标。

相对坐标：@投影长度 < 夹角大小,Z 坐标。

3. 球坐标

使用球坐标来描述点需要三个参数：点到坐标原点的距离、二者连线在 XY 平面的投影与 X 轴正向的夹角、点和坐标原点连线与 XY 平面所成的角度。其格式如下：

绝对坐标：距离 < 与 X 轴正向的夹角 < 与 XY 平面所成的角度。

相对坐标：@距离 < 与 X 轴正向的夹角 < 与 XY 平面所成的角度。

12.3 设置视点与观察三维模型

12.3.1 设置视点

在三维空间中工作时,用户需要经常变化视点,以显示不同视图来验证图形的三维效果。最常用的视点是等轴测视图,使用它可以减少视觉上重叠的对象的数目。通过选定的视点,可以创建新的对象、编辑现有对象、生成隐藏线或着色视图。AutoCAD 2006 提供了灵活的选择视点的功能。

1. 用 DDVPOINT 对话框设置视点

该方式是用对话框的形式来设置视点。

启动该方式有以下三种形式：

菜单栏："视图"→"三维视图"→"视点预置"。

命令行：DDVPOINT 或 VP 并回车。

启动该命令后，系统弹出如图 12.6 所示的对话框。

使用该对话框用户可以方便地进行视点选择。该对话框各选项含义如下：

（1）"绝对于 WCS（W）"：指定视点的位置为相对于绝对世界坐标系的方位。

（2）"相对于 UCS（U）"：指定视点的位置为相对于用户坐标系的方位。

（3）"自 X 轴（A）"编辑框：输入相应角度，表示与 X 轴的夹角。

（4）"自 XY 平面（P）"编辑框：输入相应角度，表示与 XY 平面的夹角。

（5）"设置为平面视图（V）"按钮：单击该按钮，可以恢复为与 X 轴成 270°和与 XY 平面成 90°的视点。

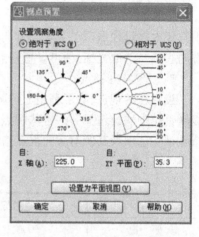

图 12.6 "视点预置"对话框

2. 用 VPOINT 命令选择视点

该命令为用户提供了通过命令行选择视点的方式。

启动该方式有以下三种形式：

菜单栏："视图"→"三维视图"→"视点"。

命令行：在命令行输入"VPOINT"或"VP"并回车。

执行命令后，AutoCAD 会出现如下提示：

当前视图方向：VIEWDIR = 0.0000，0.0000，1.0000

指定视点或［旋转（R）］＜显示坐标球和三轴架＞：

以上选项的功能分别为：

（1）"旋转"：该选项将当前视点旋转一个角度，从而形成新的视点。选择该选项后，AutoCAD 将提示如下信息：

输入 XY 平面中与 X 轴的夹角 ＜当前值＞：（在此提示符下需输入新视点在 XY 平面内的投影与 X 轴正方向之间的夹角）。

输入与 XY 平面的夹角 ＜0＞：（要求输入所选择视点的方向与 XY 平面的夹角）。

用户输入的这两个角度之间的关系如图 12.7 所示。

（2）"指定视点"：在提示符下直接输入视点的绝对坐标值，从而确定视点的位置。

（3）"显示坐标球和三轴架"：此为缺省项。如果在选项提示符下不输入任何选项而直接回车，则在屏幕上出现如图 12.8 所示的罗盘图形，同时在罗盘的旁边还有一个可拖动的坐标轴，利用它可以直接设置新的视点。

在示意图中，罗盘相当于一个球体的俯视图，其中的小十字光标代表视点的位置，光标在

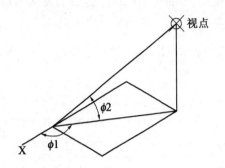

图 12.7 "旋转"方式选择视点所需的两个夹角

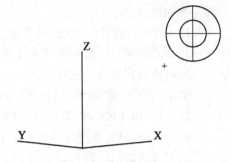

图 12.8 用罗盘确定视点

小圆环内表示视点位于 Z 轴正方向一侧,当光标落在内外环之间时,说明视点位于 Z 轴的负方向一侧。选取光标,便可设置视点。

3. 设置特殊视点

设置新的视点,除了利用上述两个命令之外,用户还可以直接从"视图"→"三维视图"的级联菜单中快速选择一些特殊视点,如"俯视"、"仰视"、"左视"等。三维视图的级联菜单中特殊视点选项及其所对应的视点均列于表 12.1 中。

表 12.1　　　　　　　　　　　　　　特殊视点及其参数设置

菜单选项	对应视点	与 X 轴夹角	与 XY 平面夹角
俯　视	0,0,1 正上方	270°	90°
仰　视	0,0,−1 正下方	270°	90°
左　视	−1,0,0 左方	180°	0°
右　视	1,0,0 右方	0°	0°
主　视	0,−1,0 正前方	270°	0°
后　视	0,1,0 正后方	90°	0°
西南等轴测	−1,−1,0 西南方向	225°	45°
东南等轴测	1,−1,1 东南方向	315°	45°
东北等轴测	1,1,1 东北方向	45°	45°
西北等轴测	−1,1,1 西北方向	135°	45°

12.3.2　观察三维模型

前面介绍的几种显示模式操作比较精确,但是视点的设置繁琐。AutoCAD 2006 提供了一个交互的三维动态观察器和一种连续旋转视图的方法让用户方便地观察三维模型。

1. 三维动态观察器

既可以查看整个图形,也可以从不同方向查看模型中的任意对象。

启动该命令有如下几种方式:

菜单栏:"视图"→"三维动态观察器"。

命令行:在命令行输入"3DORBIT"、"3DO"、"ORBIT"并回车。

使用 3DORBIT 命令,可以激活当前视口中交互的三维动态观察器视图。三维动态观察器视图显示了一个环,它是一个圆,并均布有四个小圆。当 3DORBIT 激活时,观察点或观察目标将保持不变。观察位置所在的点或相机位置将绕目标移动,转盘的中心是目标点。可以使用定点设备操作模型的视图,也可以从模型周围的不同点观察整个模型或模型中的任何对象,如图 12.9 所示。

2. 视图的连续旋转

在三维动态观察器窗口单击鼠标右键后,在弹出的菜单中选择"其他"→"连续观察",即可实现对象的连续旋转。

激活该命令后,光标的形状改为两条实线环绕的球形。用户可以按下鼠标左键并沿任何方向拖动光标,使对象沿拖动方向开始移动。释放左键后,对象在指定的方向上继续它们的轨迹运动。光标移动的速度决定了对象的旋转速度。

视图的旋转由下列光标的外观和位置决定:

(1)两条直线环绕的球状:在转盘中移动光标时,光标的形状变为外面环绕两条直线的小球状。如果在绘图区域中单击并拖动光标,则可围绕对象自由移动,就像光标拖动环绕对象的球体,围绕目标点进行旋转一样。用此方法可以在水平、垂直或对角方向上拖动。

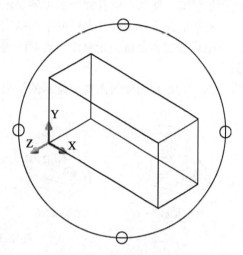

图 12.9 三维动态观察器

(2)圆形箭头:在转盘外部移动光标时,光标的形状变为圆形箭头。在转盘外部单击并围绕转盘拖动光标,将使视图围绕延长线通过转盘的中心并垂直于屏幕的轴旋转。如果将光标拖到转盘内部,它将变为外面环绕两条线的球状,并且视图可以自由移动。如果将光标向后移动到转盘之外,可以恢复滚动。

(3)水平椭圆:当光标在转盘左右两边的小圆上移动时,光标的形状变为水平椭圆。从这些点开始单击并拖动光标将使视图围绕通过转盘中心的垂直轴或 Y 轴旋转。

(4)垂直椭圆:当光标在转盘上下两边的小圆上移动时,光标的形状变为垂直椭圆。从这些点开始单击并拖动光标将使视图围绕通过转盘中心的水平轴或 X 轴旋转。

12.4 图形的显示及控制

12.4.1 图形的显示类型

显示三维图形的过程中,除了视点预置之外,图形的显示类型也是影响显示结果的一个重要因素。AutoCAD 2006 可以用线框、消隐、着色、渲染这几种类型显示模型。

在线框显示的模型中,由于所有的边和素线都是可见的,因此很难分辨出是从模型的上面还是下面进行观察的。

消隐后的三维图形不显示后向面,模型的立体感更强。

"消隐"图像的命令输入方式有如下几种:

菜单栏:"视图"→"消隐"。

命令行:在命令行输入"HIDE"或"HI"并回车。

工具栏:单击"渲染"工具栏的"隐藏"工具按钮。

说明:在各类图像中,消隐图像是比较简单的。创建或编辑图形时,处理的是对象或表面的线框图。消隐操作把被前景对象遮掩的背景对象隐藏起来,从而使图形的显示更加简洁,设计更加清晰。适当地消隐背景线可使显示更加清晰,但不能编辑消隐或渲染后的视图。

着色消除了隐藏线并为可见平面指定颜色。

渲染添加和调整了光源并为表面附着上材质以产生真实效果,使图像的真实感进一步增强。

图12.10是四种图像类型显示的结果。

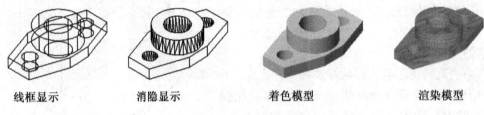

线框显示　　　　消隐显示　　　　着色模型　　　　渲染模型

图12.10　图像显示类型

12.4.2　平面视图

用户可以通过 PLAN 命令从平面视图查看图形。选择的平面视图可以基于当前用户坐标系、以前保存的用户坐标系或世界坐标系。启动平面视图命令有如下两种方法:

菜单栏:"视图"→"三维视图"→"平面视图"。

命令行:PLAN。

执行平面视图命令后,命令行提示:

输入选项 [当前 UCS(C)/UCS(U)/世界(W)] <当前 UCS>:C

各选项含义如下:

"当前 UCS(C)":在当前用户坐标系的当前视口中重新生成平面视图并使图形布满当前视口。

"UCS(U)":修改为当前保存的用户坐标系平面视图并重新生成该平面视图。

"当前 UCS":在世界坐标系屏幕重新生成平面视图并布满当前视口。

12.4.3　显示效果的控制变量

对于曲面立体图,其显示效果和一些变量的设置值有关。

1. Facetres 变量

Facetres 变量控制表达曲面的小平面数。在使用消除和渲染命令时,实体的每一面均由很小的平面来代替。当代替的平面数越多时,显示就越平滑。Facetres 缺省值为 0.5,可选范围为 0.01~10,数值越高,显示的小平面越多,同时生成时间也越长,如图12.11 所示。

2. Isolines 变量

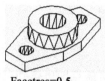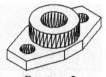

Facetres=0.5   Facetres=3

图 12.11   设置 Facetres 变量

Isolines 变量控制显示曲面的线条数,其有效范围为 0 ~ 2047,缺省值为 4。增加条数使得三维立体看上去更接近实物,同时会增加生成的时间,如图 12.12 所示。

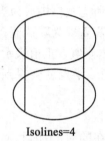

Isolines=4   Isolines=20

图 12.12   设置 Isolines 变量

12.5   绘制三维点和三维线

12.5.1   绘制三维点

三维点的绘制与二维点的绘制方法相同。在命令行输入 Point(点)命令,根据提示直接输入三维坐标即可创建三维点。

拾取三维点的方法有三种:

(1)使用"坐标过滤器":坐标过滤器可以方便地得到视图中任意一点的 X、Y 和 Z 坐标值并为当前点所用。操作方法:①在命令行输入"." + "X"(或"Y"、"Z")字母的方法来指定过滤器。②使用快捷方式,按住 Shift 键 + 鼠标右键,在弹出的菜单中选择"点过滤器"子菜单即可。

(2)使用"对象捕捉":使用对象捕捉定位一个三维点时,不受当前标高设置的影响,对象捕捉完全使用捕捉的点的 XYZ 坐标值。使用对象捕捉时要注意尽量避免多个捕捉点重合的情况,如出现这种情况可以旋转视图到另外一个能够分清楚各点的视图。

(3)使用"夹点":有的教材称"热扣"。这也是一种常用方法。但是曲面没有夹点。

12.5.2   绘制三维线

绘制三维线和绘制二维线的命令和步骤相同。只要在输入点的坐标时,指定 Z 坐标值。如果不指定,AutoCAD 2006 认为坐标值为 0。

三维多段线由多段三维直线组成,但是三维多段线的线宽是一定的,不能为每段线设置线宽,而且不能绘制圆弧。

启动三维线的命令方式如下:

菜单栏:"绘图"→"三维多段线"。

命令行:在命令行输入"3DPOLY"或"3P"。

启动三维线命令后,根据提示在相应位置输入所需点即可得到三维线。

12.5.3 设置对象的标高和厚度

其作用是用来设置当前二维图形的标高和厚度。设置标高相当于指定绘制平面的 Z 坐标值。

在命令行输入命令"ELEV"即可启动"设置对象的标高和厚度"命令。

在一个视口中指定一个标高设置后,该标高在所有视口中成为当前标高,在此基础上绘制的对象均以该标高为起点。当改变了坐标系时,标高重置为默认值0。

厚度的设置为二维对象增加了向上或向下的拉伸值。正值表示沿 Z 轴正方向拉伸,而负值表示沿 Z 轴负方向拉伸。如果厚度值非零,绘制二维点就会得到一条线,绘制圆则会得到圆柱侧面。

也可直接使用 THICKNESS 命令设置对象的厚度。

ELEV 命令只对新对象有作用,不影响已经存在的对象,因此要使用标高,必须提前进行设置。

12.6 多义线建模实例

12.6.1 实例操作

利用多义线建模,将如图 12.13 所示的图(a)编辑为图(b)和图(c)的效果。

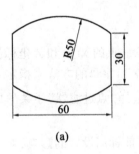
(a)
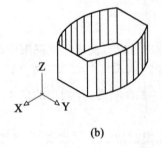
(b)
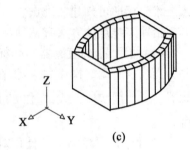
(c)

图 12.13 添加厚度属性效果

具体操作如下:

(1)定义图(a)的厚度属性。

命令及操作:用鼠标单击选中图(a)的所有对象,再用鼠标单击"标准"工具栏的"对象特性"按钮 ,弹出"特性"工具栏,在"厚度"属性的输入框中输入厚度值30,如图 12.14 所示。

命令:DISPSILH↙　　　　　　　　　　　　//启用"DISPSILH"变量设置。

输入 DISPSILH 的新值 <0>:1　　　　　　//设置"DISPSILH"变量。

命令:单击"视图"工具栏的"东北等轴测"视图按钮

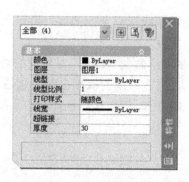

图 12.14 定义对象的厚度特性

命令:HIDE↙ //启用"消隐"命令。

正在重新生成模型。 //系统自运行。

完成厚度定义,得到如图 12.13(b)所示效果。

(2)定义图(b)对象的宽度。

命令:单击"视图"工具栏的"俯视"视图按钮

命令:PEDIT↙ //启用"编辑多段线"命令。

选择多段线或[多条(M)]:(鼠标取点) //点选一个实体对象。

输入选项[闭合(C)/合并(J)/宽度(W)/编辑顶点(E)/拟合(F)/样条曲线(S)/非曲线
化(D)/线型生成(L)/放弃(U)]:J↙

//选择"合并"多段线。

选择对象:(鼠标取点)找到 1 个 //点选一个实体对象。

选择对象:(鼠标取点)找到 1 个,总计 2 个 //点选一个实体对象。

选择对象:(鼠标取点)找到 1 个,总计 3 个 //点选一个实体对象。

选择对象:↙ //完成对象选择。

3 条线段已添加到多段线 //系统提示。

输入选项[闭合(C)/合并(J)/宽度(W)/编辑顶点(E)/拟合(F)/样条曲线(S)/非曲线
化(D)/线型生成(L)/放弃(U)]:W↙

//定义多段线的"宽度"。

指定所有线段的新宽度:5↙ //输入宽度值5。

输入选项[闭合(C)/合并(J)/宽度(W)/编辑顶点(E)/拟合(F)/样条曲线(S)/非曲线
化(D)/线型生成(L)/放弃(U)]:↙

//完成"编辑多段线"命令。

命令:单击"视图"工具栏的"东北等轴测"视图按钮

命令:HIDE↙ //启用"消隐"命令。

正在重新生成模型。 //系统自运行。

完成宽度定义,得到如图 12.13(c)所示效果。

12.6.2 实例总结

可以想像一下,如果图中的线不是多义线,我们想让这个立体图形拥有体积的视觉即有宽度该怎么办呢?

　　没办法,只有多义线才是能赋予线形以宽度的线。可以利用编辑多段线命令"PEDIT"定义编辑多义线的各项属性,包括宽度。

　　当然我们也可以利用编辑多段线命令"PEDIT"对相应的端点进行编辑,输入不同的宽度。

　　随着我们建模量的不断增大,对多义线的依赖也就会越强,所以还是那个建议:如果你想从你设计的平面图中直接建造 3D 模型的话,最好选择用多义线来绘制你的平面图。

12.7　练习题

　　根据给定尺寸,用多段线命令绘制三维线框模型,如图 12.15 所示。

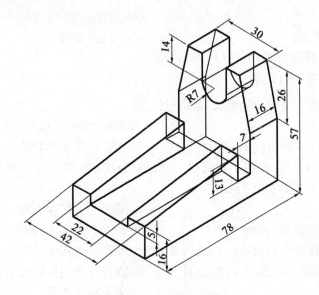

图 12.15　三维线框模型

第13章 创建 3D 表面

我们只画出三维物体的表面,此种模型就是 3D 表面模型。在 AutoCAD 中,表面模型是一种很重要的模型。与实体模型相比,表面模型有它的优点,可以构造出更复杂而无规则的模型。

13.1 简单三维立体表面

在 AutoCAD 中,可以直接生成一些基本的形体表面。AutoCAD 以图像块菜单的方式来管理创建基本三维形体表面的命令。单击"绘图(D)"→"曲面(F)"→"三维曲面(3)",系统弹出"三维对象"对话框,如图 13.1 所示。

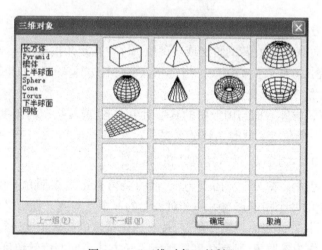

图 13.1 "三维对象"对话框

在图像块菜单的左侧列表框中列出了各基本形体表面的名称,右侧是相应的比较形象的图样形状,从左右两侧都可完成命令的选取。

在命令行输入"3D"也可选取绘制这些基本三维形体。3D 命令沿常见几何体(包括长方体、圆锥体、球体、圆环体、楔体和棱锥体)的外表面创建三维多边形网格。

AutoCAD 将这些命令集合在名为"曲面"的工具栏中,用户可直接调用,如图 13.2 所示。

用 3D 命令构造多边形网格对象时,最后得到的对象表面可以隐藏、着色和渲染。

13.1.1 长方体表面

1. 命令执行方式

命令行:3D 或 AI_BOX。

图 13.2 "曲面"工具栏

工具栏:单击"曲面"工具栏中的"长方体"按钮 。

2. 功能

用于创建长方体表面多边形网格。

3. 操作过程

执行 AI_BOX 命令后,命令行提示:

指定角点给长方体:指定绘制长方体的起点。

指定长度给长方体:指定长方体的长度。

指定长方体表面的宽度或[立方体(C)]:指定长方体的宽度或输入"C"。

(1)输入"C":生成立方体表面模型。

(2)指定长方体表面的宽度:相对于长方体表面的角点输入一个距离或指定一个点。此时系统继续提示:

指定高度给长方体:指定距离。

指定长方体表面绕 Z 轴旋转的角度或[参照(R)]:指定角度或输入 r。

①旋转角度:绕长方体表面的第一个指定角点旋转长方体表面。如果输入 0,那么立方体表面保持与当前 X 和 Y 轴正交。

②参照(R):将长方体表面与图形中的其他对象对齐,或按指定的角度旋转。旋转的基点是长方体表面的第一个角点。此时系统继续提示:

指定参照角 <0>:指定点、输入角度或按 Enter 键。

a. 可以通过指定两点或 XY 平面上与 X 轴的夹角来定义参照角。例如,旋转长方体表面,使长方体表面上的两个指定点与另一个对象上的一个点对齐。在定义参照角后,指定参照角要对齐的点,然后长方体表面绕第一角点、按参照角指定的旋转角度进行旋转。

b. 如果输入 0 作为参照角,则新角度即确定了长方体表面的旋转角度。

c. 指定新角度:指定点或输入角度。

要指定新的旋转角度,请相对于基点指定一个点。旋转的基点是长方体表面的第一角点,长方体表面按参照角度和新角度之一旋转。如果要使长方体表面与另一个对象对齐,那么需要在目标对象上指定两点,以定义旋转长方体表面的新角度。

如果旋转的参照角度为 0,那么长方体表面以相对其第一角点输入的角度旋转。

长方体表面模型示例如图 13.3 所示。

13.1.2 楔体表面

1. 命令执行方式

命令行:3D 或 AI_ Wedge。

工具栏:单击"曲面"工具栏中的"楔体"按钮 。

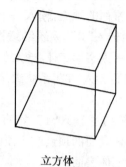

长方体　　　　　　　　　　　　立方体

图 13.3　长方体表面

2. 功能

用于创建一个直角楔状多边形网格,其斜面沿 X 轴方向倾斜。

3. 操作过程

执行 AI_ Wedge 命令后,命令行提示:

指定角点给楔体表面:输入楔体表面的角点。

指定长度给楔体表面:输入楔体表面的长度。

指定楔体表面的宽度:输入楔体表面的宽度。

指定高度给楔体表面:输入楔体表面的高度。

指定楔体表面绕 Z 轴旋转的角度:输入楔体的旋转角度。

楔体表面的模型示例如图 13.4 所示。

关于楔体表面的说明:旋转的基点是楔体表面的角点。如果输入 0,那么楔体表面保持与当前 UCS 平面正交。提示中要求确定的楔体表面的长、宽、高分别沿着 X、Y、Z 轴的正方向,且 X、Y 不能为负值,绕 Z 轴的转角可正可负,其转向符合右手规则。

13.1.3　棱锥面

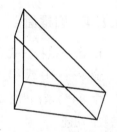

1. 命令执行方式

命令行:3D 或 AI_ Pyramid。

工具栏:单击“曲面”工具栏中的“Pyramid”按钮 。

2. 功能

用于创建一个棱锥面或四面体表面。

图 13.4　楔体表面模型

3. 操作过程

执行 AI_ Pyramid 命令后,命令行提示:

指定棱锥面底面的第一角点:指定第一角点。

指定棱锥面底面的第二角点:指定第二角点。

指定棱锥面底面的第三角点:指定第三角点。

指定棱锥面底面的第四角点或 [四面体(T)]:

(1)指定棱锥面底面的第四角点:指定第四角点,则棱锥的底面自动封闭为四边形。系统继续提示:

指定棱锥面的顶点或［棱(R)/顶面(T)］：

①指定棱锥面的顶点：输入一个点，则完成四棱锥的建立。

②棱(R)：输入"R"，系统继续提示"指定棱的第一个端点"和"指定棱的第二个端点"，命令结束且生成一人字形锥体，输入的这两点确定的直线为顶部的棱边。

③顶面(T)：输入"T"，系统继续提示：允许再输入四个点来确定顶面，从而生成四棱台模型。

（2）四面体(T)：输入"T"，则直接封闭底面为三角形。系统继续提示：

指定四面体表面的顶点或［顶面(T)］：

①指定四面体表面的顶点：输入一点，则生成四面体，即三棱锥。

②顶面(T)：输入"T"，则允许再输入三个点来确定顶面，生成三棱台模型。

各种命令选项生成的表面效果如图 13.5 所示。

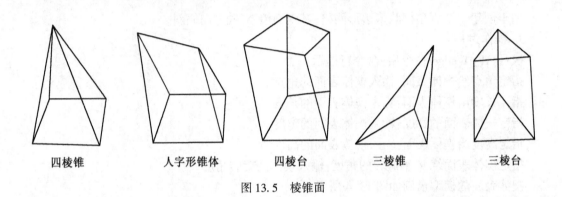

| 四棱锥 | 人字形锥体 | 四棱台 | 三棱锥 | 三棱台 |

图 13.5　棱锥面

13.1.4　圆锥面

1. 命令执行方式

命令行：3D 或 AI_CONE。

工具栏：单击"曲面"工具栏中的"cone"按钮 △ 。

2. 功能

用于创建圆锥状多边形网格。

3. 操作过程

执行 AI_CONE 命令后，命令行提示：

指定圆锥面底面的中心点：输入中心点的坐标或用鼠标取点指定底面的中心点。

指定圆锥面底面的半径或［直径(D)］：用半径定义圆锥面的底面或输入 d。

指定圆锥面顶面的半径或［直径(D)］＜0＞：用半径定义圆锥面的顶面或输入 d。

指定圆锥面的高度：指定距离。

输入圆锥面曲面的线段数目 ＜16＞：输入大于 1 的值或按 Enter 键。

圆锥状表面模型示例如图 13.6 所示。

顶面直径等于0　　　　　　　顶面直径大于0
生成圆锥面　　　　　　　　生成圆台面

图 13.6　圆锥面和圆台面

13.1.5　球面

1. 命令执行方式

命令行:3D 或 AI_Sphere。

工具栏:单击"曲面"工具栏中的"Sphere"按钮 。

2. 功能

用于创建球状多边形网格。

3. 操作过程

执行 AI_Sphere 命令后,命令行提示:

指定中心点给球面:输入中心点的坐标或用鼠标取点指定球面的中心点。

指定球面的半径或［直径(D)］:用半径定义球面或输入 d。

输入曲面的经线数目给球面 <16>:输入一个大于 1 的值或按 Enter 键。

输入曲面的纬线数目给球面 <16>:输入一个大于 1 的值或按 Enter 键。

球面的表面模型示例如图 13.7 所示。

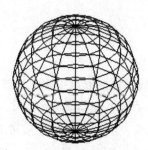
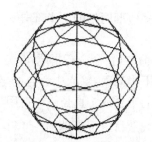

经线和纬线数目为16　　　　　　经线和纬线数目为8

图 13.7　球表面模型

13.1.6 上半球面

1. 命令执行方式

命令行：3D 或 AI_DOME。

工具栏：单击"曲面"工具栏中的"上半球面"按钮 ⊝。

2. 功能

用于创建球状多边形网格的上半部分。

3. 操作过程

执行 AI_DOME 命令后，命令行提示：

指定中心点给上半球面：输入中心点的坐标或用鼠标取点指定上半球面的中心点。

指定上半球面的半径或［直径(D)］：用半径定义上半球面或输入 d。

输入曲面的经线数目给上半球面 <16>：输入一个大于 1 的值或按 Enter 键。

输入曲面的纬线数目给上半球面 <8>：输入一个大于 1 的值或按 Enter 键。

上半球面的表面模型示例如图 13.8 所示。

图 13.8　上半球面表面模型

13.1.7 下半球面

1. 命令执行方式

命令行：3D 或 AI_DISH。

工具栏：单击"曲面"工具栏中的"下半球面"按钮 ⊝。

2. 功能

用于创建球状多边形网格的下半部分。

3. 操作过程

执行 AI_DISH 命令后，命令行提示：

指定中心点给下半球面：输入中心点的坐标或用鼠标取点指定下半球面的中心点。

指定下半球面的半径或［直径(D)］：用半径定义下半球面或输入 d。

输入曲面的经线数目给下半球面 <16>：输入一个大于 1 的值或按 Enter 键。

输入曲面的纬线数目给下半球面 <8>：输入一个大于 1 的值或按 Enter 键。

下半球面的表面模型示例如图 13.9 所示。

13.1.8 圆环表面

1. 命令执行方式

图13.9 下半球面表面模型

命令行:3D 或 AI_ Torus。

工具栏:单击"曲面"工具栏中的"Torus"按钮 。

2. 功能

用于创建与当前 UCS 的 XY 平面平行的圆环状多边形网格。

3. 操作过程

执行 AI_ Torus 命令后,命令行提示:

指定圆环面的中心点:指定点。

指定圆环面的半径或 [直径(D)]:用半径定义圆环面或输入 d。

指定圆管的半径或 [直径(D)]:用半径定义圆管或输入 d。

输入环绕圆管圆周的线段数目 <16>:输入一个大于 1 的值或按 Enter 键。

输入环绕圆环面圆周的线段数目 <16>:输入一个大于 1 的值或按 Enter 键。

圆环表面的模型示例如图 13.10 所示。

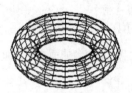

图13.10 圆环面模型

关于圆环表面的说明:圆环面的半径是指从圆环面中心到最外边的距离,而不是到圆管中心的距离。圆环面的圆管半径是指从圆管的中心到其最外边的距离。

13.2 曲面立体表面

1. 命令执行方式

菜单栏:"绘图(D)"→"曲面(F)"→"三维面(F)"。

命令行:3DFACE。

工具栏:单击"曲面"工具栏中的"三维面"按钮 。

2. 功能

用于创建具有三边或四边的平面。

3. 操作过程

执行3DFACE命令后,命令行提示:

指定第一个点或［不可见(I)］:指定点 (1) 或输入 i。

指定第二点或［不可见(I)］:指定点 (2) 或输入 i。

指定第三点或［不可见(I)］＜退出＞:指定点 (3)、输入 i 或按 Enter 键。

指定第四点或［不可见(I)］＜创建三侧面＞:指定点 (4)、输入 i 或按 Enter 键。

关于3dface 的说明:(1)AutoCAD 重复提示输入第三点和第四点,直到按 Enter 键为止。AutoCAD 总是将前一个面上的第三、第四点作为下一个面的第一、第二点,以继续绘制其他面。输入这些点后,按 Enter 键。

(2)不可见(I):控制三维面各边的可见性,以便建立有孔对象的正确模型。在边的第一点之前输入 i 或 invisible 可以使该边不可见。不可见属性必须在使用任何对象捕捉模式、XYZ 过滤器或输入边的坐标之前定义。可以创建所有边都不可见的三维面,这样的面是虚幻面,它不显示在线框图中,但在线框图形中会遮挡形体。三维面确实出现在着色的渲染中。

三维面的立体表面如图 13.11 所示。

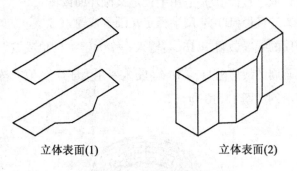

立体表面(1)   立体表面(2)

图 13.11   曲面立体表面

13.3   三维网格面

1. 命令执行方式

菜单栏:"绘图(D)"→"曲面(F)"→"三维网格(M)"。

命令行:3DMESH。

工具栏:单击"曲面"工具栏中的"三维网格"按钮◈。

2. 功能

用于创建任意造型的三维多边形网格对象。

3. 操作过程

绘制如图 13.12 所示的三维网格面的操作过程如下:

命令:_3dmesh↙

输入 M 方向上的网格数量:3↙

输入 N 方向上的网格数量:4↙

指定顶点 (0,0) 的位置:拾取 P1 点。

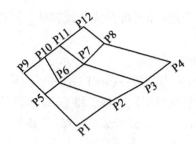

图13.12　三维网格面

指定顶点（0，1）的位置:拾取 P2 点。
指定顶点（0，2）的位置:拾取 P3 点。
指定顶点（0，3）的位置:拾取 P4 点。
指定顶点（1，0）的位置:拾取 P5 点。
指定顶点（1，1）的位置:拾取 P6 点。
指定顶点（1，2）的位置:拾取 P7 点。
指定顶点（1，3）的位置:拾取 P8 点。
指定顶点（2，0）的位置:拾取 P9 点。
指定顶点（2，1）的位置:拾取 P10 点。
指定顶点（2，2）的位置:拾取 P11 点。
指定顶点（2，3）的位置:拾取 P12 点。

关于 3dface 的说明:(1)顶点的行、序号均从零开始。

(2)创建三维网格,其 M 向和 N 向的大小决定了沿这两个方向绘制的直线数目。M 向和 N 向与 XY 平面的 X 轴和 Y 轴类似。

(3)顶点的数量是 M×N 个, M 和 N 的最小值为2,所以顶点数最少为 4 个,最多为 256 个。

(4)可以用 PEDIT 命令编辑多边形网格。

13.4　由二维简单对象绘制 3D 表面对象(旋转、平移、直纹、边界)

13.4.1　旋转曲面

1. 命令执行方式

菜单栏:"绘图(D)" → "曲面(F)" → "旋转曲面(S)"。

命令行:REVSURF。

工具栏:单击"曲面"工具栏中的"旋转曲面"按钮 。

2. 功能

用于创建一个近似于旋转曲面的多边形风格,其方法是通过将路径曲线或轮廓(直线、圆、圆弧、椭圆、椭圆弧、闭合多段线、多边形、闭合样条曲线或圆环)绕指定的轴旋转一定的角度来构造回转曲面。

3. 操作过程

在调用旋转曲面之前,先要绘制出轮廓曲线及旋转轴。网格的密度取决于系统变量 SUR-FTAB1 和 SURFTAB2 的当前值。

执行 REVSURF 命令后,命令行提示:

当前线框密度: SURFTAB1 = 当前值; SURFTAB2 = 当前值。

选择要旋转的对象: 选择直线、圆弧、圆或二维、三维多段线。

选择定义旋转轴的对象: 选择直线或开放的二维、三维多段线。

指定起点角度 <0> : 输入值或按 Enter 键。

指定包含角 (+ = 逆时针, − = 顺时针) <360> : 输入值或按 Enter 键。

如图 13.13(a)所示,将多段线绕直线旋转 360°后,得到如图 13.13(b)所示结果。

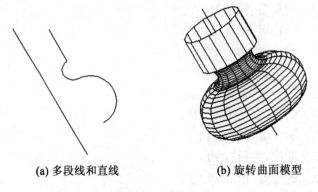

(a) 多段线和直线　　　　　　(b) 旋转曲面模型

图 13.13　旋转曲面

关于旋转曲面的说明:(1)路径曲线是围绕选定的轴旋转来定义曲面的。路径曲线可定义曲面网格的 N 方向。选择圆或闭合的多段线作为路径曲线,可以在 N 方向上闭合网格。

(2)从多段线第一个顶点到最后一个顶点的矢量确定旋转轴,中间的任意顶点都将被忽略。旋转轴确定网格的 M 方向。

(3)起点角度:如果设置为非零值,平面将从生成路径曲线位置的某个偏移处开始旋转。

(4)包含角:指定平面绕旋转轴旋转的角度。

(5)指定起点角度:在自生成路径曲线的某一偏移处开始旋转曲面。包含角是路径曲线绕轴旋转所扫过的角度。

(6)输入一个小于整圆的包含角可以避免生成闭合的圆。

13.4.2　平移表面

1. 命令执行方式

菜单栏:"绘图(D)"→"曲面(F)"→"平移曲面(T)"。

命令行:TABSURF。

工具栏:单击"曲面"工具栏中的"平移曲面"按钮 。

2. 功能

用于创建多边形风格,该网格表示一个由轮廓曲线和方向矢量定义的基本平移曲面。

3. 操作过程

在绘制平移曲面之前,必须先绘制出轮廓曲线及方向矢量。

执行 TABSURF 命令后,命令行提示:

选择用做轮廓曲线的对象:(选择轮廓曲线)。

选择用做方向矢量的对象:(选择直线或开放的多段线)。

如图 13.14 所示为绘制平移曲面的示例图。

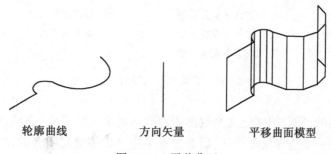

轮廓曲线   方向矢量   平移曲面模型

图 13.14　平移曲面

关于平移曲面的说明:(1)轮廓曲线定义多边形网格的曲面,它可以是直线、圆弧、圆、椭圆、二维或三维多段线。AutoCAD 从轮廓曲线上离选定点最近的点开始绘制曲面。

(2)AutoCAD 只考虑多段线的第一点和最后一点,忽略中间的顶点。方向矢量指出形状的拉伸方向和长度,在多段线或直线上选定的端点决定了拉伸的方向。原始轮廓曲线用宽线绘制,以帮助用户查看方向矢量是如何影响平移曲面构造的。

(3)TABSURF 构造一个 $2 \times n$ 的多边形网格,其中 n 由 SURFTAB1 系统变量决定。网格的 M 方向始终为 2 并且沿着方向矢量的方向,N 方向沿着轮廓曲线的方向。如果轮廓曲线为直线、圆弧、圆、椭圆或样条拟合多段线,则 AutoCAD 绘制网格线,这些网格线按照 SURFTAB1 设置的间距等分轮廓曲线。如果轮廓曲线是没有经过样条曲线拟合的多段线,则 AutoCAD 在直线段的端点绘制网格线,并且将每段圆弧按 SURFTAB1 设置的间距分割。

13.4.3　直纹表面

1. 命令执行方式

菜单栏:"绘图(D)"→"曲面(F)"→"直纹曲面(T)"。

命令行:RULESURF。

工具栏:单击"曲面"工具栏中的"直纹曲面"按钮 。

2. 功能

RULESURF 在两条曲线之间构造一个表示直纹曲面的多边形网格。

3. 操作过程

要创建直纹曲面,首先需要创建两个边界对象。

执行 RULESURF 命令后,命令行提示:

当前线框密度:SURFTAB1 = 当前值。

选择第一条定义曲线:(选择第一条边界曲线)。

选择第二条定义曲线:(选择第二条边界曲线)。

如图 13.15 所示为绘制直纹曲面的示例图。

边界对象为直线　　边界对象为直线　　边界对象为样　　边界曲线为
和样条曲线，拾　　和样条曲线，拾　　条曲线和点　　圆和封闭多
取点在同一侧　　取点不在同一侧　　　　　　　　段线

图 13.15　不同边界曲线的直纹曲面

关于直纹曲面的说明:用来定义直纹曲面边界的对象可以是点、直线、样条曲线、圆、圆弧或多段线。如果有一个边界是闭合的,那么另一个边界必须也是闭合的。可以将一个点作为开放或闭合曲线的另一个边界,但是只能有一个边界曲线可以是一个点。(0,0)顶点是最靠近用来选择曲线的点的每条曲线的端点。

对于闭合曲线,则不考虑选择的对象。如果曲线是一个圆,直纹曲面从 0° 象限点开始绘制,此象限点是当前坐标系的 0° 点。对于闭合多段线,直纹曲面从最后一个顶点开始并反向沿着多段线的线段绘制。在圆和闭合多段线之间创建直纹曲面可能会造成乱纹,将一个闭合半圆多段线替换为圆效果会好些。

13.4.4　边界曲面

1. 命令执行方式

菜单栏:"绘图(D)"→"曲面(F)"→"边界曲面(D)"。

命令行:EDGESURF。

工具栏:单击"曲面"工具栏中的"边界曲面"按钮 。

2. 功能

RULESURF 在两条曲线之间构造一个表示直纹曲面的多边形网格。

3. 操作过程

要创建直纹曲面,首先需要创建两个边界对象。

执行 RULESURF 命令后,命令行提示:

当前线框密度:SURFTAB1 = 当前;SURFTAB2 = 当前。

选择用做曲面边界的对象 1:(选择第一条边)。

选择用做曲面边界的对象 2:(选择第二条边)。

选择用做曲面边界的对象 3:(选择第三条边)。

选择用做曲面边界的对象 4:(选择第四条边)。

关于边界曲面的说明:EDGESURF 构造一个三维 (3D) 多边形网格,此多边形网格近似于一个由四条邻接边定义的孔斯曲面片网格。孔斯曲面片网格是一个在四条邻接边(这些边可以是普通的空间曲线)之间插入的双三次曲面。孔斯曲面片网格不但与定义边的角点相接,而且要与每条边相接,从而控制生成的曲面片的边界。

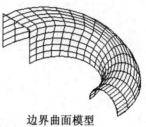

圆弧和直线　　　　　　　　边界曲面模型

图 13.16　边界曲面

必须选择定义曲面片的四条邻接边。邻接边可以是直线、圆弧、样条曲线或开放的二维或三维多段线。这些边必须在端点处相交以形成一个拓扑形式的矩形的闭合路径。

可以用任何次序选择这四条边。第一条边（SURFTAB1）决定了生成网格的 M 方向,该方向是从距选择点最近的端点延伸到另一端。与第一条边相接的两条边形成了网格的 N 方向（SURFTAB2）的边。

13.5　与表面显示有关的系统变量

生成网格的密度由 SURFTAB1 和 SURFTAB2 系统变量控制。SURFTAB1 指定在旋转方向上绘制的网格线的数目。如果路径曲线是直线、圆弧、圆、样条曲线或拟合多段线,SURFT-AB2 将指定绘制的网格线数目以进行等分。如果路径曲线是没有进行样条曲线拟合的多段线,网格线将绘制在直线段的端点处,并且每个圆弧都被等分为 SURFTAB2 所指定的段数。

三维网格密度显示示例如图 13.17 所示。

旋转对象　　　　　　SURFTAB1=6　　　　　　SURFTAB1=16
及旋转轴　　　　　　SURFTAB2=6　　　　　　SURFTAB2=16

图 13.17　三维网格密度显示示例图

13.6　三维表面绘制实例

13.6.1　练习三维网格

绘制如图 13.18 所示三维网格。

具体操作如下:

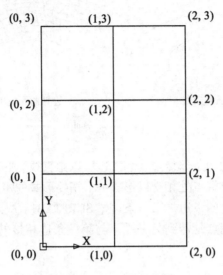

图 13.18 三维网格

命令:_3dmesh↙   //启用"三维网格"命令。
输入 M 方向上的网格数量:3↙   //指定 M 方向网格数量为3。
输入 N 方向上的网格数量:4↙   //指定 N 方向网格数量为4。
指定顶点 (0,0) 的位置:0,0↙   //输入第一角点坐标。
指定顶点 (0,1) 的位置:0,1↙   //输入第二角点坐标。
指定顶点 (0,2) 的位置:0,2↙   //输入第三角点坐标。
指定顶点 (0,3) 的位置:0,3↙   //输入第四角点坐标。
指定顶点 (1,0) 的位置:1,0↙   //输入第五角点坐标。
指定顶点 (1,1) 的位置:1,1↙   //输入第六角点坐标。
指定顶点 (1,2) 的位置:1,2↙   //输入第七角点坐标。
指定顶点 (1,3) 的位置:1,3↙   //输入第八角点坐标。
指定顶点 (2,0) 的位置:2,0↙   //输入第九角点坐标。
指定顶点 (2,1) 的位置:2,1↙   //输入第十角点坐标。
指定顶点 (2,2) 的位置:2,2↙   //输入第十一角点坐标。
指定顶点 (2,3) 的位置:2,3↙   //输入第十二角点坐标。

13.6.2 练习旋转表面

绘制如图 13.19 所示三维旋转表面模型。
具体操作如下:
命令:_line 指定第一点:0,0↙   //输入"直线"第一点坐标。
指定下一点或 [放弃(U)]: <正交 开>20   //输入直线长度为20。
指定下一点或 [放弃(U)]:↙   //完成绘制直线。
命令:_spline   //启用"样条曲线"命令。
指定第一个点或 [对象(O)]:−4,20↙   //输入第一点坐标。

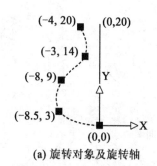

(a) 旋转对象及旋转轴

(b) 旋转表面模型

图 13.19　旋转表面

指定下一点或 [闭合(C)/拟合公差(F)] <起点切向>：-3,14✓
　　　　　　　　　　　　　　　　　//输入第二点坐标。

指定下一点或 [闭合(C)/拟合公差(F)] <起点切向>：-8,9✓
　　　　　　　　　　　　　　　　　//输入第三点坐标。

指定下一点或 [闭合(C)/拟合公差(F)] <起点切向>：-8.5,3✓
　　　　　　　　　　　　　　　　　//输入第四点坐标。

指定下一点或 [闭合(C)/拟合公差(F)] <起点切向>：0,0✓
　　　　　　　　　　　　　　　　　//输入第五点坐标。

指定下一点或 [闭合(C)/拟合公差(F)] <起点切向>：(将鼠标放置在端点合适位置)✓
　　　　　　　　　　　　　　　　　//指定起点切向。

指定起点切向：(将鼠标放置在终点合适位置)✓　//指定起点切向。

指定端点切向：(将鼠标放置在终点合适位置)✓　//指定端点切向。

得到如图 13.19(a) 所示图形。

命令：_revsurf✓　　　　　　　　　//启用"旋转曲面"命令。

当前线框密度：SURFTAB1 = 16　SURFTAB2 = 16　//系统自运行。

选择要旋转的对象：(鼠标取点)　　　//选取样条曲线。

选择定义旋转轴的对象：(鼠标取点)　//选取直线。

指定起点角度 <0>：✓　　　　　　 //指定起点角度为0。

指定包含角 (+ = 逆时针, - = 顺时针) <360>：✓

　　　　　　　　　　　　　　　　　//指定包含角为360。

命令：_3dorbit✓　　　　　　　　　//启用"三维动态观察器"。

按住鼠标左键并拖动旋转曲面模型至合适视图,单击鼠标右键,单击"退出(X)"。

　　　　　　　　　　　　　　　　　//退出"三维动态观察器"。

得到如图 13.19(b) 所示图形。

13.6.3　练习边界曲面

绘制如图 13.20 所示边界曲面。

具体操作如下：

命令：_circle 指定圆的圆心或 [三点(3P)/两点(2P)/相切、相切、半径(T)]：(鼠标

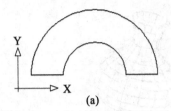
(a)

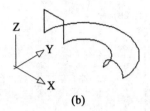
(b)

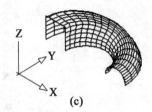
(c)

图 13.20　边界曲面

取点)

//启用"圆"命令,指定圆心。

指定圆的半径或［直径(D)］:100✓　　　　　　//指定圆半径为100。

命令:✓　　　　　　　　　　　　　　　　　　//按 Enter 键重复画圆。

_circle 指定圆的圆心或［三点(3P)/两点(2P)/相切、相切、半径(T)］:(鼠标取点)

//选取刚才所画圆的圆心。

指定圆的半径或［直径(D)］:50✓　　　　　　//指定圆半径为50。

命令:_xline 指定点或［水平(H)/垂直(V)/角度(A)/二等分(B)/偏移(O)］:h✓

//启用"构造线"命令。

指定通过点:(鼠标取点)　　　　　　　　　　//选取刚才所画圆的圆心。

指定通过点:✓　　　　　　　　　　　　　　//按 Enter 键完成构造线。

命令:_trim✓　　　　　　　　　　　　　　　//启用"修剪"命令。

当前设置:投影 = UCS,边 = 无

选择剪切边…　　　　　　　　　　　　　　//系统自运行。

选择对象或 <全部选择>:✓　　　　　　　　//按 Enter 键选取所画全部对象。

选择要修剪的对象,或按住 Shift 键选择要延伸的对象,或[栏选(F)/窗交(C)/投影(P)/
边(E)/删除(R)/放弃(U)]:(鼠标取点)

//点选对象需修剪部分。

依次点选对象需修剪部分,得到如图 13.20(a)所示图形。

命令及操作:单击"视图"工具栏的"东南等轴测"按钮

//设置视图。

命令:_ucs✓　　　　　　　　　　　　　　　//转向视图。

当前 UCS 名称:＊世界＊　　　　　　　　　//转向视图。

输入选项[新建(N)/移动(M)/正交(G)/上一个(P)/恢复(R)/保存(S)/删除(D)/应用
(A)/?/世界(W)] <世界>:_x

//绕 X 轴旋转视图。

指定绕 X 轴的旋转角度 <90>:✓　　　　　//绕 X 轴将视图旋转90°。

命令:_pline✓　　　　　　　　　　　　　　//启用"多段线"命令。

指定起点:(鼠标取点)　　　　　　　　　　//选取 φ100 圆的端点。

忽略倾斜、不按统一比例缩放的对象。

当前线宽为 0.0000   //系统自运行。

指定下一个点或［圆弧(A)/半宽(H)/长度(L)/放弃(U)/宽度(W)］:(将鼠标垂直向上移动)50↙

//输入直线长度。

指定下一点或［圆弧(A)/闭合(C)/半宽(H)/长度(L)/放弃(U)/宽度(W)］:(将鼠标向屏幕右下移动)50↙

//输入直线长度。

指定下一点或［圆弧(A)/闭合(C)/半宽(H)/长度(L)/放弃(U)/宽度(W)］:(鼠标取点)

//选取 φ50 圆的端点。

忽略倾斜、不按统一比例缩放的对象。   //系统自运行。

指定下一点或［圆弧(A)/闭合(C)/半宽(H)/长度(L)/放弃(U)/宽度(W)］:↙

//完成多段线绘制。

命令:_ arc ↙   //启用"圆弧"命令。

指定圆弧的起点或［圆心(C)］:(鼠标取点)   //选取 φ100 圆的端点。

忽略倾斜、不按统一比例缩放的对象。   //系统自运行。

指定圆弧的第二个点或［圆心(C)/端点(E)］:c↙   //选择"圆心"方式画圆。

指定圆弧的圆心:(鼠标取点)   //选取线段中点。

指定圆弧的端点或［角度(A)/弦长(L)］:(鼠标取点)

//选取 φ50 圆的端点。

忽略倾斜、不按统一比例缩放的对象   //系统自运行。

命令:_ erase↙   //启用"删除"命令。

选择对象:(鼠标取点)找到 1 个   //点选两圆弧的构造线连线。

选择对象:(鼠标取点)找到 1 个,总计 2 个   //点选两圆弧的构造线连线。

选择对象:↙   //完成对象删除。

得到如图 13.20(b)所示图形。

命令:surftab1↙   //启用"surftab1"命令。

输入 SURFTAB1 的新值 <6>:16   //设置显示密度为16。

命令:surftab2↙   //启用"surftab2"命令。

输入 SURFTAB2 的新值 <6>:16   //设置显示密度为16。

命令:_edgesurf↙   //启用"边界曲面"命令。

当前线框密度:SURFTAB1 = 16 SURFTAB2 = 16   //系统自运行。

选择用作曲面边界的对象 1:(鼠标取点)   //点选对象1。

选择用作曲面边界的对象 2:(鼠标取点)   //点选对象2。

选择用作曲面边界的对象 3:(鼠标取点)   //点选对象3。

选择用作曲面边界的对象 4:(鼠标取点)   //点选对象4。

命令:_hide↙   //启用"消隐"命令。

正在重生成模型。

得到如图 13.20(c)所示图形。

13.7 练习题

利用表面模型绘制"天方地圆"接头,下底圆直径为100,上底矩形为50×50,高为80,如图13.21所示。

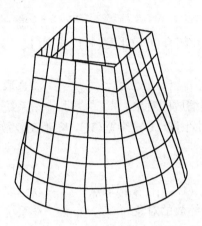

图13.21 "天方地圆"接头

第14章　创建 3D 实体

三维实体是三维图形中最重要的部分,它具有实体的特征,实际上可以看成是一种具有均匀材质的真实物体。本章重点介绍长方体、球体、圆柱体、圆锥体、楔形体、圆环体等基本形体的绘制方法。

创建三维实体可以从命令行输入命令,也可以使用级联菜单,如图 14.1 所示;或者使用工具栏按钮,如图 14.2 所示。

图 14.1　"实体"级联菜单

图 14.2　"实体"工具栏

14.1　简单三维实体

14.1.1　长方体

1. 命令执行方式

菜单栏:单击"绘图(D)"→"实体(I)"→"长方体(B)"。

命令行:BOX。

工具栏:单击"实体"工具栏中的"长方体"按钮 。

2. 功能

用于创建长方体或正方体。

3. 操作过程

执行 BOX 命令后,命令行提示:

指定长方体的角点或〔中心(CE)〕<0,0,0>:(指定长方体的角点,或输入"CE",或直接按 Enter 键指定角点坐标为(0,0,0))。

(1)定义长方体的角点:定义长方体的第一个角点。此时系统继续提示:

指定角点或〔立方体(C)/长度(L)〕:(指定长方体的另一个角点,或输入"C",或输入"L")。

①指定角点:若用户输入的角点位置与第一个角点在同一水平面上,AutoCAD 将会提示"指定高度",要求用户输入长方体高度。若用户输入的角点位置与第一个角点不在同一平面上,AutoCAD 可根据这个点和第一个顶点共同确定生成长方体。长方体的长、宽、高由这两个不同水平面上的点的相对位置确定。

②立方体(C):用来生成立方体。此时系统继续提示"指定长度",要求用户输入正方体的边长。

③长度(L):用来确定长方体的长、宽、高尺寸,从而确定长方体的大小。

(2)中心(CE):用来确定长方体底面的中心点。此时系统继续提示:

指定角点或〔立方体(C)/长度(L)〕:(指定长方体的另一个角点,或输入"C",或输入"L")。

该提示符中各选项的含义和(1)中所说的含义相同。

长方体的模型示例如图 14.3 所示。

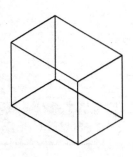

图 14.3　长方体

关于三维实体长方体的说明:(1)用 BOX 命令绘制的长方体的长、宽、高分别平行于当前的 X、Y、Z 轴。

(2)输入长、宽、高时,其值可正可负。正值表示方向与坐标轴正方向相同,负值则表示方向与正方向相反。

(3)创建长方体之后,不能对其进行拉伸或改变其尺寸。但是,可以用 SOLIDEDIT 拉伸长方体的面。

14.1.2　球体

1. 命令执行方式

菜单栏:单击"绘图(D)"→"实体(I)"→"球体(S)"。

命令行:SPHERE。

工具栏:单击"实体"工具栏中的"sphere"按钮 。

2. 功能

用于创建实心球体,使其中心轴平行于当前用户坐标系(UCS)的 Z 轴,纬线与 XY 平面平行。

3. 操作过程

执行 SPHERE 命令后,命令行提示:

当前线框密度:ISOLINES = 当前。

指定球体球心 <0,0,0>:指定点或按 Enter 键指定球心坐标为(0,0,0)。

指定球体半径或[直径(D)]:输入球体的半径或直径。

如图 14.4 所示为三维实体的球体模型。

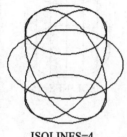

ISOLINES=4   ISOLINES=16

图 14.4 球体

关于球体的说明:在 AutoCAD 中,三维实体均是以线框形式来显示的,线框的密度由系统变量 ISOLINES 控制,该变量的初始值为 4,其值越大,线框越密。

14.1.3 圆柱体

1. 命令执行方式

菜单栏:单击"绘图(D)"→"实体(I)"→"圆柱体(C)"。

命令行:CYLINDER。

工具栏:单击"实体"工具栏中的"圆柱体"按钮 。

2. 功能

用于创建圆柱或椭圆柱体。

3. 操作过程

执行 CYLINDER 命令后,命令行提示:

当前线框密度:ISOLINES = 当前值。

指定圆柱体底面的中心点或[椭圆(E)]<0,0,0>:(确定圆柱体端面中心点的位置,或输入(E)或按 Enter 键指定中心点位置为(0,0,0))。

(1)指定圆柱体底面的中心点:该选项为缺省选项,用来绘制圆柱体。此时系统继续提示:

指定圆柱体底面的半径或［直径（D）］:（输入圆柱体的半径或直径）。

指定圆柱体高度或［另一个圆心（C）］:（指定圆柱体高度或输入"C"）。

①指定圆柱体高度:此为缺省选项,要求输入圆柱体的高度。输入正值将沿当前 UCS 的 Z 轴正方向绘制高度,输入负值将沿 Z 轴负向绘制圆柱体。

②另一个圆心（C）:要求输入圆柱体另一端面上的中心点位置。同时,也指定了圆柱体的 Z 方向。

（2）椭圆（E）:用来生成椭圆柱体。选择此选项,系统继续提示:

指定圆柱体高度或［另一个圆心（C）］:（指定圆柱体高度或输入"C"）。

该提示符中各选项的含义和（1）中所说的含义相同。

如图 14.5 所示为三维实体的圆柱体模型。

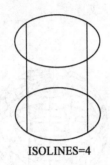 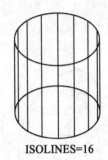

ISOLINES=4   ISOLINES=16

图 14.5   圆柱体

14.1.4   圆锥体

1. 命令执行方式

菜单栏:单击"绘图（D）"→"实体（I）"→"圆锥体（O）"。

命令行:CONE。

工具栏:单击"实体"工具栏中的"cone"按钮 。

2. 功能

用于创建圆锥体或椭圆锥体。圆锥体是实体原型,它以圆或椭圆为底,垂直向上对称地变细直至一点。

3. 操作过程

执行 CONE 命令后,命令行提示:

当前线框密度:ISOLINES = 当前。

指定圆锥体底面的中心点或［椭圆（E）］ <0,0,0>:（确定圆锥体底面中心点的位置,或输入（E）,或按 Enter 键指定中心点位置为（0,0,0））。

（1）指定圆锥体底面的中心点:该选项为缺省选项,用来绘制圆锥体。此时系统继续提示:

指定圆锥体底面的半径或［直径（D）］:（输入圆锥体的半径或直径）。

指定圆锥体高度或［顶点（A）］:（指定圆锥体高度或输入"A"）。

①指定圆锥体高度:此为缺省选项,要求输入圆锥体的高度。输入正值将沿当前 UCS 的

Z轴正方向绘制高度,输入负值将沿Z轴负方向绘制圆锥体。

②顶点(A):用来指定圆锥体的顶点。此时,系统提示"指定顶点",要求用户直接输入圆锥体的顶点。

(2)椭圆(E):用来生成椭圆锥体。选择此选项,系统继续提示:

指定圆锥体底面椭圆的轴端点或[中心点(C)]:(指定椭圆的轴端点或输入"C")。

①指定圆锥体底面椭圆的轴端点:此选项为缺省选项。接下来的绘制方法与椭圆的绘制类似,此处不再介绍。

②中心点(C):指定圆锥体底面的中心点。此时,系统继续提示:

指定圆锥体底面椭圆的中心点 <0,0,0>:输入圆锥体底面椭圆的中心点或按 Enter 键直接指定其中心点坐标为(0,0,0)。

余下的绘制方法和椭圆的绘制类似,此处不再介绍。

如图14.6所示为三维实体的圆锥体模型。

ISOLINES=4   ISOLINES=16

图14.6 圆锥体

14.1.5 楔体

1. 命令执行方式

菜单栏:单击"绘图(D)"→"实体(I)"→"楔体(W)"。

命令行:WEDGE。

工具栏:单击"实体"工具栏中的"楔体"按钮 。

2. 功能

用于创建楔形实体。

3. 操作过程

执行 WEDGE 命令后,命令行提示:

指定楔体的第一个角点或[中心点(CE)] <0,0,0>:(指定楔体的第一个角点,或输入"CE",或按 Enter 键指定角点坐标为(0,0,0)。

(1)指定楔体的第一个角点:此为缺省选项,要求用户确定楔形体的顶点位置。输入此选项,系统继续提示:

指定角点或[立方体(C)/长度(L)]:(指定角点或输入"C",或输入"L")。

①指定角点:这是缺省项,要求用户指定楔形体的另一个顶点。执行此选项后,系统继续提示"指定高度",输入指定高度,从而生成楔形体。

②立方体(C):用于生成等边(即楔形体的两直角边与宽均相等)楔形体。执行此选项后,系统继续提示"指定长度",输入楔形体的边长即生成等边楔形体。

③长度(L):指定长、宽、高的值,从而确定并生成楔形体。

(2)中心点(CE):按中心点方式生成楔形体,此处的中心点是指楔形体斜面上的中心点。执行此选项后,系统继续提示:

指定楔体的中心点 <0,0,0>:(要求指定楔形体的中心点或按 Enter 键指定中心点坐标为(0,0,0))。

指定对角点或[立方体(C)/长度(L)]:(指定对角点,或输入"C",或输入"L")。

该提示下的各选项和上述用楔形体底面的两角点来绘制楔形体的画法类似,此处不再介绍。

如图 14.7 所示为三维实体的楔形体模型。

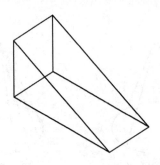

图 14.7 楔形体

关于楔形体的说明:使用 WEDGE 命令创建的楔形体,其长、宽、高分别与三个坐标轴平行,用户只有利用 3D 编辑命令,才能使楔形体的方向有所改变。

14.1.6 圆环体

1. 命令执行方式

菜单栏:单击"绘图(D)"→"实体(I)"→"楔体(W)"。

命令行:WEDGE。

工具栏:单击"实体"工具栏中的"torus"按钮。

2. 功能

用于创建圆环实体。

3. 操作过程

执行 TORUS 命令后,命令行提示:

当前线框密度: ISOLINES = 当前值。

指定圆环体中心 <0,0,0>:(指定圆环体中心或按 Enter 键指定圆环体中心坐标值为(0,0,0))。

指定圆环体半径或[直径(D)]:(输入圆环体半径或输入直径"D")。

指定圆管半径或[直径(D)]:(输入圆管半径或输入直径"D")。

如图 14.8(a)所示为圆环体模型。

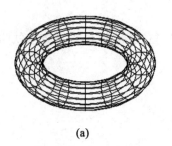
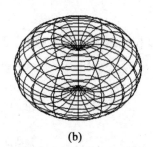

(a)   (b)   (c)

图 14.8　圆环体及特殊圆环体

从圆环体的绘制步骤我们可以看出,圆环体由两个值定义,一个是圆管的半径或直径,另一个是圆环体的半径或直径,半径即是从圆环体中心到圆管中心的距离。

圆环体命令也可以创建自交圆环体。自交圆环体没有中心孔,圆管半径比圆环体半径大,绘制结果就像一个两极凹陷的球体,如图 14.8(b)所示。如果圆环体半径为负值,圆管半径绝对值大于圆环半径的绝对值,则结果就像一个两极尖锐突出的球体,类似橄榄球,如图 14.8(c)所示。

14.2　由二维简单对象创建 3D 实体(拉伸、旋转)

利用基本实体创建三维实体方便、简单,但是生成的实体模型种类有限。AutoCAD 通过对二维对象进行拉伸或旋转操作,可以创建更多复杂多样的三维实体。

14.2.1　面域

进行拉伸或旋转的对象必须是闭合的。REGION(面域)命令可以将形成闭合环的对象创建为二维闭合区域。

1. 命令执行方式

菜单栏:单击"绘图(D)"→"面域(N)"。

命令行:REGION。

工具栏:单击"绘图"工具栏中的"面域"按钮 。

2. 功能

用于将形成闭合环的对象创建为二维闭合区域。

3. 操作过程

执行 REGION 命令后,命令行提示:

选择对象:(可选择多个对象)。

对象选择完毕,按 Enter 键结束命令。此时,系统提示:

已提取 n 个环(n 为具体数字)。

已创建 n 个面域(n 为具体数字)。

关于"面域"的说明:形成面域的环可以是直线、多义线、圆、圆弧、椭圆、椭圆弧和样条曲线的组合。组成环的对象必须是闭合或通过与其他对象共享端点而形成闭合的区域。可以通过对面域进行布尔运算创建新的对象,也可以使用 BOUNDARY(边界)命令创建面域。

14.2.2 拉伸对象

沿某一指定路线或高度拉伸封闭的二维对象,可以建立复合实体,这种方法就叫做拉伸实体。

1. 命令执行方式

菜单栏:单击"绘图(D)"→"实体(I)"→"拉伸(X)"。

命令行:EXTRUDE。

工具栏:单击"实体"工具栏中的"拉伸"按钮 。

2. 功能

通过给闭合的二维对象添加厚度来创建实体。

3. 操作过程

执行 EXTRUDE 命令后,命令行提示:

当前线框密度:ISOLINES = 当前值。

选择对象:(鼠标点选对象) 找到 1 个。

选择对象:(可选择多个对象,按 Enter 键结束选择)。

指定拉伸高度或 [路径(P)]:(指定拉伸高度或输入"P")。

(1)指定拉伸高度:输入要拉伸的高度。拉伸的方向为当前坐标的 Z 轴,正值为正向拉伸对象,负值为负向拉伸对象。此时系统继续提示:

指定拉伸的倾斜角度 ＜0＞:(输入拉伸实体的侧面倾斜角度,即拉伸实体的侧面与垂直方向的夹角。夹角范围为 -90°～ +90°,如果选择缺省值0,则形成柱体)。

如图 14.9 所示为不同拉伸倾角的结果。

   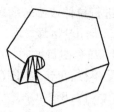

拉伸对象　　　　　拉伸倾角0°　　　　　拉伸倾角10°　　　　　拉伸倾角-10°

图 14.9　指定拉伸倾角拉伸二维对象

(2)路径(P):选择一个对象作为拉伸路径,拉伸对象沿路径运动形成与路径等长的实体。这个路径可以是直线、圆、圆弧、椭圆、椭圆弧、多义线和样条曲线等。输入"P"后系统继续提示:

选择拉伸路径或 [倾斜角]:鼠标单击选择作为拉伸路径的对象,此为缺省项,用鼠标单击选择作为拉伸路径的对象即完成拉伸实体。

如图 14.10 所示为沿指定拉伸路径拉伸的实体。

关于拉伸实体的说明:(1)用 EXTRUDE 命令可以从物体的通用轮廓创建实体,如齿轮或链轮齿。如果对象包含圆角、倒角和其他不用轮廓很难重新制作的细部图,那么 EXTRUDE 尤其有用。如果用直线或圆弧来创建轮廓,在使用 EXTRUDE 之前,需要用 PEDIT 命令的"合

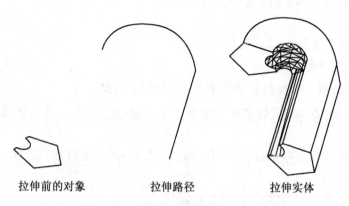

拉伸前的对象　　　　　拉伸路径　　　　　拉伸实体

图14.10　指定拉伸路径拉伸二维对象

并"选项把它们转换成单一的多段线对象或使它们成为一个面域。

（2）可以拉伸成为三维实体的二维对象包括：闭合多段线、多边形、3D多段线、圆和椭圆、样条曲线、圆环和面域，拉伸的对象必须是封闭的。

（3）指定拉伸的倾斜角度若是正角度表示从基准对象逐渐变细地拉伸，而负角度则表示从基准对象逐渐变粗地拉伸，默认角度0表示在与二维对象所在平面垂直的方向上进行拉伸。AutoCAD将选择集中的所有对象和环按相同的值倾斜，只有顶部连续的环才可进行锥状拉伸。

（4）当圆弧是锥状拉伸的一部分时，圆弧的张角保持不变而圆弧的半径则改变了。在垂直拉伸时，每条圆弧都生成一个圆柱面。只要有可能，EXTRUDE就使用倾斜角作为面相对于Z轴的倾角。

（5）指定一个较大的斜角或较长的拉伸高度，将导致对象或对象的一部分在到达拉伸高度之前就已经汇聚到一点。

（6）拉伸路径可以是直线、圆、圆弧、椭圆、椭圆弧、多段线或样条曲线。路径既不能与轮廓共面，也不能具有高曲率的区域。

（7）拉伸实体始于轮廓所在的平面，终于路径端点处与路径垂直的平面。路径的一个端点应该在轮廓平面上，否则AutoCAD将移动路径到轮廓的中心。

（8）如果路径包含不相切的线段，那么AutoCAD沿每个线段拉伸对象，然后沿两线段形成的角平分面斜接接头。如果路径是封闭的，轮廓应位于斜接面上，这允许实体的起始截面和结束截面相互匹配。如果轮廓不在斜接面上，则AutoCAD将旋转该轮廓直到它位于斜接面上。

（9）如果路径是封闭的，拉伸对象所在平面应该垂直于路径所在平面，否则AutoCAD旋转拉伸对象使它垂直于路径平面。

14.2.3　旋转对象

1. 命令执行方式

菜单栏：单击"绘图（D）"→"实体（I）"→"旋转（R）"。

命令行：REVOLVE。

工具栏：单击"实体"工具栏中的"拉伸"按钮 。

2. 功能

将一些二维图形绕指定的轴旋转来创建实体。

3. 操作过程

执行 REVOLVE 命令后,命令行提示:

当前线框密度: ISOLINES = 4。

选择对象:(选取一个或多个对象,按 Enter 键中止选择)。

指定旋转轴的起点或定义轴依照 [对象(O)/X 轴(X)/Y 轴(Y)]:(选择不同方式作为旋转轴)。

(1)指定旋转轴的起点:通过指定两个端点来指定旋转轴,这是缺省项。此时,系统继续提示:

指定轴端点:(输入旋转轴的另一端点)。

指定旋转角度 <360>:(输入旋转角度)。

(2)对象(O):选择已有的直线或非闭合多义线定义轴。如果选择的是多义线,则轴向为多义线两端点的连线。轴的正方向是从这条直线上距选择点较近的端点指向远的端点。此时系统继续提示:

指定旋转角度 <360>:(输入旋转角度)。

(3)X 轴(X)/ Y 轴(Y):使用当前 UCS 的 X 轴或 Y 轴正向作为旋转轴的正方向。如果旋转对象不在 XY 平面上,AutoCAD 2006 将把 X、Y 轴向被旋转对象所在平面投影,并把投影作为旋转轴。此时系统继续提示:

指定旋转角度 <360>:(输入旋转角度)。

如图 14.11 所示为沿直线旋转 180°而生成的实体。

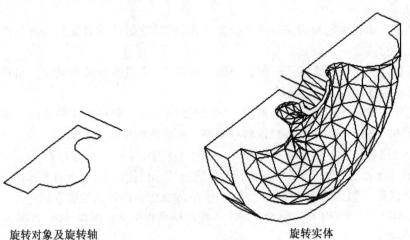

旋转对象及旋转轴   旋转实体

图 14.11   指定旋转轴旋转生成的实体

关于旋转实体的说明:(1)可以旋转的二维对象为闭合多段线、多边形、圆、椭圆、闭合样条曲线、圆环和面域。不能旋转包含在块中的对象,以及具有相交或自交线段的多段线。一次只能旋转一个对象。

(2)REVOLVE 忽略多段线的宽度,并从多段线路径的中心线处开始旋转。

14.3 利用布尔运算构建复杂实体模型

在三维绘图中,复杂实体往往不能一次生成,一般都是由相对简单的实体通过布尔运算组合而成的。布尔运算就是对多个三维实体进行求并(Union)、求差(Subtract)和求交(Intersect)的运算,使它们进行组合的过程。

14.3.1 通过添加操作合并选定面域或实体——并集运算

组合面域是两个或多个现有面域的全部区域合并起来形成的。组合实体是两个或多个现有实体的全部体积合并起来形成的。可合并无共同面积或体积的面域或实体。

1. 命令执行方式

菜单栏:单击"修改(M)"→"实体编辑(N)"→"并集(U)"。

命令行:UNION。

工具栏:单击"实体编辑"工具栏中的"并集"按钮◎。

2. 功能

把两个或两个以上的三维实体合并为一个三维实体。

3. 操作过程

执行 UNION 命令后,命令行提示:

选择对象:(选择要合并的对象,可选择多个对象)。

选择对象:(继续选择要合并的对象,可选择多个对象)。

选择完毕按 Enter 键即完成命令操作。

如图 14.12 所示为实行并集运算的实体示例。

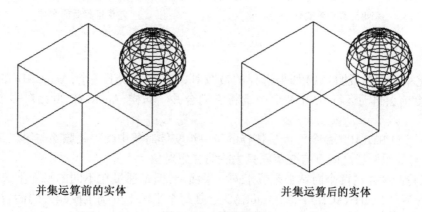

并集运算前的实体   并集运算后的实体

图 14.12 并集运算

14.3.2 通过减操作合并选定面域或实体——差集运算

对三维实体或二维面域进行求差运算,就是从一组实体中减去另一组实体,最终得到一个新的实体。

1. 命令执行方式

菜单栏:单击"修改(M)"→"实体编辑(N)"→"差集(S)"。

命令行：SUBTRACT。

工具栏：单击"实体编辑"工具栏中的"并集"按钮 。

2. 功能

从一个实体中减去另一个实体,最终得到一个新的三维实体。

3. 操作过程

执行 SUBTRACT 命令后,命令行提示：

选择要从中减去的实体或面域...

选择对象：(选择被减的实体)。

选择对象：(继续选择被减的实体或按 Enter 键结束选择)。

选择要减去的实体或面域...

选择对象：(选取作为减数的实体)。

选择对象：(继续选取或按 Enter 键结束选择)。

如图 14.13 所示为实行差集运算的实体示例。

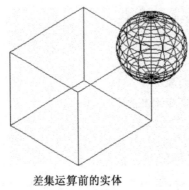
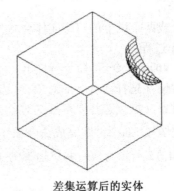

差集运算前的实体　　　　　　　　　　差集运算后的实体

图 14.13　差集运算

　　关于差集运算的说明：(1)如果选择的被减对象的数目多于一个,AutoCAD 在进行 SUB-TRACT 命令前会自动运行 UNION 命令选将它们合并。同样,AutoCAD 也会对多个减去对象进行合并。

　　(2)使用 SUBTRACT 命令可以从选择的第一组实体对象中减去并删除与第二组实体对象的重合部分,如果两者之间没有交集则只去除第二组对象。

　　(3)执行减操作的两个面域必须位于同一平面上,但是通过在不同的平面上选择面域集,可同时执行多个 SUBTRACT 操作。AutoCAD 会在每个平面上分别生成减去的面域,如果面域所在的平面上没有其他选定的共面面域,则 AutoCAD 不接受该面域。

14.3.3　通过两个或两个以上对象的公共部分创建实体——交集运算

从两个或多个实体或面域的交集中创建组合实体或面域,并删除交集外面的区域。

(1)命令执行方式

菜单栏：单击"修改(M)"→"实体编辑(N)"→"交集(I)"。

命令行：INTERSECT。

工具栏：单击"实体编辑"工具栏中的"交集"按钮 。

2. 功能

用两个或两个以上实体的公共部分创建复合实体,并删除非重叠部分。

3. 操作过程

执行 INTERSECT 命令后,命令行提示:

选择对象:(选取进行求交的实体)。

选择对象:(继续选取求交的实体,按 Enter 键完成实体选择)。

如图 14.14 所示为实行交集运算的实体示例。

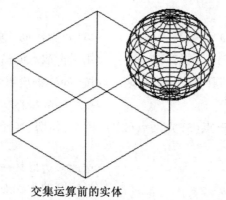

交集运算前的实体   交集运算后的实体

图 14.14 交集运算

关于交集运算的说明:(1)在交集运算中,选择的实体必须有公共部分,否则命令无效。

(2)INTERSECT 计算两个或多个现有面域的重叠面积和两个或多个现有实体的公用部分的体积。选择集可以包含位于任意多个不同平面中的面域或实体。AutoCAD 将选择集分成多个子集,并在每个子集中测试相交部分。第一个子集包含选择集中的所有实体,第二个子集包含第一个选定的面域和所有后续共面的面域,第三个子集包含下一个与第一个面域不共面的面域和所有后续共面面域,如此直到所有的面域分属各个子集为止。

14.4 三维实体的属性(体积、惯性)

MASSPROP 命令用于计算二维和三维对象的特性,这些特性在分析图形对象的特点时非常重要。

1. 命令执行方式

菜单栏:单击"工具(T)"→"查询(Q)"→"面域/质量特性(M)"。

命令行:MASSPROP。

工具栏:单击"查询"工具栏中的"面域/质量特性"按钮。

2. 功能

查询实体的面域及质量特性。

3. 操作过程

执行 INTERFERE 命令后,命令行提示:

选择对象:(选择需查询实体)。

MASSPROP 在文本窗口中显示质量特性,并询问是否将质量特性写入文本文件。

是否将分析结果写入文件？［是(Y)/否(N)］＜否＞:(输入 y 或 n,或按 Enter 键)。

如果输入 y,MASSPROP 将提示输入文件名。

14.5 三维实体建模实例

14.5.1 练习绘制如图 14.10 所示的拉伸实体模型

具体操作如下:

(1)绘制拉伸对象。

命令: _polygon 输入边的数目 ＜4＞:5✓   //启用"多边形"命令,输入边数。

指定正多边形的中心点或［边(E)］:(鼠标取点) //用鼠标取点或输入中心点坐标。

输入选项［内接于圆(I)/外切于圆(C)］＜I＞:✓ //按 Enter 键启用"内接于圆"方式。

指定圆的半径:50✓   //指定圆的半径为 50。

命令: _circle 指定圆的圆心或［三点(3P)/两点(2P)/相切、相切、半径(T)］:_int 于(鼠标取点)

                //选取多边形某一边的中点。

指定圆的半径或［直径(D)］:30✓   //指定圆的半径为 30。

命令: _trim✓   //启用"修剪"命令。

当前设置:投影＝UCS,边＝无

选择剪切边...   //系统自运行。

选择对象或 ＜全部选择＞: 指定对角点: 找到 2 个

                //启用"crossing"方式选择对象。

选择对象:✓   //按 Enter 键完成对象选择。

选择要修剪的对象,或按住 Shift 键选择要延伸的对象,或［栏选(F)/窗交(C)/投影(P)/边。(E)/删除(R)/放弃(U)］:(鼠标取点)

                //依次点选要修剪部分。

选择要修剪的对象,或按住 Shift 键选择要延伸的对象,或［栏选(F)/窗交(C)/投影(P)/边。(E)/删除(R)/放弃(U)］:(鼠标取点)

                //按 Enter 键结束操作。

命令: _region✓   //启用"面域"命令。

选择对象: 指定对角点: 找到 2 个   //启用"crossing"方式选择对象。

选择对象:✓   //按 Enter 键完成对象选择。

已提取 1 个环。

已创建 1 个面域。   //系统自运行。

命令及操作:单击"视图"工具栏的"西北等轴测"按钮◈。

                //转换视图方向。

命令及操作:单击"UCS"工具栏的"原点"按钮↳。

指定新原点 ＜0,0,0＞:(鼠标取点)   //单击五边形的角点。

结果如图 14.15(a)所示。

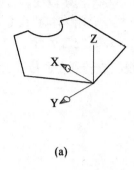

(a)

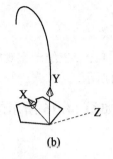

(b)

图 14.15　拉伸对象、拉伸路径及其坐标

（2）绘制拉伸路径。

命令及操作：单击"UCS"工具栏的"Z"按钮　。
　　　　　　　　　　　　　　　　　　　　//坐标转换：绕 Z 轴旋转坐标。

指定绕 Z 轴的旋转角度 ＜90＞：（鼠标取点）　//单击坐标原点。
指定第二点：_cen 于（鼠标取点）　　//单击圆弧中心。
命令及操作：单击"UCS"工具栏的"X"按钮　。
　　　　　　　　　　　　　　　　　　　//坐标转换：绕 X 轴旋转坐标。

指定绕 X 轴的旋转角度 ＜90＞：↙　　//按 Enter 键响应旋转角度。
命令：_pline↙　　//启用"多段线"命令。
指定起点：（鼠标取点）　　//单击多边形角点。
当前线宽为 0.0000　　//系统自运行。
指定下一个点或［圆弧（A）/半宽（H）/长度（L）/放弃（U）/宽度（W）］：（鼠标移向 Y 轴正向）150↙

　　　　　　　　　　　　　　　　　　//输入直线长度。

指定下一点或［圆弧（A）/闭合（C）/半宽（H）/长度（L）/放弃（U）/宽度（W）］：A↙
　　　　　　　　　　　　　　　　　　//选择画"圆弧"。

指定圆弧的端点或［角度（A）/圆心（CE）/闭合（CL）/方向（D）/半宽（H）/直线（L）/半径（R）/第二个点（S）/放弃（U）/宽度（W）］：（鼠标移向 X 轴正向）300↙
　　　　　　　　　　　　　　　　　　//指定圆弧另一端点。

指定圆弧的端点或［角度（A）/圆心（CE）/闭合（CL）/方向（D）/半宽（H）/直线（L）/半径（R）/第二个点（S）/放弃（U）/宽度（W）］：↙

　　　　　　　　　　　　　　　　　　//按 Enter 键终止命令。

绘制结果如图 14.15（b）所示。
（3）拉伸实体。
命令：_extrude↙　　//启用实体"拉伸"命令。
当前线框密度：ISOLINES =4　　//系统自运行。
选择对象：（鼠标取点）找到 1 个　　//单击面域。
选择对象：↙　　//按 Enter 键完成对象选择。
指定拉伸高度或［路径（P）］：P↙　　//选择"路径"拉伸方式。

选择拉伸路径或［倾斜角］:(鼠标取点)　　　　　　//单击多段线。

命令:_hide✓　　　　　　　　　　　　　　　//启用"消隐"命令。

正在重生成模型。　　　　　　　　　　　　//系统自运行。

命令及操作:单击"三维动态观察器"按钮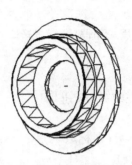,将视图旋转到合适位置,完成实体拉伸,效果如图14.10(c)所示。

14.5.2　绘制如图14.16所示的三维实体模型

图14.16　旋转实体模型

具体操作如下:

(1)绘制旋转对象及旋转轴。

命令:_line 指定第一点:(鼠标取点)　　　　　　//启用"直线"命令。

指定下一点或［放弃(U)］:(将鼠标移向绘制方向)15✓

　　　　　　　　　　　　　　　　　　　　　//输入直线长度。

指定下一点或［放弃(U)］:(将鼠标移向绘制方向)50✓

　　　　　　　　　　　　　　　　　　　　　//输入直线长度。

指定下一点或［闭合(C)/放弃(U)］:(将鼠标移向绘制方向)10✓

　　　　　　　　　　　　　　　　　　　　　//输入直线长度。

指定下一点或［闭合(C)/放弃(U)］:(将鼠标移向绘制方向)20✓

　　　　　　　　　　　　　　　　　　　　　//输入直线长度。

指定下一点或［闭合(C)/放弃(U)］:(将鼠标移向绘制方向)10✓

　　　　　　　　　　　　　　　　　　　　　//输入直线长度。

指定下一点或［闭合(C)/放弃(U)］:(将鼠标移向绘制方向)30✓

　　　　　　　　　　　　　　　　　　　　　//输入直线长度。

指定下一点或［闭合(C)/放弃(U)］:(将鼠标移向绘制方向)50✓

　　　　　　　　　　　　　　　　　　　　　//输入直线长度。

指定下一点或［闭合(C)/放弃(U)］:(将鼠标移向绘制方向)15✓

　　　　　　　　　　　　　　　　　　　　　//输入直线长度。

指定下一点或［闭合(C)/放弃(U)］:(将鼠标移向绘制方向)30✓

　　　　　　　　　　　　　　　　　　　　　//输入直线长度。

指定下一点或［闭合(C)/放弃(U)］:(将鼠标移向绘制方向)5✓

　　　　　　　　　　　　　　　　　　　　　//输入直线长度。

指定下一点或［闭合(C)/放弃(U)］:(将鼠标移向绘制方向)25✓

指定下一点或［闭合(C)/放弃(U)］:c✔　　　　　　　　　//形成闭合区域。

命令:_fillet✔　　　　　　　　　　　　　　　　　　　　//启用"倒圆角"命令。
当前设置:模式 = 修剪,半径 = 0　　　　　　　　　　//系统自运行。
选择第一个对象或［多段线(P)/半径(R)/修剪(T)/多个(U)］:r✔
　　　　　　　　　　　　　　　　　　　　　　　　　　//设置圆角半径。
指定圆角半径 < 0 >:2✔　　　　　　　　　　　　　　//指定半径值。
选择第一个对象或［多段线(P)/半径(R)/修剪(T)/多个(U)］:(鼠标取点)
　　　　　　　　　　　　　　　　　　　　　　　　　　//选取第一个倒圆对象。
选择第二个对象:　　　　　　　　　　　　　　　　　//选取第二个倒圆对象。
　　命令及操作:重复"fillet"命令,完成旋转对象的绘制,如图14.17(a)所示(尺寸标注为编者所加)。

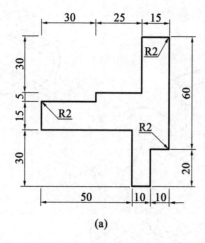
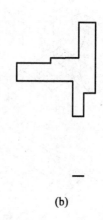

(a)　　　　　　　　　　　　　　　　　　(b)

图14.17　旋转对象及旋转轴

命令:_region　　　　　　　　　　　　　　　　　　　//启用"面域"命令。
选择对象:指定对角点:找到 16 个　　　　　　　　　//启用"crossing"方式选择对象。
选择对象:✔　　　　　　　　　　　　　　　　　　　//按 Enter 键完成对象选择。
已提取 1 个环。
已创建 1 个面域。　　　　　　　　　　　　　　　　//系统自运行。
命令:_offset✔　　　　　　　　　　　　　　　　　　//启用"偏移"命令。
指定偏移距离或［通过(T)］<通过>:50✔　　　　　//输入偏移距离。
选择要偏移的对象或 <退出>:(鼠标取点)　　　　　//点选对象。
指定点以确定偏移所在一侧:(鼠标取点)　　　　　　//指定偏移方向。
选择要偏移的对象或 <退出>:✔　　　　　　　　　//按 Enter 键结束命令。
旋转对象及其旋转轴如图14.17(b)所示。
(2)旋转实体。
命令:_revolve✔　　　　　　　　　　　　　　　　　//启用实体"旋转"命令。
当前线框密度:ISOLINES = 8　　　　　　　　　　　//系统自运行。

选择对象：(鼠标取点)找到 1 个　　　　　　　　//点选对象。

选择对象：↙　　　　　　　　　　　　　　　　//按 Enter 键完成对象选择。

指定旋转轴的起点或定义轴依照［对象(O)/X 轴(X)/Y 轴(Y)］:(鼠标取点)

　　　　　　　　　　　　　　　　　　　　　　//指定旋转轴上的一个端点。

指定轴端点：　　　　　　　　　　　　　　　//指定旋转轴上的另一个端点。

指定旋转角度 ＜360＞:↙　　　　　　　　　//按 Enter 键确认旋转角度。

完成旋转实体,得到旋转对象后的实体模型,如图 14.16 所示。

14.6　练习题

1. 根据所给定零件尺寸(如图 14.18 所示),绘制如图 14.19 所示的装配图。

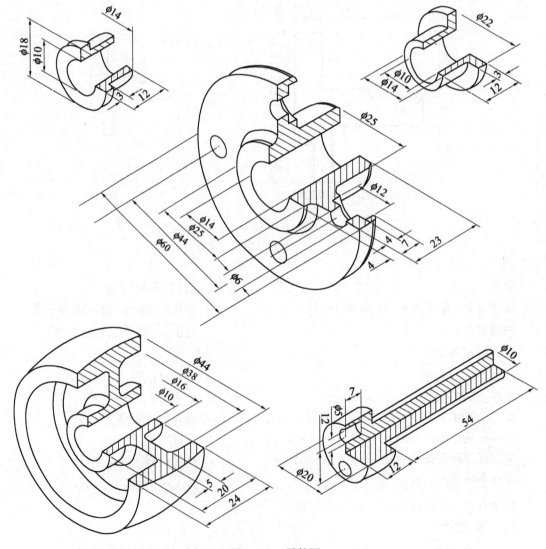

图 14.18　零件图

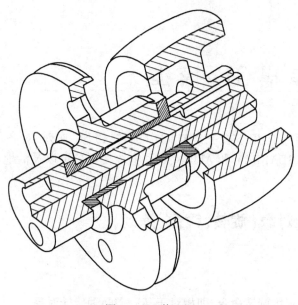

图 14.19 装配图

2. 根据三视图给定的尺寸,绘制三维实体,如图 14.20 所示。

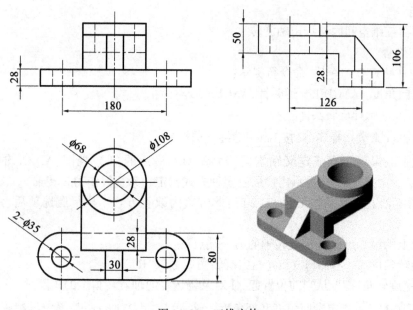

图 14.20 三维实体

第 15 章　编辑 3D 模型

AUTOCAD 提供了专门用于在三维空间中旋转、镜像、阵列、对齐 3D 对象的命令:RO-TATE3D、MIRROR3D、3DARRAY 和 ALIGN,这些命令使用户可以灵活地在三维空间中定位及复制图形元素。

15.1　编辑三维对象(旋转、镜像、阵列)

15.1.1　三维旋转

AutoCAD 提供了三维旋转命令,即相对于某一空间轴旋转对象。

1. 命令执行方式

菜单栏:单击"修改(M)"→"三维操作(3)"→"三维旋转(R)"。

命令行:ROTATE3D。

2. 功能

将实体在三维空间内绕指定轴旋转。

3. 操作过程

执行 ROTATE3D 命令后,命令行提示:

当前正向角度: ANGDIR = 逆时针;ANGBASE = 0。

选择对象:(选择旋转实体)。

选择对象:(继续选择实体,按 Enter 键终止选择)。

指定轴上的第一个点或定义轴依据[对象(O)/最近的(L)/视图(V)/X 轴(X)/Y 轴(Y)/Z 轴(Z)/两点(2)]:(提示用户通过多种方式指定一条直线作为旋转轴)。

(1)"指定轴上的第一个点/两点(2)":此方式为缺省方式。执行此选项后,系统继续提示:

指定轴上的第二点:(指定旋转轴的另一端点)。

指定旋转角度或 [参照(R)]:(指定旋转角或输入"R")。

①"指定旋转角度":从当前位置起,使对象绕选定的轴旋转指定的角度。

②"参照(R)":指定参照角度和新角度。输入"R"后按 Enter 键,系统继续提示:

指定参照角 < 0 >:(指定起点角度)。

指定新角度:(指定端点角度)。

起点角度和端点角度之间的差值即为旋转角度。

(2)"对象(O)":通过指定一个二维图形来确定旋转轴。这里的二维图形可以是直线、圆、圆弧或二维多段线。对象类型与旋转轴的位置关系如表 15.1 所示。

表 15.1	"对象"与旋转轴的位置关系
对象类型	旋 转 轴 位 置
直线	被选择的直线即旋转轴
圆或圆弧	旋转轴与圆或圆弧所在平面垂直,且通过圆心
二维多段线	多段线如果是直线,则该直线即是旋转轴;如果是圆弧,弧确定

(3)"最近的(L)":以当前图形文件最后一次执行 Rotate3D 命令时所用旋转轴为轴。若本次操作为首次,则此选项无效。

(4)"视图(V)":以当前视图的视点方向作为旋转轴方向,再输入一点以确定旋转轴位置。执行此选项后,系统继续提示:

指定视图方向轴上的点 <0,0,0>:(指定一点确定旋转轴位置)。

指定旋转角度或[参照(R)]:(指定旋转角度或参照角)。

如图 15.1 所示为不同旋转操作的结果(虚线为旋转前实体)。

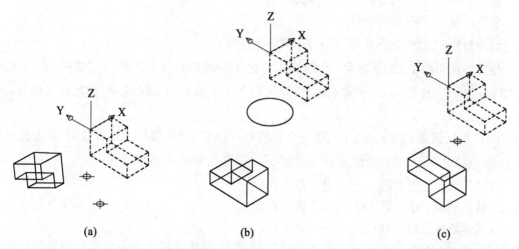

(a)以两点方式确定旋转轴,旋转角为 180°　(b)以对象方式(圆的轴心线)为旋转轴,旋转角为 180°

(c)以视图方式过指定点为旋转轴,旋转角为 180°。

图 15.1　三维旋转

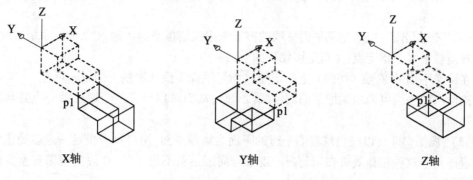

图 15.2　选择坐标轴作为旋转轴

（5）"X 轴(X)/Y 轴(Y)/Z 轴(Z)"：将旋转轴定义为过指定点并与当前坐标系的 X 轴或 Y 轴或 Z 轴平行的直线。以 X 轴为例，执行该选项后，系统继续提示：

指定 X 轴上的点 <0,0,0>:（输入一点以确定旋转轴的位置）。

该点必须位于旋转轴上。如图 15.2 所示即为分别将实体绕着过 P1 点且平行于 X、Y、Z 轴的轴线旋转 180°的结果（虚线为旋转前实体）。

15.1.2　三维镜像

1. 命令执行方式

菜单栏：单击"修改(M)"→"三维操作(3)"→"三维镜像(M)"。

命令行：MIRROR3D。

2. 功能

创建相对于某一空间平面的镜像对象。

3. 操作过程

执行 MIRROR3D 命令后，命令行提示：

选择对象:（选择镜像实体）。

选择对象:（继续选择实体，按 Enter 键终止选择）。

指定镜像平面（三点）的第一个点或 [对象(O)/最近的(L)/Z 轴(Z)/视图(V)/XY 平面(XY)/YZ 平面(YZ)/ZX 平面(ZX)/三点(3)] <三点>:（输入选项、指定点或按 Enter 键）。

（1）"指定镜像平面（三点）的第一个点或三点(3)"：这是系统的缺省选项，单击镜像平面上的一点或按 Enter 键执行"三点"选项模式。以三点为例，系统继续提示：

在镜像平面上指定第一点:（输入第 1 点）。

在镜像平面上指定第二点:（输入第 2 点）。

在镜像平面上指定第三点:（输入第 3 点）。

（2）"对象(O)"：指定一个二维图形确定镜像面，镜像面即所指定的二维图形所在的平面，这些二维图形可以是圆、圆弧和二维多段线。输入"O"并按 Enter 键，系统继续提示：

选择圆、圆弧或二维多段线线段:（用鼠标点选对象）。

（3）"最近的(L)"：以当前图形文件中最后一次指定的镜像平面作为本次命令的镜像平面。

（4）"Z 轴(Z)"：使用定义平面法线的方式来定义镜像平面。输入"Z"后，系统继续提示：

在镜像平面上指定点:（指定镜像平面上的一点）。

在镜像平面的 Z 轴（法向）上指定点:（指定镜像平面的法线上的另一点）。

这两点的连线可确定镜像平面的法线(Z 轴)，从而可以定义一个通过第一点并与法线垂直的平面。

（5）"视图(V)"：以与当前视图平行的平面为镜像平面，用户只需指定一点以确定该平面的位置即可。这种镜像效果在当前视图观察方向下是看不出来的，在改变视图观察方向后才能观察到。

（6）"XY 平面(XY)/YZ 平面(YZ)/ZX 平面(ZX) "：定义一个与当前坐标系的 XY（或 YZ 或 ZX)平面平行的平面作为镜像平面。输入 XY（或 YZ 或 ZX)后，系统继续提示：

指定 XY(或 YZ 或 ZX)平面上的点 <0,0,0>:(指定镜像平面将通过的点)。

这样即定义一个过指定点并与当前坐标系的 XY(或 YZ 或 ZX)平面平行的平面作为镜像平面。

使用以上任一选项确定镜像平面后,AutoCAD 将提示:

是否删除源对象?[是(Y)/否(N)] <否>:(输入 y 或 n,选择是否保留源实体)。

如图 15.3 所示为部分选项三维镜像操作的结果(虚线为原镜像实体)。

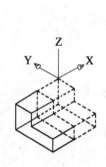 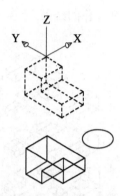 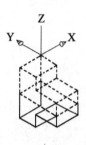

(a) 三点方式确定镜像平面　　(b) 圆所在平面为镜像平面　　(c) XY平面确定镜像平面

图 15.3　三维镜像

15.1.3　三维阵列

三维阵列,即将实体在三维空间里进行阵列。与二维阵列相比,它除了具有 X、Y 方向的阵列数和距离之外,在 Z 方向即高度方向上,它也有相应的阵列数。

1. 命令执行方式

菜单栏:单击"修改(M)"→"三维操作(3)"→"三维阵列(3)"。

命令行:3D ARRAY 或 3A。

2. 功能

在三维空间中以阵列方式复制对象。

3. 操作过程

执行 3DARRAY 命令后,命令行提示:

选择对象:(选择阵列实体)。

选择对象:(继续选择实体,按 Enter 键终止选择。整个选择集将被视为单个阵列元素)。

输入阵列类型 [矩形(R)/环形(P)] <R>:(输入选项或按 Enter 键响应默认选项)。

(1)"矩形(R)":在行(X 轴)、列(Y 轴)和层(Z 轴)矩形阵列中复制对象。一个阵列必须具有至少两个行、列或层。此时系统继续提示:

输入行数 (－－－) <1>:(输入正值或按 Enter 键)。

输入列数 (|||) <1>:(输入正值或按 Enter 键)。

输入层数 (...) <1>:(输入层数,即实体在三维空间中 Z 轴方向的排列数)。

指定行间距（－－－）：（指定行间距）。

指定列间距（|||）：（指定列间距）。

指定层间距（...）：（指定层间距）。

关于三维矩形阵列的说明：①指定行数时，如果只指定一行，就需指定多列，反之亦然。只指定一层则创建二维阵列。行、列和层数不能同时为1。

②指定行、列、层的间距时，输入正值将沿 X、Y、Z 轴的正向生成阵列，输入负值将沿 X、Y、Z 轴的负向生成阵列。

如图 15.4 所示为三维矩形阵列操作的结果。

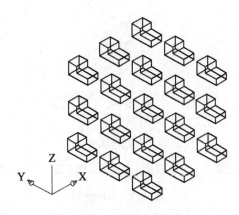

图 15.4　矩形阵列

（2）"环形（P）"：绕旋转轴复制对象。此时系统继续提示：

输入阵列中的项目数目：（输入正值）。

指定要填充的角度（＋＝逆时针，－＝顺时针）＜360＞：（指定角度或按 Enter 键）。

旋转阵列对象？［是（Y）/否（N）］＜是＞：（选择是否旋转阵列对象，输入 y 或 n，或按 Enter 键）。

指定阵列的中心点：（指定阵列的中心点，同时确定阵列轴的第一点）。

指定旋转轴上的第二点：（指定阵列轴的第二点）。

关于三维环形阵列的说明：①指定的角度确定 AutoCAD 围绕旋转轴旋转阵列元素的间距。正数值表示沿逆时针方向旋转，负数值表示沿顺时针方向旋转。②三维环形阵列中，实体是绕着一条指定的轴进行阵列的，这与二维环形阵列中绕着一点进行阵列不同，这是三维环形阵列与二维环形阵列惟一的区别所在。

如图 15.5 所示为三维环形阵列的结果。

除以上三个命令之外，还有一些二维图形中常用的编辑命令对三维实体同样适用，如 EXPLODE、COPY、MOVE、SCALE、ERASE、属性编辑等。但也有一些编辑命令根本不能操作三维对象，如 TRIM、EXTEND、OFFSET 等。在操作使用 AutoCAD 的过程中，我们应根据需要选择合适的命令。

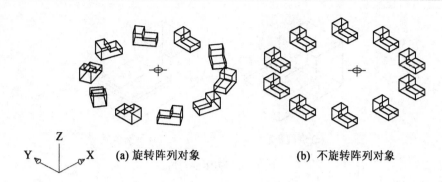

(a) 旋转阵列对象   (b) 不旋转阵列对象

图 15.5   三维环形阵列

15.2   编辑三维实体

15.2.1   3D 对齐

在绘图中,尤其是三维绘图中,常常需要根据一个图形的位置来确定另一图形的位置,或以一个图形的大小、倾斜角度及相关参数来确定另一图形的位置、大小等相应参数。AutoCAD 提供了"3D 对齐"命令来解决这一类的编辑操作(参见本书 5.9 节内容)。

15.2.2   3D 倒圆角

三维实体进行倒圆角的命令与二维实体相同,都是 FILLET 命令。该命令的执行方式及功能参见本书 3.12 节内容,下面着重介绍对三维实体倒圆角时的步骤。

执行 FILLET 命令后,系统提示:

当前设置:模式 = 修剪,半径 =0.0000。

选择第一个对象或 [放弃(U)/多段线(P)/半径(R)/修剪(T)/多个(M)]:(选取实体的边)。

输入圆角半径 <5.0000>:(输入倒圆角的半径)。

选择边或 [链(C)/半径(R)]:(选择倒角对象或重置倒角半径)。

(1)"选择边":此为缺省选项,要求用户指定需进行倒角的边。选择一条边后,系统继续提示:

选择边或 [链(C)/半径(R)]:(继续选取需倒角的边,也可按 Enter 键结束)。

如果选择三条或三条以上的边汇聚于顶点构成长方体的一个角点,那么当三个圆角的半径相同时,AutoCAD 将计算出一个属于球体的顶点过渡。

(2)"链(C)":从选择单条边切换到选择连续相切的边。执行此选项,系统继续提示:

选择边链或 [边(E)/半径(R)]:(选择边链,输入 e 或 r)。

①"边链":选中一条边也就选中了一系列相切的边。例如,如果选中了一个三维实体长方体顶部的一条边,那么顶部上所有相切的边都被选中。

②"边(E)":切换到单边选择模式。

③"半径(R)":允许用户重新设置倒角半径。

如图 15.6 所示为对实体实行倒圆角操作的结果。

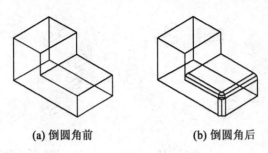

(a) 倒圆角前   (b) 倒圆角后

图 15.6   实体倒圆角

15.2.3   3D 倒斜角

三维实体进行倒斜角的命令与二维实体相同,都是 CHAMFER 命令。该命令的执行方式及功能参见本书 3.11 节内容,下面着重介绍对三维实体倒斜角时的步骤。

执行 CHAMFER 命令后,系统提示:

("修剪"模式) 当前倒角:距离 1 = (当前值),距离 2 = (当前值)。

选择第一条直线或 [放弃(U)/多段线(P)/距离(D)/角度(A)/修剪(T)/方式(E)/多个(M)]:(选中实体的一条边。如果选定的是三维实体的一条边,那么必须指定与此边相邻的两个表面中的一个为基准表面)。

基面选择...

输入曲面选择选项 [下一个(N)/当前(OK)] <当前>:(输入 N 或 O,或按 Enter 键)。

(1)"当前(OK)":输入"O"或按 Enter 键,将选定的表面设置为基面。

(2)"下一个(N)":输入"N"将选择与选定边相邻的两个表面之一。

此时,系统继续提示:

指定基面的倒角距离 <当前>:(输入倒角距离值)。

选择边或 [环(L)]:(选择倒角类型)。

(1)"选择边":该选项为缺省选项,要求指定一条要进行倒角操作的边。

(2)"环(L)":对基面上的各边均进行倒角操作。执行该选项,系统继续提示:

选择边环或 [边(E)]:(选择边环或输入"E")。

①"选择边环":要求用户再次确定基面上的某一边,然后对该面上的各边均进行倒斜角操作。

②"边(E)":选择该选项,系统返回上一提示。

如图 15.7 所示为对实体实行倒斜角操作的结果。

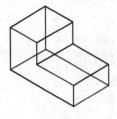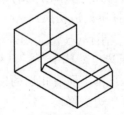

(a) 倒斜角前   (b) 倒斜角后

图 15.7   实体倒斜角

15.3　编辑三维实体的面、边、体

AutoCAD 2006 提供了一个功能强大的编辑实体命令 SOLIDEDIT。使用 SOLIDEDIT 可以对实体表面、边界及实体对象进行编辑。"实体编辑"的菜单栏及工具栏分别如图 15.8 和图 15.9 所示。

1. 命令执行方式

菜单栏：单击"修改（M）"→"实体编辑（3）"→单击相应命令。

命令行：输入"SOLIDEDIT"并按 Enter 键，选择相应的实体编辑选项。

工具栏：单击"实体编辑"工具栏上的相应按钮。

2. 功能

在三维空间中对实体本身的形状、属性进行修改。

3. 操作过程

执行 SOLIDEDIT 命令后，命令行提示：

实体编辑自动检查：SOLIDCHECK = （当前值）。

输入实体编辑选项［面（F）/边（E）/体（B）/放弃（U）/退出（X）］＜退出＞:（选择实体编辑类型）。

（1）"面（F）"：对三维实体表面进行编辑。

（2）"边（E）"：对三维实体边界进行编辑。

（3）"体（B）"：对三维实体选项组进行编辑。

（4）"放弃（U）"：取消上次编辑操作。

（5）"退出（X）"：退出"实体编辑命令"。

15.8　"实体编辑"级联菜单

图 15.9　"实体编辑"工具栏

15.3.1　编辑三维实体对象的面

编辑三维实体对象的面，即对它的面进行拉伸、移动、旋转、偏移、倾斜、删除、复制或更改选定面的颜色等操作。启用 SOLIDEDIT 命令后，单击面编辑选项"F"，系统提示：

输入面编辑选项［拉伸（E）/移动（M）/旋转（R）/偏移（O）/倾斜（T）/删除（D）/复制（C）/着色（L）/放弃（U）/退出（X）］＜退出＞:（选择实体表面编辑方式）。

AutoCAD 2006 提供了八种实体表面编辑方法，下面逐一加以介绍。

1. 拉伸面

（1）命令执行方式

菜单栏：单击"修改（M）"→"实体编辑（N）"→"拉伸面（E）"。

命令行：在面编辑选项中选择"E"并按 Enter 键。

工具栏：单击"实体编辑"工具栏上的拉伸面按钮 □ 。

（2）功能

按指定高度或沿路径拉伸实体对象的指定面，一次可以选择多个面。

（3）操作过程

执行"拉伸面"命令后，命令行提示：

选择面或［放弃（U）/删除（R）］:（选择一个或多个面，或输入选项）。

选择面或［放弃（U）/删除（R）/全部（ALL）］:（选择一个或多个面，或输入选项）。

①"放弃（U）"：放弃选择最近添加到选择集中的面，AutoCAD 显示上一个提示。如果选择集中的所有面都被删除，AutoCAD 将显示以下提示：已完全放弃面选择操作。

②"删除（R）"：选择集中删除以前选择的面。

③"全部（ALL）"：选取被选择实体的所有表面。

执行完以上操作后，系统继续提示：

选择面或［放弃（U）/删除（R）/全部（ALL）］:（继续选择或按 Enter 键结束选择）。

指定拉伸高度或［路径（P）］:（输入拉伸高度或选择"P"）。

①"指定拉伸高度"：设置拉伸的方向和高度。如果输入正值，则沿面的法向拉伸。如果输入负值，则沿面的反法向拉伸。此时系统继续提示：

指定拉伸的倾斜角度 <0>：指定角度（−90 度到 +90 度之间）或按 Enter 键。

正角度将往里倾斜选定的面，负角度将往外倾斜面。默认角度为 0，可以垂直于平面拉伸面。选择集中所有选定的面将倾斜相同的角度。如果指定了较大的倾斜角度或高度，则在达到拉伸高度前，面可能会汇聚到一点。

②"路径（P）"：以指定的直线或曲线来设置拉伸路径。所有选定面的剖面将沿此路径拉伸。此时系统继续提示：

选择拉伸路径：（鼠标取点）。

拉伸路径可以是直线、圆、圆弧、椭圆、椭圆弧、多段线或样条曲线。拉伸路径不能与面处于同一平面，也不能具有高曲率的部分。

被拉伸的面从剖面平面开始被拉伸，然后在路径端点、与路径垂直的剖面结束。拉伸路径的一个端点应在剖面平面上，如果不在，AutoCAD 将把路径移动到剖面的中心。

如果路径是样条曲线，则路径应垂直于剖面平面且位于其中一个端点处。如果路径不垂直于剖面，AutoCAD 将旋转剖面直至垂直为止。如果一个端点在剖面上，剖面将绕此点旋转，否则 AutoCAD 将路径移动至剖面中心，然后绕中心旋转剖面。

如果路径包含不相切的线段，那么 AutoCAD 将沿每个线段进行拉伸，然后在两段的分角平面处连接对象。如果路径是闭合的，则剖面位于斜接面，这允许实体的起始截面和终止截面相互匹配。如果剖面不在斜接面上，AutoCAD 将旋转路径直至它位于斜接面上为止。

如图 15.10 所示为沿指定路径进行面拉伸示例后的结果。

2．移动表面

（1）命令执行方式

菜单栏：单击"修改（M）"→"实体编辑（N）"→"移动面（M）"。

拉伸前实体及路径　　　　　　　　拉伸后实体

图15.10　拉伸面

命令行:在面编辑选项中选择"E"并按 Enter 键。

工具栏:单击"实体编辑"工具栏上的移动面按钮 。

(2)功能

按指定高度或沿路径移动实体对象的指定面,一次可以选择多个面。

(3)操作过程

执行"移动面"命令后,命令行提示:

选择面或[放弃(U)/删除(R)]:(选择一个或多个面,或输入选项)。

关于"放弃"、"删除"、"添加"和"全部"等选项的说明与拉伸中相应选项的说明相同。在选择面或输入选项后,AutoCAD 将显示以下提示:

选择面或[放弃(U)/删除(R)/全部(ALL)]:(选择一个或多个面、输入选项或按 Enter 键)。

指定基点或位移:(指定移动基点)。

指定位移的第二点:(指定移动目标点)。

如图15.11所示为进行面移动示例后的结果。

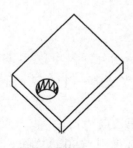
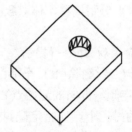

面移动前实体　　　　　　　　　　面移动后实体

图15.11　移动面

3. 偏移面

(1)命令执行方式

菜单栏:单击"修改(M)"→"实体编辑(N)"→"偏移面(O)"。

命令行:在面编辑选项中选择"O"并按 Enter 键。

工具栏:单击"实体编辑"工具栏上的"偏移面"按钮 ⬛。

(2)功能

用指定的角度来倾斜实体对象的面。

(3)操作过程

执行"偏移面"命令后,命令行提示:

指定偏移距离:(输入偏移量)。

如图15.12所示为偏移面操作的结果。

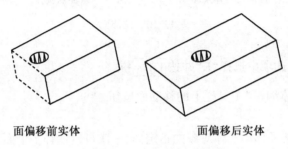

面偏移前实体 面偏移后实体

图15.12 偏移面

关于偏移面的说明:①AutoCAD以偏移量的正负决定表面的偏移方向。偏移量为正增大实体尺寸或体积,偏移量为负时减小实体尺寸或体积。

②进行偏移面操作时,实体的相邻表面必须同时被偏移。

4. 倾斜面

(1)命令执行方式

菜单栏:单击"修改(M)"→"实体编辑(N)"→"倾斜面(T)"。

命令行:在面编辑选项中选择"T"并按 Enter 键。

工具栏:单击"实体编辑"工具栏上的"偏移面"按钮 ⬛。

(2)功能

按指定的距离或点等距偏移实体对象。

(3)操作过程

执行"偏移面"命令后,命令行提示:

选择面或[放弃(U)/删除(R)/全部(ALL)]:(选择一个或多个面,或输入选项)。

指定基点:(指定倾斜方向的起始点)。

指定沿倾斜轴的另一个点:(指定倾斜方向的第二点)。

指定倾斜角度:(指定倾斜角度,该角度在−90度到+90度之间)。

如图15.13所示为进行倾斜面示例后的结果。

5. 旋转面

(1)命令执行方式

菜单栏:单击"修改(M)"→"实体编辑(N)"→"旋转面(A)"。

命令行:在面编辑选项中选择"A"并按 Enter 键。

工具栏:单击"实体编辑"工具栏上的"旋转面"按钮 ⬛。

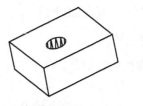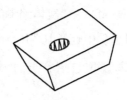

面倾斜前实体　　　　　　　　　　　面倾斜后实体

图 15.13　实体表面倾斜

（2）功能

绕指定的轴旋转实体对象上的一个或多个面，从而生成新的实体。

（3）操作过程

执行"旋转面"命令后，命令行提示选取实体表面，选取结束后，系统提示：

指定轴点或［经过对象的轴（A）/视图（V）/X 轴（X）/Y 轴（Y）/Z 轴（Z）］＜两点＞：
（确定旋转轴）。该提示中的各选项与三维旋转命令下选择旋转轴的方式相同，在此不重复介绍。

指定旋转角度或［参照（R）］：（确定旋转角度，完成表面旋转）。

如图 15.14 所示为进行旋转面示例后的结果。

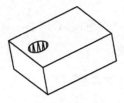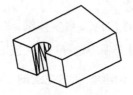

表面旋转前实体　　　　　　　　　　表面旋转后实体

图 15.14　实体表面旋转

6．删除面

（1）命令执行方式

菜单栏：单击"修改（M）"→"实体编辑（N）"→"删除面（D）"。

命令行：在面编辑选项中选择"D"并按 Enter 键。

工具栏：单击"实体编辑"工具栏上的"删除面"按钮 。

（2）功能

删除面，包括实体对象上的圆角和倒角。

（3）操作过程

执行"删除面"命令后，命令行提示选取实体表面，选取完毕回车结束命令即可将其删除。

关于删除面的说明：并非所有的实体面都能被删除。删除实体内的孔洞表面，实际上就是将孔洞填实。

7．复制面

（1）命令执行方式

菜单栏：单击"修改（M）"→"实体编辑（N）"→"复制面（F）"。

命令行：在面编辑选项中选择"C"并按 Enter 键。

工具栏：单击"实体编辑"工具栏上的"复制面"按钮 🔲。

（2）功能

将实体对象上的面复制为面域或实体。

（3）操作过程

执行"复制面"命令后，命令行提示选取实体表面，余下操作和二维复制命令相似。

如图 15.15 所示为复制面的示例结果。

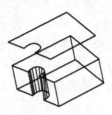

图 15.15　复制面

8. 着色面

（1）命令执行方式

菜单栏：单击"修改（M）"→"实体编辑（N）"→"着色面（C）"。

命令行：在面编辑选项中选择"L"并按 Enter 键。

工具栏：单击"实体编辑"工具栏上的"复制面"按钮 🔲。

（2）功能

修改实体对象上单个面的颜色。

（3）操作过程

执行"着色面"命令后，命令行提示选取实体表面，结束选取后，将弹出"选择颜色"对话框（见图7.4），在该对话框中，用户可以指定面赋予新的色彩。

15.3.2　编辑三维实体对象的边

通过修改边的颜色或复制独立的边来编辑三维实体对象。启用 SOLIDEDIT 命令后，单击边编辑选项"E"，系统提示：

输入边编辑选项［复制（C）/着色（L）/放弃（U）/退出（X）］＜退出＞：（选择实体边编辑方式）。

（1）"复制（C）"：复制三维边。所有三维实体的边均可被复制为直线、圆弧、圆、椭圆或样条曲线。使用边界复制可以从一个实体模型中产生它的线型模型。

单击菜单栏"修改（M）"→"实体编辑（N）"→"复制边（G）"，或单击"实体编辑"工具栏上的"复制边"按钮 🔲，均可启用"复制边"命令。

如图 15.16 所示为复制边的操作结果。

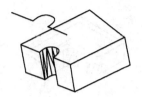

图 15.16　复制边

（2）"着色（L）"：更改边的颜色。

单击菜单栏"修改（M）"→"实体编辑（N）"→"着色边（L）"，或单击"实体编辑"工具栏上的"着色边"按钮，均可启用"着色边"命令。

15.3.3　编辑三维实体选项组

编辑三维实体选项组，包括在实体上压印其他几何图形，将实体分割为独立的实体对象，抽壳、清除或检查选定的实体。启用 SOLIDEDIT 命令后，单击体编辑选项"B"，系统提示：

输入体编辑选项［压印（I）/分割实体（P）/抽壳（S）/清除（L）/检查（C）/放弃（U）/退出（X）］＜退出＞：

（选择实体边编辑方式）。

AutoCAD 2006 提供了五种体编辑方法，下面逐一加以介绍。

1. 抽壳

抽壳是用指定的厚度创建一个空的薄层，可以为所有面指定一个固定的薄层厚度，通过选择面可以将这些面排除在壳外。一个三维实体只能有一个壳。AutoCAD 通过将现有的面偏移出它们原来的位置来创建新面。

（1）命令执行方式

菜单栏：单击"修改（M）"→"实体编辑（N）"→"抽壳（H）"。

命令行：在体编辑选项中选择"S"并按 Enter 键。

工具栏：单击"实体编辑"工具栏上的"抽壳"按钮。

（2）功能

以指定的厚度在实体对象上创建中空的薄壁。

（3）操作过程

执行"抽壳"命令后，系统提示：

选择三维实体：（选择抽壳对象）。

删除面或［放弃（U）/添加（A）/全部（ALL）］：（选取排除在壳外的面）。

删除面或［放弃（U）/添加（A）/全部（ALL）］：（继续选取需删除的面，按 Enter 键终止选择）。

输入抽壳偏移距离：（指定抽壳偏移值。输入正的偏移值时，实体表面向内偏移形成壳体；输入负的偏移值时，实体表面向外偏移形成壳体）。

如图 15.17 所示为输入不同偏移值的示例结果（虚线为删除面）。

2. 压印

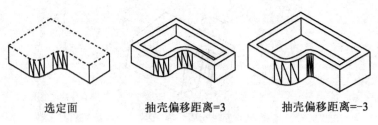

选定面　　　　　　抽壳偏移距离=3　　　　　抽壳偏移距离=-3

图15.17　抽壳实体

压印是在选定的实体上压印一个对象。为了使压印操作成功,被压印的对象必须与选定对象的一个或多个面相交。压印操作仅限于下列对象:圆弧、圆、直线、二维和三维多段线、椭圆、样条曲线、面域、体及三维实体。

(1)命令执行方式

菜单栏:单击"修改(M)"→"实体编辑(N)"→"压印(I)"。

命令行:在体编辑选项中选择"I"并按 Enter 键。

工具栏:单击"实体编辑"工具栏上的"压印"按钮 ⓐ 。

(2)功能

将几何图形压印到实体对象的面上。

(3)操作过程

执行"压印"命令后,系统提示:

选择三维实体:(选择对象)。

选择要压印的对象:(选择对象)。

是否删除源对象 [是(Y)/否(N)] <否>:(输入 y 或按 Enter 键)。

如图15.18所示为在实体上做压印的效果(虚线为压印对象)。

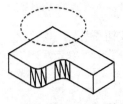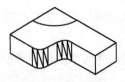

压印前实体及压印对象　　　　　压印后实体及压印对象

图15.18　压印实体

3. 分割

分割是用不相连的体将一个三维实体对象分割为几个独立的三维实体对象。

(1)命令执行方式

菜单栏:单击"修改(M)"→"实体编辑(N)"→"分割(S)"。

命令行:在体编辑选项中选择"P"并按 Enter 键。

工具栏:单击"实体编辑"工具栏上的"分割"按钮 ⓞⓞ 。

（2）功能

将几何图形压印到实体对象的面上。

（3）操作过程

执行"分割"命令后,系统提示:

选择三维实体:（选择对象）。

选取实体后,AutoCAD 可自动将其分离。

关于分割实体的说明:使用合并运算而成的实体不能被分离。

4.清除

（1）命令执行方式

菜单栏:单击"修改（M）"→"实体编辑（N）"→"清除（N）"。

命令行:在体编辑选项中选择"L"并按 Enter 键。

工具栏:单击"实体编辑"工具栏上的"选中"按钮 。

（2）功能

删除实体对象上所有冗余的边和顶点。

（3）操作过程

执行"清除"命令后,系统提示:

选择三维实体:（选择对象）。

单击要清除的三维实体后,系统自动删除实体对象上的共享边以及那些在边或顶点具有相同表面或曲线定义的顶点,删除所有多余的边和顶点、压印的以及不使用的几何图形。

5.检查

（1）命令执行方式

菜单栏:单击"修改（M）"→"实体编辑（N）"→"检查（K）"。

命令行:在体编辑选项中选择"C"并按 Enter 键。

工具栏:单击"实体编辑"工具栏上的"选中"按钮 。

（2）功能

检查三维实体对象是否是一个有效的 ACIS 实体。

（3）操作过程

执行"检查"命令后,系统提示:

选择三维实体:（选择对象）。

单击要检查的三维实体后,AutoCAD 将立即对其进行校核并给出校核结果。

15.4　编辑网格表面

15.4.1　用 PEDIT 命令编辑网格表面

在命令行输入 PEDIT 并回车,根据提示"选择多段线或［多条（M）］"选择多边形网格,AutoCAD 将提示:

输入选项［编辑顶点（E）/平滑曲面（S）/非平滑（D）/M 向关闭（M）/N 向关闭（N）/放弃（U）］:（输入选项或按 Enter 键结束命令）。

（1）"编辑顶点（E）"：编辑多边形网格的单独顶点，多边形网格可视做矩形 M × N 阵列，其中 M 和 N 是 3DMESH 命令中指定的尺寸。输入"E"并回车，系统继续提示：

输入选项［下一个（N）/上一个（P）/左（L）/右（R）/上（U）/下（D）/移动（M）/重生成（RE）/退出（X）］<当前选项>：输入选项或按 Enter 键。

按 Enter 键将接受当前的默认选项（"下一个"或"上一个"）。

图 15.19　网格表面的"特性"对话框

（2）"平滑曲面（S）"：拟合平滑曲面。SURFTYPE 系统变量控制此选项拟合的曲面类型。曲面类型包括二次 B 样条曲面、三次 B 样条曲面和 Bezier 曲面。

（3）"非平滑（D）"：恢复原控制点多边形网格。

（4）"M 向关闭（M）/N 向关闭（N）"：如果当前状态下多边形网格在 M 或 N 方向上是闭合的，那么"M 向关闭"和"N 向关闭"将被"M 向打开"和"N 向打开"替换。

15.4.2　用 PROPERTIES 命令编辑网格表面

在绘图区单击要编辑的网格表面，单击"标准"工具栏的"对象特性"按钮 ，弹出"特性"对话框，根据提示修改相应的几何特性即可，如图 15.19 所示。

如图 15.20 所示为通过 PEDIT 编辑模式修改 3D 网格表面的操作结果。

三维网格表面　　　　　编辑顶点　　　　　拟合平滑曲面

图 15.20　编辑网格平面

15.5　体素拼合法绘制三维实体

所有的物体，无论是简单还是复杂，都可以看做是由棱柱、棱锥、圆柱、圆锥等这些基本立体组合而成的。体素拼合法绘制三维实体就是首先创建构成组合体的一些基本立体，再通过布尔运算进行叠加或挖切得到最终的实体。用体素拼合法创建实体简单、快捷，有较强的实用性。

现以如图 15.21 所示的支架为例，详述由二维图形进行实体造型的操作方法。

具体操作如下：

（1）绘图之前的准备：形体分析特征视图。

用形体分析法读图：把支架分解成五部分，分别为底板、空心圆柱、耳板、肋板、空心圆柱凸

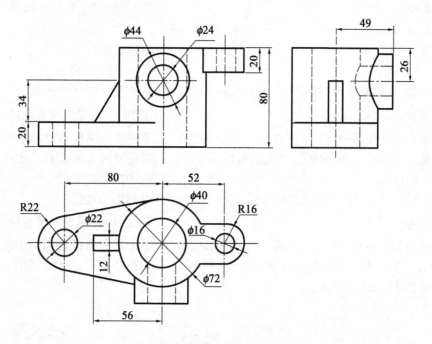

图 15.21　支架三视图

台。在此三视图的文件中,以俯视图为基础,先用二维绘图命令,如复制、修剪、镜像、特性匹配、直线等,分别整理出各部分及其相关要素的特征视图,再利用"实体编辑"命令将各部分组合为一个整体。

(2)绘制底板、空心圆柱和耳板。

命令及操作:创建名为"实体"和"中心线"的新图层,加载"中心线"图层线型为"center"。

命令及操作:单击"视图"工具栏的"俯视"按钮█,用"直线"及"圆"命令绘出如图 15.22 (a)、(b)、(c)所示底板、中空圆柱及耳板的俯视图(尺寸为编者另加)。

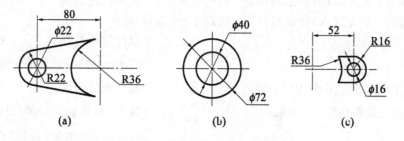

图 15.22　机件二维俯视图

命令及操作:单击"图层"工具栏的█按钮,关闭"中心线"图层。设置当前层为"实体"层。

命令:_region↙　　　　　　　　　　　　　　　//启用"面域"命令。

选择对象:(鼠标取点)指定对角点:找到 12 个

　　　　　　　　　　　　　　　　　//鼠标框选全部对象。

选择对象：✓　　　　　　　　　　　　　//按 Enter 键完成对象选择。

已提取 6 个环。

已创建 6 个面域。　　　　　　　　　　//系统自运行。

命令：MOVE✓　　　　　　　　　　　//启动"移动"命令。

选择对象：（鼠标取点）指定对角点：找到 2 个　//鼠标框选中空圆柱。

选择对象：✓　　　　　　　　　　　　//按 Enter 键完成对象选择。

指定基点或［位移(D)］＜位移＞：（鼠标取点）//单击中空圆柱 Φ72 圆的左象限点。

指定第二个点或 ＜使用第一个点作为位移＞：//指定底板 R36 圆弧的中点。

命令：MOVE✓　　　　　　　　　　　//启动"移动"命令。

选择对象：（鼠标取点）指定对角点：找到 2 个　//鼠标框选耳板。

选择对象：✓　　　　　　　　　　　　//按 Enter 键完成对象选择。

指定基点或［位移(D)］＜位移＞：（鼠标取点）//单击耳板 R36 圆弧的中点。

指定第二个点或 ＜使用第一个点作为位移＞：//单击中空圆柱 Φ72 圆的右象限点。

结果如图 15.23(a)所示。

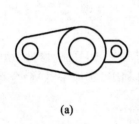　　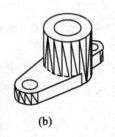　　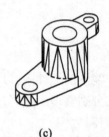

　　　　(a)　　　　　　　　　　(b)　　　　　　　　　　(c)

图 15.23　底板、中空圆柱和耳板

命令：_extrude✓　　　　　　　　　//启用"拉伸"命令。

当前线框密度：ISOLINES = 4　　　　　//系统自运行。

选择对象：（鼠标取点）指定对角点：找到 2 个　//鼠标框选底板。

选择对象：（鼠标取点）指定对角点：找到 2 个,总计 4 个

　　　　　　　　　　　　　　　　//鼠标框选耳板。

选择对象：✓　　　　　　　　　　　//按 Enter 键完成对象选择。

指定拉伸高度或［路径(P)］：20✓　　//输入拉伸高度。

指定拉伸的倾斜角度 ＜0＞：✓　　　//按 Enter 键确定拉伸角度为 0。

命令：✓　　　　　　　　　　　　　//按 Enter 键重复"拉伸"命令。

当前线框密度：ISOLINES = 4　　　　　//系统自运行。

选择对象：（鼠标取点）指定对角点：找到 2 个　//鼠标框选中空圆柱。

选择对象：✓　　　　　　　　　　　//按 Enter 键完成对象选择。

指定拉伸高度或［路径(P)］：80✓　　//输入拉伸高度。

指定拉伸的倾斜角度 ＜0＞：✓　　　//按 Enter 键确定拉伸角度为 0。

结果如图 15.23(b)所示。

命令及操作:单击"视图"工具栏的"主视"按钮。

命令:MOVE↙ //启动"移动"命令。

选择对象:(鼠标取点)指定对角点:找到2个 //鼠标框选耳板。

选择对象:↙ //按 Enter 键完成对象选择。

指定基点或[位移(D)]<位移>:(鼠标取点) //指定移动基点。

指定第二个点或 <使用第一个点作为位移>:60↙

//输入移动距离。

结果如图15.23(c)所示。

(3)绘制肋板。

命令及操作:启用"多段线"命令,利用"对象追踪"和"捕捉",绘出如图15.24(a)所示三角形。

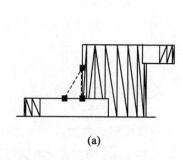

(a)

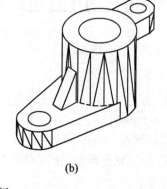

(b)

图15.24 绘制肋板

命令:_region↙ //启用"面域"命令。

选择对象:(鼠标取点)指定对角点:找到1个

//选取三角形。

选择对象:↙ //按 Enter 键完成对象选择。

已提取1个环。

已创建1个面域。 //系统自运行。

命令:_extrude↙ //启用"拉伸"命令。

当前线框密度:ISOLINES=4 //系统自运行。

选择对象:(鼠标取点)找到1个 //选择三角形面域。

选择对象:↙ //按 Enter 键完成对象选择。

指定拉伸高度或[路径(P)]:12↙ //输入拉伸高度。

指定拉伸的倾斜角度 <0>:↙ //按 Enter 键确定拉伸角度为0。

命令及操作:单击"视图"工具栏的"左视"按钮。

命令:MOVE↙ //启动"移动"命令。

选择对象:(鼠标取点)找到1个 //选取肋板。

选择对象:↙ //按 Enter 键完成对象选择。

指定基点或［位移(D)］＜位移＞:(鼠标取点)　//指定移动基点。

指定第二个点或 ＜使用第一个点作为位移＞:6↙　//输入移动距离。

结果如图15.24(b)所示。

(4)绘制凸台。

命令及操作:单击"视图"工具栏的"主视"按钮▣。

命令及操作:启用"圆"命令,利用"对象追踪"和"捕捉",绘出如图15.25(a)所示的两个同心圆 Φ24 和 Φ44。

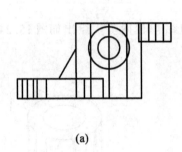

(a)

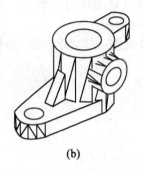

(b)

图15.25　绘制凸台

命令:_extrude↙　　　　　　　　　　　//启用"拉伸"命令。

当前线框密度: ISOLINES = 4　　　　　　//系统自运行。

选择对象:(鼠标取点)指定对角点:找到 2 个　//鼠标框选两圆。

选择对象:↙　　　　　　　　　　　　　//按 Enter 键完成对象选择。

指定拉伸高度或［路径(P)］:48↙　　　　//输入拉伸高度。

指定拉伸的倾斜角度 ＜0＞:↙　　　　　//按 Enter 键确定拉伸角度为0。

结果如图15.23(b)所示。

(5)编辑所有实体。

命令:_subtract↙　　　　　　　　　　//启用"差集"编辑实体。

选择对象:(鼠标取点)找到 1 个　　　　//点选底板。

选择对象:↙　　　　　　　　　　　　//按 Enter 键完成对象选择。

选择要从中减去的实体或面域...　　　　//系统自运行。

选择对象:(鼠标取点)找到 1 个　　　　//点选底板的圆孔。

选择对象:↙　　　　　　　　　　　　//按 Enter 键结束命令。

命令及操作:重复启用"差集"操作,得到实体耳板。

命令:_union ↙　　　　　　　　　　　//启用"并集"编辑实体。

选择对象:找到 1 个　　　　　　　　　//选取中空圆柱的外圆。

选择对象:找到 1 个,总计 2 个　　　　//选取中空圆柱凸台的外圆。

选择对象:↙　　　　　　　　　　　　//按 Enter 键完成"并集"操作。

命令:_subtract↙　　　　　　　　　　//启用"差集"编辑实体。

选择对象:(鼠标取点)找到 1 个　　　　//点选中空圆柱的外圆。

选择对象：✓　　　　　　　　　　　//按 Enter 键完成对象选择。

选择要从中减去的实体或面域...　　//系统自运行。

选择对象：(鼠标取点)找到 1 个　　//点选中空圆柱的内圆。

选择对象：(鼠标取点)找到 1 个,总计 2 个　　//点选凸台的内圆。

选择对象：✓　　　　　　　　　　　//按 Enter 键结束命令。

命令：_union✓　　　　　　　　　//启用"并集"编辑实体。

选择对象：(鼠标框选全部实体)找到 4 个　　//框选对象。

选择对象：✓　　　　　　　　　　　//按 Enter 键完成"并集"操作。

命令：hide✓　　　　　　　　　　//启用"消隐"操作。

正在重生成模型。　　　　　　　　　//系统自运行。

模型消隐后的效果如图 15.26 所示。

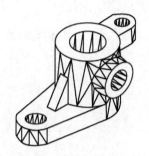

15.26　支架模型实体图

15.6　练习题

根据给定尺寸绘制下列 3D 实体模型,如图 15.27、图 15.28 所示。

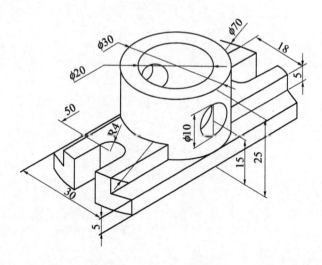

图 15.27　3D 实体模型(1)

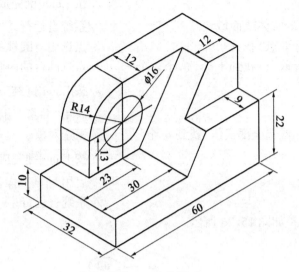

图 15.28   3D 实体模型(2)

第16章 渲染模型

三维实体的显示方式有四种:线框图、三维消隐图、着色图、渲染图,其中渲染图最具真实感,能清晰地反映产品的结构形状。在 AutoCAD 中进行渲染时,用户需要对物体的表面纹理、场景、光线和明暗进行处理,使生成的渲染图片更加真实。本章我们将介绍有关渲染处理的基本概念,并通过实例演示如何对 3D 模型进行渲染。

16.1 渲染模型的基本知识

光源照到模型中每个面的方式,受面与光线之间夹角的影响。对于点光源和聚光灯,还要受光源到面之间距离的影响。光源从一个表面的反射会受到表面材质设置的反射质量的影响。

1. 面与光源的夹角

表面相对于光源倾斜得越厉害,看起来就越暗。与光源垂直的面看起来最亮。面与光线的夹角与 90 度角相差越大,就越暗。当使用沿着一个方向发出平行光的平行光源时,所有与光源具有相同夹角的面的亮度都相同。

2. 面与光源的距离

距离点光源和聚光灯较远的对象显得比较暗,距离较近的对象显得比较亮。平行光不受距离的影响。随着距离增加光源效果减弱称为衰减,可以在两种衰减率之间选择一种:线性反比和平方反比,也可以不指定衰减。

线性衰减:照明随着与光源之间的距离增加呈反比减弱。因此,当光线前进了 2、4、6 和 8 个单位时,其亮度也变为 1/2、1/4、1/6 和 1/8。

平方衰减:照明随着与光源之间的距离的平方增加呈反比减弱。因此,当光线前进了 2、4、6 和 8 个单位时,其亮度也变为 1/4、1/16、1/36 和 1/64。

与使用线性反比相比较,使用平方反比时,对象变暗的速度更快。究竟选择哪一种方式取决于希望达到的效果。例如,假设希望产生明亮的表面,如果光源到对象的距离是 8 个单位,衰减率是线性衰减,这时需要将光源的强度设置为 8,以使其达到目的表面时强度为 1。

3. 照明颜色系统

要设置光的颜色及其表面反射,可以使用两种颜色系统中的一种:由红、绿和蓝三基色组成的 RGB 光源颜色系统和由色调、亮度和饱和度组成的 HLS 系统。

将 RGB 基本光颜色混合可以得到以下二级颜色:黄色(红色和绿色)、青色(绿色和蓝色)和洋红色(红色和蓝色)。所有的光源颜色混合在一起会产生白色,没有任何光源颜色就会产生黑色。在使用 HLS 系统时,从一定范围的色调中选择颜色,然后改变其亮度和饱和度(色调中包含的黑色量)。

4. 反射

照片级真实感渲染使用两种反射:漫反射与镜面反射。

漫反射:像吸墨纸或粗糙的墙壁之类的表面会产生漫反射。照射在全漫反射表面上的光线会均匀地向各方向散射。

无论视点在哪个位置,表面的反射都是相同的。因此,当"照片级真实感"或"照片级光线跟踪"渲染程序测量漫反射时,不按视点位置调整。

镜面反射:镜面反射在一个窄的圆锥内反射光线。当一束光线照射到一个理想的镜面(如镜子)时,反射光只沿着一个方向。

5. 粗糙度

图 16.1 "渲染"工具栏

使用照片级真实感渲染程序时,可以用粗糙度来控制镜面反射区的大小,可以将粗糙度的差异理解为类似于一个新的高度抛光的金属滚珠轴承与一个已经用过的磨损了的滚珠轴承的差异。两种表面都有光泽并且可以产生高度镜面反射,然而它们具有不同的粗糙度。

对于照片级真实感渲染的材质,粗糙度越大,高光区域也越大。

6. 距离和衰减

当光线从光源发射出来以后,其亮度会逐渐减弱。因此,对象距光源越远,看起来就越暗。在一个黑暗的房间中使用手电筒时,距离手电筒光源近的对象较亮,而距离较远的墙壁一侧的东西就很难看清。光随着距离的增加而减弱的现象称为衰减。照片级真实感渲染程序为所有类型的光源计算衰减。

使用照片级真实感渲染程序时,可以从三种方法中选择一种进行衰减计算:"没有衰减"(无)、"线性衰减"或"平方衰减"。真实的光线是以平方反比率衰减的,但它并不总能提供希望的渲染效果。

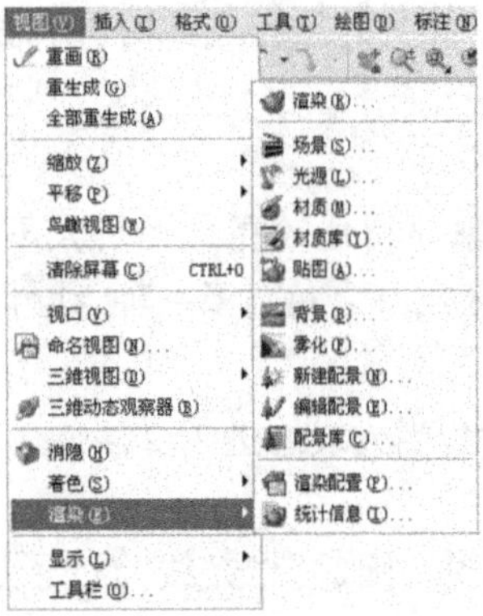

大多数的渲染命令存在于"渲染"工具栏中,如图 16.1 所示。用户可以在屏幕上设置出 AutoCAD 2006 的"渲染"工具栏,也可以在"视图(V)"→"渲染(E)"的级联菜单中调用更为齐全的渲染命令,如图 16.2 所示。

图 16.2 "渲染"级联菜单

16.2 设置光源

在场景中布置合适的光源,可以影响到实体各个表面的明暗情况,并能产生阴影。用户可以在一个视图中任意组合光源,从而组成渲染的场景。光源的强度可由用户任意控制。

1. 命令执行方式

菜单栏:单击"视图(V)"→"渲染(E)"→"光源(L)"。

命令行:LIGHT。

工具栏:单击"渲染"工具栏的"光源"按钮。

2. 功能

创建新的点光源或修改选定的点光源。

3. 操作过程

启动"LIGHT"命令后,系统弹出"光源"对话框,如图16.3所示。在该对话框中,用户可以对光源作各种修改。

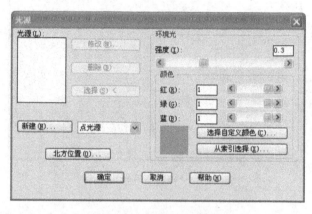

图16.3 "光源"对话框

该对话框中,各选项的含义说明如下:

(1)"光源(L)"列表框:显示当前图形已建立的光源名称。

(2)"修改(M)"按钮:单击该按钮,可以修改已经设置好的光源。

(3)"删除(D)"按钮:单击该按钮,可以删除某个选中的光源。

(4)"选择(S)"按钮:单击该按钮,可以选择设置好的光源。

(5)"新建(N)"按钮:单击该按钮可以创建不同类型的新的光源。选择该按钮右侧的下拉列表中的"点光源"、"平行光"和"聚光灯"选项,系统将弹出不同的对话框,用来创建不同的光源。

①"点光源":它是从其所在位置方向向外发射的光线。因此,新建点光源不涉及方向,而只需确定光源的位置。点光源的强度随着距离的增加以一定的衰减率衰减。新建点光源对话框如图16.4所示。

该对话框的各选项含义说明如下:

a. "光源名(N)":指定光源名。光源名不能多于8个字符。

b. "强度(I)":设置光源的强度或亮度。输入0关闭光源。

c. "衰减"选项区:点光源的最大强度由衰减设置和图形范围决定。

如果没有衰减,则最大强度为1。

如果是线性衰减,则最大强度值是图形范围的距离的两倍,图形范围的距离为从左下角最小坐标到右上角最大坐标的距离。线性衰减的默认值是光源最大强度的一半。

如果是平方衰减,则最大强度值是图形范围距离平方的两倍。

d. "位置"选项区:修改或显示光源及其目标的 X、Y 和 Z 坐标位置。

(a)"修改(M)"按钮:暂时关闭对话框以便用定点设备指定光源的位置。

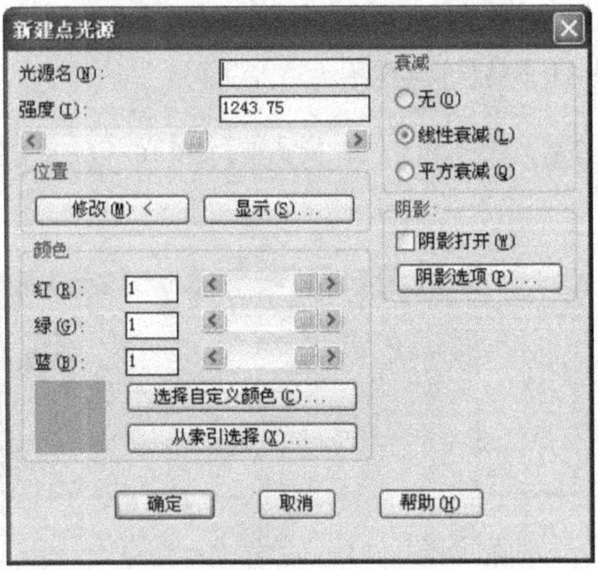

图16.4 "新建点光源"对话框

(b)"显示(S)"按钮:显示"显示光源位置"对话框,它显示光源位置和目标的 X、Y、Z 坐标,如图16.5 所示。

图16.5 "显示光源位置"对话框

e."颜色"选项区:用 RGB 值控制点光源的颜色。颜色样本显示当前的颜色。要定义光源颜色,可以从 AutoCAD 颜色索引(ACI)255 种颜色、真彩色颜色以及配色系统颜色中选择。

（a）"选择自定义颜色(C)":显示"选择颜色"对话框中的"真彩色"选项卡,详见图7.5 所示。

（b）"从索引选择(X)":显示"选择颜色"对话框的"索引"选项卡,详见图7.4 所示。

f."衰减"选项区:控制光线如何随着距离增加而减弱。距离点光源越远的对象显得越暗。

（a）"无(O)":设置无衰减。此时对象不论距离点光源是远还是近,明暗程度都一样。

（b）"线性衰减(L)":设置衰减与距离点光源的线性距离成反比。例如,距离点光源 2 个单位时,光线强度是点光源的一半;而距离点光源 4 个单位时,光线强度是点光源的 1/4。线性衰减的默认值是光源最大强度的一半。

（c）"平方衰减(Q)":设置衰减与距离点光源的距离的平方成反比。例如,距离点光源 2 个单位时,光线强度是点光源的 1/4;而距离点光源 4 个单位时,光线强度是点光源的 1/16。

g.“阴影”选项区:控制阴影和阴影贴图。

（a）“阴影打开（W）”:打开这个开关可以使点光源投射阴影。阴影的类型由当前的渲染类型和“阴影选项”对话框中的设置决定。

（b）“阴影选项（P）”:设置阴影的类型及尺寸。单击该按钮,弹出“阴影选项”对话框,如图16.6所示。

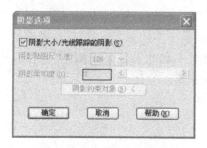

图16.6　“阴影选项”对话框

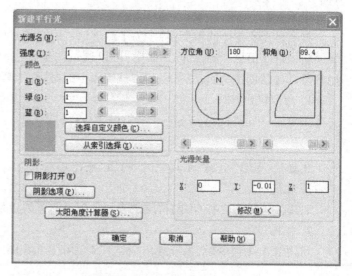

图16.7　“新建平行光”对话框

②“平行光”:它可以照射每一个目标,光线互相平行,是来自同一方向且光线强度相同的光。“新建平行光”对话框如图16.7所示。

该对话框中的各选项含义可参照①“点光源”中的内容,此处不再赘述。

③“聚光灯”:它发射的是有方向的圆锥形光线,在圆锥形光线内,有一光线最亮处即是光源点。与点光源相似,聚光灯的强度也随距离的增加而衰减。“新建聚光灯”对话框如图16.8所示。

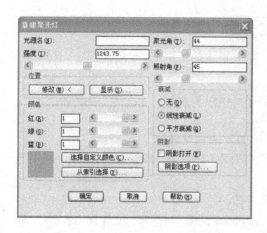

图16.8　“新建聚光灯”对话框

图16.9　“北方位置”对话框

计算机系列教材

该对话框中的各选项含义可参照①"点光源"中的内容,此处不再赘述。

(6)"北方位置(O)"按钮:单击该按钮,系统弹出"北方位置"对话框,如图16.9所示,利用该对话框设置光源的北方位置。

(7)"环境光"选项区:用于设置渲染环境的背景光,包括强度值和颜色。

16.3 材质

材质是真实物体的重要属性,为了给被渲染的实体对象提供更多的真实感,可以在模型的表面应用材质信息。在 AutoCAD 中,可以通过调整颜色、反射率和透射率来模拟各种材质。用户可以自己创建材质,也可以利用材质库中的材质,将其赋予某一实体。

1. 命令执行方式

菜单栏:单击"视图(V)"→"渲染(E)"→"材质(M)"。

命令行:RMAT。

工具栏:单击"渲染"工具栏的"材质"按钮 。

2. 功能

管理渲染材质,决定不同材质的表面如何反射光线及反射光线的颜色。

3. 操作过程

启用 RMAT 命令后,系统弹出"材质"对话框,如图16.10 所示。

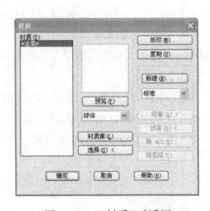

图 16.10 "材质"对话框

该对话框中的部分选项的含义如下:

(1)"材质(T)"列表框:列出当前图形文件中已设置的材质名称。

(2)"预览(P)":可以对所选择的材质进行预览。

(3)"球体"下拉列表框:通过"球体"或"立方体"的方式预览材质。

(4)"材质库(L)"按钮:单击该按钮,系统弹出"材质库"对话框,如图16.11 所示,利用该对话框可以添加新材质。

(5)"选择(S)"按钮:用来指定将材质赋予哪个实体。

(6)"修改(M)"按钮:单击该按钮,系统弹出"修改标准材质"对话框,如图16.12 所示,利用该对话框修改当前选择的材质。

(7)"复制(U)"按钮:单击该按钮,系统弹出"新建标准材质"对话框,如图16.13 所示,利

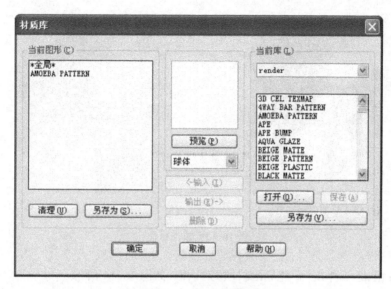

图 16.11 "材质库"对话框

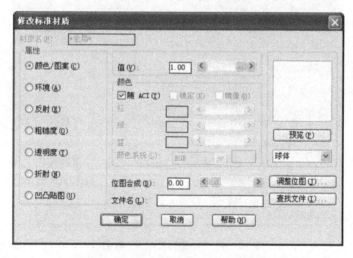

图 16.12 "修改标准材质"对话框

用该对话框可以为新材质命名并定义其属性。

(8)"附着(A)"按钮:单击该按钮,系统切换到绘图区,将材质应用到选择的对象上。

(9)"拆离(D)"按钮:单击该按钮,系统切换到绘图区,去除材质对象。

(10)"随 ACI(B)"和"随图层(Y)"按钮:利用这两个按钮,可以将材质赋予 ACI 码所对应的实体或指定某层上的全部实体。

如图 16.13 所示为实体添加材质示例图。

16.3.1 定义新材质

定义新材质的步骤如下:

(1)单击"视图(V)"菜单栏→"渲染(E)"→"材质(M)",在弹出的"材质"对话框中选择

(a) 添加材质前的实体

(b) 添加材质后的实体

图 16.13　添加材质

"新建(N)"按钮,系统弹出"新建标准材质"对话框,如图 16.14 所示。

图 16.14　"新建标准材质"对话框

(2)在"新建标准材质"对话框中的"材质名"框中输入名称。

(3)设置颜色并为下列每个材质属性指定属性值:"颜色/图案"、"环境"和"反射",或为"粗糙度"、"透明度"、"折射"和"凹凸贴图"指定材质属性。

(4)设置每个属性的颜色,可以使用 RGB(红色、绿色和蓝色)或 HLS(色调、亮度和饱和度)滑动条、颜色轮盘或对象自身的 AutoCAD 颜色索引 (ACI) 编号。

(5)设置"颜色/图案"的颜色和值。

"颜色"是指对象反射的基本颜色,也称为漫反射。材质的主(漫反射)色可以在样本图像中看到,可以使用"值"和"颜色"控制调整颜色。要获得暗淡粗糙的表面效果,应将"颜色"设置在 0.7 附近,而将"反射"的值设置为 0.3。

"图案"定义为包含一系列像素(图形元素)的位图图像。"图案"可包括任何 AutoCAD 支持的位图文件类型,支持的文件类型有 TGA、BMP、TIFF、JPEG 和 PCX。可以将图案投影到对象上,所有图案都可以在选定的区域内重复。可以将图案和颜色合成在一起,在"位图合成"区域中输入文件名。可以在样本图像中看到选定的图案。

(6)设置"环境"的颜色和属性值。

"环境"设置调整材质的阴影颜色,还决定从环境光反射的颜色。一般来说,应使"光源"对话框中环境光的值低于 0.3(或在"标准材质"对话框中保留其默认值 0.1),高的环境光设置会导致渲染图像显得发旧。

(7)设置"反射"的颜色和值。

"反射"设置决定反射高光的颜色,也称为镜面反射。材质的反射(高光或镜面)颜色可以在样本图像中看到,可以使用"值"和"颜色"控制调整颜色。光亮的表面(如抛光金属)只是在很窄的角度内反射光。当光照射球形或圆柱形对象时,高光区域是对象上最亮的区域。

对于"照片级光线跟踪渲染","值"指定材质的反射系数,它表示加到光线所照表面的反射光线的颜色数量。

要获得光亮的效果,将"反射"值设置为 0.7,将"颜色"值设置为 0.3。如果希望高光颜色为白色,应移动"红"、"绿"和"蓝"的滑动条将每个值都设置为 1。

(8)设置"粗糙度"的属性值。

"粗糙度"设置决定反射高光区域的大小。"粗糙度"类似于高度抛光的钢滚珠轴承与用玻璃砂纸磨损过的滚珠轴承之间的差异。因为比较光滑、不太粗糙的表面产生较小的高光区,所以粗糙度值越小,高光区也就越小。除非为"反射"输入了值,否则"粗糙度"值将不起作用。

(9)设置"透明度"的属性值。

"透明度"设置可以使整个对象或对象的一部分成为透明或半透明体,可以从 0 到 1.0 调整材质的透明度。透明度会增加渲染时间。

(10)设置"折射"的属性值。

"折射"设置为透明材质设置折射指数。除非为"透明度"输入了非零值,"折射"值将不起作用。

(11)设置"凹凸贴图"的属性值。

"凹凸贴图"设置决定凹凸贴图对象的亮度。"凹凸贴图"的值将被转换为对象表面高度的外观变化。

选择"预览"查看指定值产生的效果是否令人满意。修改值并继续预览结果直到获得满意的效果,然后选择"确定"。

16.3.2　附着材质的步骤

附着材质的步骤如下:

(1)单击"视图(V)"菜单栏→"渲染(E)"→"材质(M)",系统弹出"材质"对话框,在"材质(T)"列表中选择一种材质,或者选择"选择"以在图形中选择一种已附着到对象上的材质。

(2)将材质直接应用到对象、具有特定 ACI 编号的所有对象或特定图层上的所有对象,选择"确定",再次渲染模型以查看效果。

16.4 背景

16.4.1 设置"背景"对话框

1. 命令执行方式

菜单栏:单击"视图(V)"→"渲染(E)"→"背景(B)"。

命令行:BACKGROUND。

工具栏:单击"渲染"工具栏的"背景(B)"按钮 。

2. 功能

定义图形背景的类型、颜色、效果和位置。

3. 操作过程

启用 RMAT 命令后,系统弹出"背景"对话框,如图 16.15 所示。

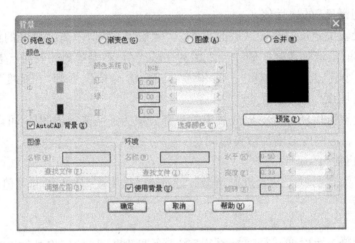

图 16.15 "背景"对话框

该对话框中的各选项含义说明如下:

(1)"纯色(S)":选择单色背景,通过颜色控件指定颜色。

(2)"渐变色(G)":指定双色或三色百分度背景,通过颜色控件及"水平"、"高度"和"旋转"控件定义百分度。AutoCAD 默认设置为三色百分度。如果要创建双色百分度,将"高度"设置为 0,此时背景只使用"上"和"下"颜色进行渲染。

(3)"图像(A)":使用位图文件作为背景。

(4)"合并(M)":使用当前图像作为背景。只有在"渲染"对话框中选定"视口"作为"目标"时,此选项才可用。请参见本章的"渲染"节内容。

(5)"颜色"选项区:设置纯色和百分度背景的颜色。

①"上/中/下":设置颜色。对于纯色背景,仅能设置"上"颜色,"中"和"下"两个选项不可用。对于双色百分度背景,需要设置"上"和"下"颜色并将"高度"设置为 0。对于三色百分度背景,则需要同时设置"上"、"中"和"下"颜色。如果选择"百分度",可以设置三个层次的颜色(通过单击对应的颜色标题)。如果选择"图像",则不能设置颜色。如果选择"纯色",仅

能设置"上"颜色。

②"颜色系统":控制 AutoCAD 是使用红、绿、蓝（RGB）颜色系统还是色调、亮度、饱和度（HLS）颜色系统。如果选择 RGB 颜色系统,则分别调整选定颜色的红、绿、蓝的组合。如果选择 HLS 颜色系统,则分别调整选定颜色的色调、亮度和饱和度的组合。

③"选择颜色(C)":显示"选择颜色"对话框,如图 7.4 所示。要定义背景颜色,可以从 AutoCAD 颜色索引（ACI）255 种颜色、真彩色颜色以及配色系统颜色中选择。

(6)"AutoCAD 背景(X)":使用当前 AutoCAD 的背景颜色,仅纯色背景可用。默认情况下此选项为开。

(7)"预览":显示当前"背景"设置的预览。

(8)"图像"选项区:指定图像文件名,可使用下列文件类型作为背景图像:BMP、JPG、PCX、TGA 和 TIFF。

①"名称(N)":指定要使用的图像文件名称,也可以使用"查找文件"对话框来选择文件。

②"查找文件(F)":显示标准的"文件选择"对话框,使用此对话框选择要使用的背景图像文件。

(9)"环境"选项区:定义环境,在此环境中可以在对象(具有反射和光线跟踪材质)上产生折射和反射效果。选用"照片级真实感渲染"渲染程序,其结果具有镜像效果;而选用"照片级光线跟踪渲染"渲染程序,其结果具有光线跟踪效果。

①"名称":指定图像文件名以创建光线跟踪环境。

②"使用背景(U)":在当前图形中选定的对象反映指定的背景效果。如果使用图像文件,对象反射的是此图像而不是背景图像。可使用下列文件类型作为环境图像:BMP、JPG、PCX、TGA 和 TIFF。程序将环境映射到一个球面环绕的场景,"照片级光线跟踪"渲染程序同时还按照几何学原理处理光线的折射和反射。

③"查找文件(I)":显示"标准的文件选择"对话框,从中可以选择要使用的背景图像文件。

(10)"水平(H)":表示没有旋转时高度的百分比。使用输入框或滚动条设置该值。仅适用于百分度背景。

(11)"高度(E)":表示三色百分度中第二种颜色的百分比。使用输入框或滚动条设置该值。第二种颜色的起点由"水平"设置确定。如果此数值为 0,其结果为双色百分度,仅使用"上"、"下"两种颜色。

(12)"旋转(R)":设置旋转百分度背景的角度值。对于纯色和图像背景,不能使用旋转。使用输入框或滚动条设置该值。

16.4.2 设置"渲染"窗口背景色的步骤

(1)在"视图(V)"菜单上单击"渲染(E)"→"渲染配置(P)",系统弹出"渲染系统配置"对话框,如图 16.16 所示。

(2)在"渲染系统配置"对话框中单击"背景(B)",弹出"背景"对话框,如图 16.15 所示。在"背景"对话框中选择"纯色",并且清除"AutoCAD 背景"。

在"颜色"中选择要修改的颜色"上",然后使用颜色控件指定一种颜色。

只有选择了"渐变色"、"图像"或"合并"以后,才能修改颜色"中"和"下"。如果使用自定义颜色,请选择"选择颜色",然后在"选择颜色"对话框中选择一种颜色。在"选择颜色"对话

图 16.16　"渲染系统配置"对话框

框中,执行以下操作之一:

在"真彩色"选项卡的"颜色模式"选项中选择 HSL 颜色模式,并通过在"颜色"框中输入颜色值或在"色调"、"饱和度"和"亮度"框中指定值来指定颜色,然后单击"确定"。

在"索引颜色"选项卡中,单击一种颜色或者在"颜色"框中输入 ACI 颜色数（1-255）或名称,然后单击"确定"。

图 16.17　渲染背景效果

在"配色系统"选项卡的"配色系统"框中选择配色系统,通过浏览配色系统(使用向上和向下箭头)和单击色块选择颜色,然后单击"确定"。

(3)单击"确定"退出渲染"背景"的配置。

要查看新的颜色,必须渲染对象或场景,"渲染"窗口将以新的背景色显示。

如图 16.17 为添加背景的渲染效果。

16.5　设置贴图

1. 命令执行方式

菜单栏:单击"视图(V)"→"渲染(E)"→"贴图(A)"。

命令行:SETUV。

工具栏:单击"渲染"工具栏的"贴图"按钮 ![icon]。

2. 功能

定义材质的贴图方式。

3. 操作过程

启用 SETUV 命令后,命令行提示:

选择对象:(选择贴图对象)。

选择对象:(继续选择贴图对象,按 Enter 键结束选择)。

系统弹出"贴图"对话框,如图 16.18 所示。

由"贴图"对话框指定的贴图坐标将应用到整个选择集,并且保留在选择集中。移动几何图形时,贴图坐标和其他贴图属性(例如位图缩放比例)也将随之移动。

注意:当使用 MOVE、MIRROR、ROTATE、SCALE 或其他编辑命令修改对象时,指定了贴图坐标的对象总是试图保留其上附着的材质的方向。因此,建议即使在默认坐标没有改变位图位置的情况下也要指定贴图坐标,即使在 RMAT 的"调整材质位图位置"对话框中选择了"按对象缩放"选项也要使用贴图坐标。

该对话框中的各选项含义说明如下:

(1)"投影"选项区:指定投影类型为平面、柱面、球面或实体。如果选择了"固定比例"选项,则只能使用平面投影。如果选择了其他投影类型,则材质恢复到默认设置"按对象缩放"。输入位图位置偏移和比例的新值。

(2)"调整坐标(A)"按钮:显示用于调整与对象相关的投影坐标的多个对话框之一。如图 16.19 所示为"调整平面坐标"对话框。显示的对话框取决于所选的投影系统是平面、柱面、球面或实体。

在"调整平面(或柱面、球面、实体)坐标"对话框中,单击"调整位图(B)"按钮,系统弹出"调整对象位图位置"对话框,如图 16.20 所示。

注意:如果选择"调整对象位图位置"对话框中的"平铺"选项,则投影几何图形的扩展对投影没有影响。即使通过"调整平面坐标"、"调整柱坐标"及"调整球坐标"对话框基于当前选择集的扩展或者用户在图形屏幕上选择的点来调整投影系统,也仍然如此。除非选择"调整对象位图位置"对话框中的"修剪",否则它们不会限制渲染位图的位置。

(3)"取自(F)"按钮:暂时关闭"贴图"对话框,以便在 AutoCAD 图形屏幕中选择单个对

图 16.18　"贴图"对话框

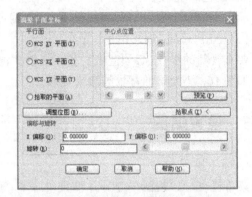

图 16.19　"调整平面坐标"对话框

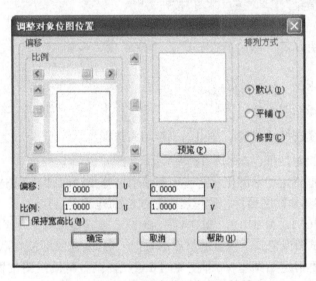

图 16.20　"调整对象位图位置"对话框

象。该对象应该具有指定的贴图坐标,并且这些坐标将成为当前贴图设置。完成选择后,Au-toCAD 返回到"贴图"对话框。可以选择"确定"立即接受已获得的贴图坐标,也可以使用"调整坐标"对其进行进一步修改。

(4)"复制到(T)"按钮:暂时关闭"贴图"对话框以便选择任意数目的对象。完成选择后,AutoCAD 返回到"贴图"对话框。选择"确定",当前的贴图坐标将应用于通过"复制到"选项选定的对象。

(5)"预览(P)"按钮:显示选定材质的位图图像及其贴图坐标。如果未附着材质,"预览"区域中将显示一个灰色图像。

关于贴图的说明:

(1)在渲染环境下,贴图表示将二维图像投影到三维对象表面。照片级真实感渲染贴图可以是几种文件格式的二维图形,包括 BMP、TGA、TIFF、PCX 和 JPEG。

(2)贴图坐标也称为 UV 坐标(使用字母 UV 是因为这些坐标与用来描述 AutoCAD 几何图形的 XY 坐标无关)。使用的材质按比例适当地缩放到渲染对象,缩放比例取决于 Auto-

CAD 的默认单位。

（3）照片级真实感渲染支持下列几种贴图：

①纹理：定义表面颜色，就好像是将位图图像绘制在对象上一样。例如，可以将棋盘方格图案的图像应用在水平表面上以创建镶木地板的外观。由于纹理贴图与对象表面特征、光源和阴影相互作用，所以这种技术可以产生具有高度真实感的图像。

②反射：模拟在光亮对象表面上反射的场景图像（也称为环境贴图）。为使反射贴图更好地进行渲染，材质的粗糙度应该低一些，同时反射贴图本身应该具有较高的分辨率（至少 512 × 480 像素）。

注意：反射贴图与光线跟踪反射不同，光线跟踪反射是由"照片级光线跟踪渲染"渲染程序产生的，并没有使用贴图。

③不透明：指定不透明和透明区域。例如，如果位图图像是在白色矩形中心有一个黑圆并且应用于不透明贴图，则贴到对象表面上以后，黑圆表面的贴图处看起来好像有一个孔。如果不透明贴图是彩色的，将使用等价的颜色灰度值进行不透明转换。

④凹凸：产生浮雕或浅浮雕效果。如果凹凸贴图的图像是彩色的，则每种颜色的转换灰度值将用做高度的转换值。可以选择任何图像作为对象的贴图，以产生浮雕或浅浮雕效果。凹凸贴图会明显增加渲染时间。

（4）照片级真实感渲染还支持三种特定的或过程化的材质：大理石、花岗石和木材。渲染时，这些材质以两种或多种颜色产生三维图案，并将其应用到对象。图案由不同材质的相关参数控制，这些材质也称为样板材质。

16.6　设置场景

16.6.1　渲染场景

为了渲染，也可以创建场景。场景是一个命名视图与一个或多个光源的组合。场景可以节省时间，因为不需要在每次渲染时都从头设置视点和光源。命名视图在渲染中十分重要，因为使用命名视图可以轻松快速地到达预先设定的视点位置。设置视图用 3DORBIT、DVIEW 和 VPOINT 命令，保存命名视图用 VIEW 命令。在一个场景中最多可以有 500 个光源。可在场景中以任意方式设置光源，包括将它们关闭。

1. 命令执行方式

菜单栏：单击"视图（V）"→"渲染（E）"→"场景（S）"。

命令行：SCENE。

工具栏：单击"渲染"工具栏的"场景"按钮 。

2. 功能

管理模型空间的场景。

3. 操作过程

启用 SCENE 命令后，系统弹出"场景"对话框，如图 16.21 所示。

设置场景后可随时进行删除或修改。修改场景的方式包括改变场景的名称、关联视图或场景中的光源。如果打开了多个图形，可以分别在每个图形中添加和保存不同的场景。该对话框中的各选项含义如下：

图 16.21　"场景"对话框

（1）"场景（S）"列表框：显示当前图形文件中全部场景的名称。

（2）"新建（N）"按钮：利用该按钮可以设置新的场景，即增加列表框中没有的场景。

（3）"修改（M）"按钮：用来修改场景的有关参数。

（4）"删除（D）"按钮：用来删除所选择的场景。

16.6.2　使用背景图像

制作特技效果的一种方法是将一个或多个选中对象的渲染与背景图像合并。例如，出于演示的目的，可能需要输入一幅风景画或天空场景作为模型的背景。

AutoCAD 以图像为背景渲染选定对象而不是将图像从显示中清除。使用 REPLAY 命令可以在视口中显示 BMP、TGA 或 TIFF 图像（在"渲染"窗口中不能合并图像，如果渲染的目标设置为"渲染"窗口，那么会在窗口中显示渲染的位图图像）。

在使用"合并"时，对象的线框边将在背景图像上显示。关于创建和编辑配景的其他信息，请参见 LSEDIT、LSLIB 和 LSNEW 命令，也可以使用 REPLAY 命令输入一幅风景画或天空场景作为背景图像。

16.7　生成渲染图像

三种渲染中的每一种渲染都用于创建不同的效果，每一种渲染都具有不同的速度。

AutoCAD 运用几何图形、光源和材质将模型渲染为具有真实感的图像。如果是为了演示，那么就需要全部渲染。如果时间有限，或者显示器和图形设备不能生成各种等级和颜色，那么就不必精细渲染。如果只需快速查看一下设计的整体效果，那么简单消隐或着色图像就足够了。

注意：如果要使用"渲染"选项、大量纹理和高质量透明度，强烈建议使用三维图形卡。

AutoCAD 渲染提供三种渲染类型：

（1）一般渲染：AutoCAD 渲染的基本选项，可以获得最佳性能。

使用"一般渲染"选项时，不需要应用任何材质、添加任何光源，也不需要设置场景就可以对模型进行渲染。当渲染一个新的模型时，AutoCAD 渲染程序自动使用一个与肩齐平的虚拟平行光，这个光源不能移动或调整。

（2）照片级真实感渲染：照片级真实感扫描线渲染程序，可以显示位图材质和透明材质，并产生体积阴影和贴图阴影。

（3）照片级光线跟踪渲染：照片级真实感光线跟踪渲染，它使用光线跟踪产生反射、折射和更加精确的阴影。

当从"渲染"工具栏上选择选项或输入 FOG、LIGHT、RENDER、SCENE 等 AutoCAD 命令时，AutoCAD 会自动将渲染程序载入内存。要停止渲染操作，请按 ESC 键。要释放内存，可以卸载 AutoCAD 渲染程序。

16.7.1　渲染步骤

在一个三维项目中,渲染花费的机时通常是最多的。渲染通常包括三个步骤:

(1)准备模型:包括以下相应的绘图技术、消除隐藏面、构造平滑着色网格以及设置视图分辨率。

①照明:包括创建和放置光源以及创建阴影。

②添加颜色:包括定义材质的反射质量和将材质与可见表面相关联。

(2)渲染:一般需要通过若干中间步骤检验渲染模型、照明和颜色。

(3)对渲染窗口或视口渲染:究竟能用哪些渲染功能取决于是渲染到渲染窗口还是渲染到视口。

16.7.2　设置"渲染"对话框

渲染是一种将三维线框和实体模型处理成照片级真实图像效果的操作。在以上项目都设置完之后,用户就可以进行渲染的最后设置,即通过"渲染"对话框进行设置。

1. 命令执行方式

菜单栏:单击"视图(V)"→"渲染(E)"→"渲染(R)"。

命令行:RENDER。

工具栏:单击"渲染"工具栏的"渲染"按钮。

2. 功能

定义渲染的场景、过程、选项、目标、采样以及其他设置,创建三维线框或实体模型的照片级真实感图像。

3. 操作过程

启用 RENDER 命令后,系统弹出"渲染"对话框,如图 16.22 所示。

图 16.22　"渲染"对话框

该对话框中的各选项含义说明如下:

(1)"渲染类型(R)"下拉列表框:列出一般渲染、照片级真实感渲染和照片级光线跟踪渲染。

（2）"要渲染的场景（S）"：列出可以选择用于渲染的场景，包括当前视图。

（3）"渲染过程"选项区：控制渲染的默认工作方式。

①"查询选择集（Q）"：显示选择要渲染对象的提示。

②"修剪窗口（W）"：在渲染时创建一个渲染区域，AutoCAD 将只对该区域所包含的实体进行渲染。选择"修剪窗口"时，AutoCAD 提示用户在进行渲染之前在屏幕上选择一个区域。这个选项只有在"目标"框中选择了"视口"时才可用。

③"跳过渲染对话框（K）"：选择该复选框后，在渲染当前视图时，后续渲染将不出现"渲染"对话框。可使用"渲染系统配置"对话框来显示"渲染"对话框，请参见 16.4.2 节"渲染配置"内容。

（4）"光源图标比例（L）"文本框：用于控制图形中光源块的大小，其值为图形中渲染块的当前比例因子。

（5）"平滑角度（G）"文本框：用于设置一个临界角度，系统将按这个角度辩认是否为一条边。平滑角度的默认值为 45°，当角度大于 45°时，系统将其按边处理；当角度小于 45°时，系统对边做平滑处理。

（6）"渲染选项"选项区：用于控制渲染的显示效果。

①"平滑着色（M）"：勾选该复选框，AutoCAD 将再次进行计算，使三维物体网格表面的线协调过渡，变得光滑。

②"应用材质（A）"：勾选该复选框，AutoCAD 用来把已创建的材质赋予被渲染的三维效果。

③"阴影（D）"：用来生成阴影，此复选框只有在照片级真实感渲染和照片级光线跟踪渲染类型下才有效。

④"渲染高速缓存（C）"：将渲染的有关数据和信息写到硬盘的高速缓冲区，可提高渲染速度，节省时间。

⑤"其他选项（O）"：单击该按钮，可进行一些附加的渲染项目设置，如光线强度及着色方法等。

（7）"目标（N）"选项区：用于控制渲染图形的输出位置。在下拉列表框中，可选择输出到"视口"、"渲染窗口"和"文件"。

当选择输出到"文件"时，"其他选项（P）"按钮亮显，用来确定渲染图像保存的文件格式、路径等。

（8）"子样例（U）"下拉列表框：用来设置要渲染的像素比例，并控制图形的渲染速度。比例为 1∶1 的渲染效果最佳，比例为 8∶1 渲染速度较快，但渲染效果最差。

（9）"背景（B）"按钮：用来设置渲染背景。

（10）"雾化/深度设置（F）"按钮：用来设置远处和近处的雾化百分率，范围是从零雾化到百分之百雾化。

"渲染"对话框中的参数设置，对渲染图像会产生明显的影响，同时还会影响渲染进行的速度。AutoCAD 在该对话框中的所有项目都设有初始设置，一般情况下，用户直接使用这些初始设置进行渲染即可。

如图 16.23 为渲染最终效果图。

图16.23 渲染最终效果图

16.8 练习题

将第14章如图14.19所示的装配图进行渲染,要求设置场景中的光源、控制阴影、附着适当的材质及添加背景。

第17章 输出与打印图形

图形绘制完成后,有多种方法输出。如将图形打印在图纸上,或创建成文件以供其他应用程序使用,又如生成一份电子图纸用于互联网上访问。

17.1 术语和概念

了解与打印有关的术语和概念,有助于用户更轻松地在 AutoCAD 中进行首次打印。

17.1.1 绘图仪管理器

绘图仪管理器是一个窗口,其中列出了用户安装的所有非系统打印机的绘图仪配置(PC3)文件。如果希望 AutoCAD 使用的默认打印特性不同于 Windows 所使用的打印特性,也可以为 Windows 系统打印机创建绘图仪配置文件。绘图仪配置设置指定端口信息、光栅图形和矢量图形的质量、图纸尺寸以及取决于绘图仪类型的自定义特性。绘图仪管理器包括"添加绘图仪"向导,此向导是创建绘图仪配置的基本工具。"添加绘图仪"向导提示用户输入关于要安装的绘图仪的信息。

17.1.2 布局

布局代表打印的页面,用户可以根据需要创建任意多个布局。每个布局都保存在自己的布局选项卡中,可以与不同的页面设置相关联。

只在打印页面上出现的元素(例如标题栏和注释)是在布局的图纸空间中绘制的,图形中的对象是在"模型"选项卡上的模型空间创建的。要在布局中查看这些对象,需创建布局视口。

17.1.3 页面设置

创建布局时,需要指定绘图仪和设置(例如图纸尺寸和打印方向),这些设置保存在页面设置中。使用页面设置管理器,可以控制布局和"模型"选项卡中的设置。可以命名并保存页面设置,以便在其他布局中使用。

如果在创建布局时没有指定"页面设置"对话框中的所有设置,也可以在打印之前设置页面。或者,在打印时替换页面设置。可以对当前打印任务临时使用新的页面设置,也可以保存新的页面设置。

17.1.4 打印样式

打印样式通过确定打印特性(例如线宽、颜色和填充样式)来控制对象或布局的打印方式。打印样式表中收集了多组打印样式。打印样式管理器是一个窗口,其中显示了 AutoCAD

中可用的所有打印样式表。

打印样式类型有两种:颜色相关打印样式表和命名打印样式表,一个图形只能使用一种类型的打印样式表。用户可以在两种打印样式表之间转换,也可以在设置了图形的打印样式表类型之后,修改所设置的类型。

对于颜色相关打印样式表,对象的颜色决定了打印的颜色,这些打印样式表文件的扩展名为 .ctb。不能直接为对象指定颜色相关打印样式。相反,要控制对象的打印颜色,必须修改对象的颜色。例如,图形中所有被指定为红色的对象均以相同的方式打印。

命名打印样式表使用直接指定给对象和图层的打印样式,这些打印样式表文件的扩展名为 .stb。使用这些打印样式表可以使图形中的每个对象以不同颜色打印,与对象本身的颜色无关。

17.1.5　打印戳记

打印戳记是添加到打印的一行文字,可以在"打印戳记"对话框中指定打印中该行文字的位置。打开此选项可以将指定的打印戳记信息(包括图形名称、布局名称、日期和时间等)添加到打印至任意设备的图形中,可以选择将打印戳记信息记录到日志文件中而不打印它,或既记录又打印。

17.2　页面设置管理器

页面设置可以对打印设备和打印局面进行详细的设置。创建布局时,需要指定绘图仪和设置(例如图纸尺寸和打印方向),这些设置保存在页面设置中。使用页面设置管理器,可以控制布局和"模型"选项卡中的设置。可以命名并保存页面设置,以便在其他布局中使用。

在模型状态下,通过单击"文件"菜单中的"页面设置管理器"菜单,或命令行输入"PAGE-SET",弹出"页面设置管理器"对话框,如图 17.1 所示。常用选项说明如下:

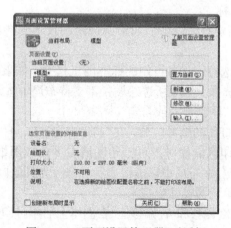

图 17.1　"页面设置管理器"对话框

(1)页面设置:该列表中列出了当前可选择的设置。

(2)置为当前:单击该按钮,将选中的"设置"指定为当前的设置。

(3)新建:单击该按钮,打开新建设置对话框,创建新的设置。

（4）修改：单击该按钮，修改选择的设置。

（5）输入：单击该按钮，打开一个图形文件，选择该文件已经设置的"设置"。

17.3 打印图形

在 AutoCAD 中，用户可以方便地设置和修改打印机参数进行图形打印输出。在模型状态下，通过单击"文件"菜单中的"打印"菜单，或命令行输入"PLOT"，弹出"打印"对话框，如图17.2 所示。常用选项说明如下：

图 17.2 "打印"对话框

（1）页面设置：列出了图形中已命名或已保存的页面设置。可以将图形中保存的命名页面设置作为当前页面设置，也可以单击"添加"按钮，基于当前设置创建一个新的命名页面设置，显示当前页面设置的名称。

（2）打印机/绘图仪：指定打印设备。如果所选绘图仪不支持布局中选定的图纸尺寸，将显示警告。

（3）图纸尺寸：显示所选打印设备可用的标准图纸尺寸。如果未选择绘图仪，将显示全部标准图纸尺寸的列表以供选择。如果所选绘图仪不支持布局中选定的图纸尺寸，将显示警告。用户可以选择绘图仪的默认图纸尺寸或自定义图纸尺寸。

（4）打印区域：指定要打印的图形区域。在"打印范围"下，可以选择要打印的图形区域。

（5）打印偏移：指定打印区域相对于可打印区域左下角或图纸边界的偏移。图纸的可打印区域由所选输出设备决定，在布局中以虚线表示。修改为其他输出设备时，可能会修改可打印区域。图纸中的绘图仪单位为英寸或毫米。

居中打印指自动计算 X 偏移和 Y 偏移值，在图纸上居中打印。当"打印区域"设置为"布局"时，此选项不可用。

（6）打印比例：控制图形单位与打印单位之间的相对尺寸。打印布局时，默认缩放比例设置为1∶1。从"模型"选项卡打印时，默认设置为"布满图纸"。

（7）打印样式表：设置、编辑打印样式表，或者创建新的打印样式表。

（8）着色视口选项：指定着色和渲染视口的打印方式，并确定它们的分辨率级别和每英寸点数（DPI）。

（9）打印选项：指定线宽、打印样式、着色打印和对象的打印次序等选项。

（10）打印方向：为支持纵向或横向的绘图仪指定图形在图纸上的打印方向。"反向打印"指上下颠倒地放置并打印图形。

17.4　AutoCAD 的 Internet 功能

用户可以访问和存储 Internet 上的图形以及相关文件。用户需要安装 Microsoft Internet Explorer 6. 1 Service Pack 1（或更高版本），并拥有访问 Internet 或 Intranet 的权限。

17.4.1　在图形中添加超链接

可以将超链接添加到图形中，以转到特定文件或网站。

17.4.2　在 Internet 上使用图形文件

用户可以打开 Internet 位置上的图形、将图形保存到 Internet 位置、附着存储在 Internet 上的外部参照图形、使用 I-drop 并通过从网站拖动图形来插入块，以及创建自动包含所有相关文件的图形传递包。

17.4.3　使用"网上发布"向导创建 Web 页

"网上发布"向导简化了创建 DWF 文件并对其进行格式化（以在 HTML 页面上显示）的过程。

如果通过公司的网络连接到 Internet 上，则可能需要设置代理服务器配置。代理服务器就像一道安全屏障，它可以使公司网络上的信息免受外部 Internet 访问的侵扰，从而减少潜在的安全风险。关于如何在网络环境中配置代理服务器的信息，请参见 Windows 控制面板中的 Internet 小程序，或与网络管理员联系。

使用电子传递，可以打包要进行 Internet 传递的文件集。传递包中的图形文件会自动包含所有相关的依赖文件，例如外部参照和字体文件，也可以通过图纸集创建传递包。

将图形文件发送给其他人时，常见的一个问题是忽略了包含相关的依赖文件，例如外部参照和字体文件。在某些情况下，接收者会因没有包含这些文件而无法使用图形文件。使用电子传递，依赖文件会自动包含在传递包内，从而降低了出错的可能性。

如果要在国际间传递文件，应确保使用的文字在其他语言环境中可读，在发给接收者的传递包中包含说明。

17.4.4　保存传递设置

在一个工程期内，用户可能要多次发送传递包。电子传递功能提供了一种方法，可以将传递设置命名并保存为 Transmittal Setups。

17.4.5　选择传递选项

对于传递包，可以使用传递设置的某些选项。使用这些选项，用户可以将传递包打包为 ZIP 文件、自解压 EXE 文件，或打包至将要复制到指定位置的文件夹中。

指定以逻辑层次结构来组织已传递的文件的文件夹结构，将其平展为单个文件夹或将其

"按原样"复制到接收者的计算机中。如果指定 FTP 或 HTTP 目标,则传递包使用单个文件夹选项。

向传递包添加密码保护,自动绑定外部参照,将默认绘图仪设置为"无",并设置其他选项。

创建传递包后,可以将其发布到 Internet 位置,或以电子邮件附件方式发送给其他人。如果要以电子邮件形式发送传递包,可以使用"修改传递设置"对话框中的相关选项,以自动启动默认的系统电子邮件应用程序。创建传递包后,传递包和传递报告文件会自动附着到新的电子邮件中。

无论为传递包选择何种文件夹结构选项,依赖文件的所有绝对路径都将转换为相对路径或"无路径",以确保图形文件能够找到它们。

17.4.6 传递图纸集

在图纸集管理器中,可以方便地通过图纸集、图纸子集或图纸创建传递包,使用图纸集管理器指定要传递的文件。

17.4.7 联机设计中心

通过联机设计中心可以访问数以千计的符号、制造商的产品信息以及内容收集者的站点,联机设计中心提供了对预绘制内容(例如块、符号库、制造商内容和联机目录)的访问。可以在一般的设计应用中使用这些内容,以帮助用户创建自己的图形。

要访问联机设计中心,单击设计中心的"联机设计中心"选项卡。"联机设计中心"窗口打开后,可以在其中浏览、搜索并下载可以在图形中使用的内容。

17.5 练习题

绘制并打印如图 17.3 所示的图形。

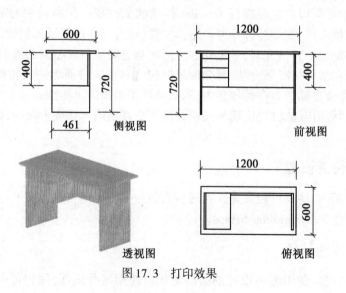

图 17.3 打印效果

主要参考文献

1. 赵雪. 中文 AutoCAD 2006 标准教程. 西北工业大学电子音像出版社,2005

2·[美]George Omura. AutoCAD 14 从入门到精通. 电子工业出版社,1998

3. 本书编委会. 新编中文 AutoCAD 精彩制作 150 例(Ⅲ). 西北工业大学出版社,2003

4. 陈通,张跃峰,李梅,谈爱斌. AutoCAD 2000 中文版入门与提高. 清华大学出版社,2000

5. 邹玉堂,路慧彪,王跃辉. AutoCAD 2006 实用教程(第 2 版). 机械工业出版社,2006

6. 姜勇,高薇嘉. AutoCAD 2006 中文基础教程. 人民邮电出版社,2004

计算机系列教材书目

计算机文化基础	刘大革等
计算机文化基础实验与习题	刘大革等
Java 语言程序设计	赵海廷等
Java 语言程序设计实训	赵海廷等
C 程序设计	郑军红等
C 程序设计上机指导与练习	郑军红等
3ds max7 教程	彭国安等
3ds max7 实训教程	彭国安等
数据库系统原理与应用	赵永霞等
数据库系统原理与应用——习题与实验指导	赵永霞等
Visual C ++ 程序设计基础教程	李春葆等
线性电子线路	王春波等
网络技术与应用	黄 汉等
信息技术专业英语	江华圣等
Visual FoxPro 程序设计	龙文佳等
AutoCAD 2006 中文版教程	王代萍等